一切问题都可以转化为数学问题, 一切数学问题都可以转化为代数问题, 而一切代数问题又都可以转化为方程问题. 因此, 一旦解决了方程问题, 一切问题将迎刃而解!

——笛卡儿(R. Descartes), 解析几何之父,
西方现代哲学思想的奠基人

微分方程改变了我们的世界, 从经济到工业, 到日常生活, 还有预测. 这是一件真正应该了解的事.

——维拉尼(C. Villani), 法国数学家,
2010 年菲尔兹奖获得者

微分方程的建模与计算

保继光 李 娅 编著

本书依托 2015 年北京市高等学校教育教学改革立项项目

科学出版社

北 京

内 容 简 介

本书图文并茂地叙述了微分方程的基本概念、著名实例、重要模型、发展历史,讲授了常微分方程求解的初等积分法和待定系数法,偏微分方程求解的特征线法、变量变换法、积分变换法、行波法、延拓法、分离变量法、Green 函数法和变分方法,介绍了求解方程的数学软件 Mathematica,全书内容共由十二章组成. 同时,本书给出了作业详细完整的答案,读者扫描每章后的二维码可查看答案,降低了初学者的学习难度. 本书也提供了拓展习题和课外阅读材料,方便学有余力的读者进一步提高. 在全书的最后,还设有附录,供读者查阅 n 元微积分的基本知识.

本书可用于高等学校理工类专业本科生或研究生的基础课教材,也可用于非数学专业研究生的公共选修课教材,适合不同层次院校的不同学段的学生学习以及有关人员自学.

图书在版编目(CIP)数据

微分方程的建模与计算/保继光,李娅编著.—北京: 科学出版社,2022.2
ISBN 978-7-03-070843-4

Ⅰ.①微… Ⅱ.①保… ②李… Ⅲ.①微分方程-数学模型 Ⅳ.①O175

中国版本图书馆 CIP 数据核字 (2021) 第 259164 号

责任编辑:张中兴 梁 清 孙翠勤/责任校对:杨聪敏
责任印制:张 伟/封面设计:蓝正设计

科 学 出 版 社 出版
北京东黄城根北街 16 号
邮政编码:100717
http://www.sciencep.com

北京中石油彩色印刷有限责任公司 印刷
科学出版社发行 各地新华书店经销

*

2022 年 2 月第 一 版 开本:720×1000 1/16
2023 年 11 月第五次印刷 印张:16 3/4
字数:328 000

定价:59.00 元
(如有印装质量问题,我社负责调换)

前　言

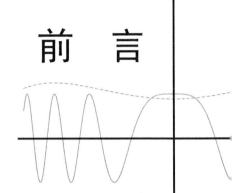

　　微分方程起源于 17 世纪末, 最初是为了解决物理学和天文学中的具体问题, 在 18 世纪中期成为一个独立的学科. 20 世纪以来, 微分方程又在备受关注的微分几何、生物数学、金融数学、图像处理与网络搜索等领域大量出现, 在很大程度上推动了科学、技术、工程、社会的进步. "海王星的发现"和"爱因斯坦预言引力波存在"就是历史上应用微分方程的著名例子.

　　"微分方程的建模与计算"是理工类专业本科生或研究生的基础课, 也可以是非数学专业研究生的选修课, 一般安排在研究生 1 年级或本科生 3 年级开设. 本书是作者在北京师范大学多年教学的基础上, 在北京师范大学的支持和北京高等学校教育教学改革立项"微分方程本科通识课程的建设与改革"的资助下完成的, 遵循了"下要保底、上不封顶"的原则, 适应了高等学校研究生和本科生扩招后人才培养多样化的状况. 一方面, 为了"下要保底", 本书精选了微分方程理论中有关建模与计算的最基本内容, 穿插 160 幅相关图片, 力求引人入胜, 避免了过分地强调"理论意义"使读者失去兴趣. 为了增加可读性, 本书对内容进行了趣味性话题的引入, 比如, 第 1 章不仅介绍微分方程的基本概念和记号, 也涉及金融数学、图像处理、网络搜索等读者感兴趣话题; 第 2 章专门建立微分方程的模型, 并介绍相关的历史. 为了降低初学者的学习难度, 本书给出了作业的完整答案和学习教材需要的 n 元微积分的知识, 并将作业答案放于章后的二维码中. 另一方面, "上不封顶"体现在各章的最后一节提供了拓展习题和课外阅读材料, 为学有余力的读者预留了进一步深入学习的空间. 根据作者多年的教学实践, 64 学时可以讲完全书.

　　我国已顺利实现高等教育大众化, 正转型进入高等教育普及化新阶段, 正是在这一背景下, 作者致力于将数学文化、数学建模和数学素养融入教学过程, 不仅体现科学研究的思想, 介绍微分方程的专业知识, 也力求将人才培养与科学研究、科学普及有机地结合起来, 消除人们对数学 (特别是微分方程) 那种枯燥、抽象、不实用的印象. 本书力求为加强读者对微积分的深入理解发挥作用, 为提高读者的微分方程素养 (含模型建立、计算能力等) 奠定基础, 为培养有潜力的拔尖创新学生和未来学者创造条件.

感谢作者的博士生李一梅、何欣蔚等同学, 她们帮助作者录入了教材书稿, 给出了习题的初步解答.

由于作者学识和水平有限, 本书一定还有许多需要完善的地方, 衷心希望读者提出批评指正, 电子邮件可发至 jgbao@bnu.edu.cn.

保继光

2020 年 6 月于 New Jersey

教学资源

目　录

微分方程的基本术语

本章从方程概念的起源出发, 介绍了三体问题、Poincaré 猜想、Navier–Stokes 方程、Monge–Ampère 方程等经典偏微分方程实例, 体现了微分方程在物理、工程等方面的学术和应用价值. 对微分方程的定义、记号以及基本概念进行了详尽的介绍, 为后续章节的学习做准备.

1.1 微分方程的定义与实例

1.1.1 微分方程的定义

1. 方程概念的起源

在数学中, 方程可以简单地理解为含有未知量的等式.

中国人对方程的研究有悠久的历史. 世界上最早的印刷本数学书、中国古代第一部数学专著《九章算术》成书于东汉初年 (约公元 1 世纪前后), 其 "卷第八" 的标题就是 "方程" (图 1.1), 在历史上首次阐述了负数及其加减运算法则, 提出了求解线性方程组的新方法.

中国古典数学理论的奠基人之一、魏晋期间伟大的数学家刘徽 (图 1.2) 在 263 年给《九章算术》作注时, 给出了方程的定义:

程, 课程也. 群物总杂, 各列有数, 总言其实, 令每行为率. 二物者再程, 三物者三程, 皆如物数程之. 并列为行, 故谓之方程.

图 1.1 《九章算术》的相关内容   图 1.2 带有刘徽画像的邮票

这里所谓的 "课程" 指的是按不同物品的数量关系列出的式子. "实" 就是式中的常数项. "令每行为率" 就是由一个条件写出一行式子. "如物数程之" 就是有几个未知数就必须列出几个等式. "方" 的本义是并, 将两条船并起来, 船头拴在一起, 谓之方. 故列出的一系列式子称 "方程". 这里的方程实际上就是现在人们说的一次方程组.

1859 年中国近代数学的先驱、清代数学史上的杰出代表李善兰 (1811—1882, 图 1.3) 与 A. Wylie (1815—1887, 英国) 合作翻译出版了《代微积拾级》(*Elements of Analytical Geometry, and of the Differential and Integral Calculus*)(图 1.4), 其中将英文单词 "Equation" 创译成 "方程" 一词. 《代微积拾级》是在中国翻译出版的第一部微积分著作, 大批的中文数学名词被普遍接受并沿用至今.

图 1.3　李善兰

图 1.4　《代微积拾级》扉页和插页

等式中的符号 "＝" 是 R. Recorde (1510—1558, 英国) 在 1557 年出版的一本书《砺智石》(*The Whetstone of Witte*) 中建议使用的 (图 1.5). 直到 17 世纪末, 等号 "＝" 才逐渐通用起来.

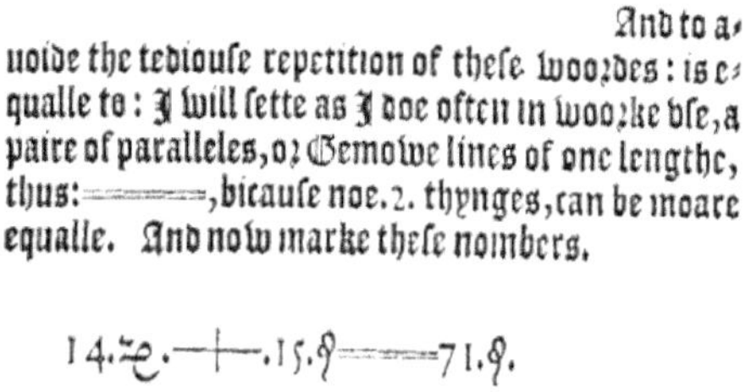

And to a
uoide the tedioufe repetition of thefe woozdes : is e
qualle to : I will fette as I doe often in woozke vfe, a
paire of paralleles, oz Gemowe lines of one lengthe,
thus : ========, bicaufe noe. 2. thynges, can be moare
equalle.　And now marke thefe nombers.

I.　　14.ʒ. ＋ .15.9 ＝＝＝ 71.9.

图 1.5　《砺智石》节选: "为了避免多次繁琐重复使用 '等于' 这个词, 在日常工作中, 我规定用两条等长的平行线段来表示 '等于', 因为没有两样东西能比两条平行线更平等了." "$14x + 15 = 71$."

1591 年, F. Vieta (1540—1603, 法国, 图 1.6) 在《分析方法入门》(*In Artem*

Analyticem Isagoge) 中第一次有意识地、系统地使用代数字母与符号. R. Descartes (1596—1650, 法国) 对其进行了改进, 建议用 $a, b, c, \cdots$ 表示已知数, 用 $x, y, z, \cdots$ 表示未知数. 这已成为今天的习惯.

图 1.6　带有 Vieta 的邮票

2. 微分方程的定义

方程可以根据其用到的未知数或未知函数及其运算加以分类.

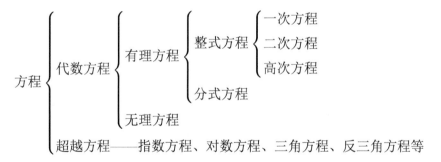

　　代数方程是指由已知数与未知数通过有限次代数运算组合的方程, 包括整式方程、分式方程与根式方程.

　　整式方程也称作多项式方程, 可以依多项式的次数, 细分为一次方程、二次方程等. 分式方程是指分母中至少含有一个未知数的方程. 整式方程与分式方程统称为有理方程. 根式方程是指被开方式中至少含有一个未知数, 而根指数不含未知数的方程, 也称为无理方程. 有理方程与无理方程统称为代数方程.

　　超越方程是指包含超越函数的方程, 也称为非代数方程. 超越函数是"超出"代数函数范围的函数, 也就是说函数不能表示为自变量与常数之间有限次的加、减、乘、除和开方.

　　函数方程是指其中包含未知函数的方程.

　　微分方程是指其中包含未知函数导数 (或微分) 的函数方程. 如果一个微分方程中出现的未知函数只含一个自变量, 这个方程叫作常微分方程 (Ordinary Differential Equation).

　　如果一个方程中未知函数和多个变量有关, 而且出现未知函数关于至少两个变量的偏导数, 那么这种方程就是偏微分方程 (Partial Differential Equation).

　　由若干个常 (偏) 微分方程所构成的等式组就称为常 (偏) 微分方程组, 其中未知函数可以不止一个.

　　积分方程是指其中包含未知函数积分的函数方程.

　　积分微分方程是指其中同时包含未知函数积分和导数 (或微分) 的函数方程.

　　依据 G. W. Leibniz (1646—1716, 德国) 的笔记本中的记述, 1675 年 11 月 11 日他完成了一套完整的微分学.

　　Leibniz 在他创办的《教师学报》 (*Acta Eruditorum*) 上于 1684 年发表第一篇微分学论文《一种求极大极小和切线的新方法》(*Nova Methodus pro Maximis et Minimis*), 定义了微分概念, 采用了微分符号 $\mathrm{d}x$ 和导数符号 $\dfrac{\mathrm{d}y}{\mathrm{d}x}$ 等. 1686 年他又在同一杂志上发表了积分学论文《深奥的几何与不可分量和无限的分析》, 讨论了微分与积分, 使用了积分符号 $\displaystyle\int$ (图 1.7).

图 1.7　Leibniz 和他 1684 年的论文

　　Leibniz 是微积分的发明者之一、拓扑学的提出者、二进制的主要发现者, 被誉为 "17 世纪的 Aristotle". 他是最早接触中华文化的欧洲人之一, 并发现八卦可以用他的二进制来解释.

　　作为微积分的另一发明人, I. Newton (1643—1727, 英国) 在 1704 年著作中将导数用函数符号上方的点来表示. 例如函数 y 的导数就记作 $\dot{y}$. 这种记法不能明确自变量, 常常用于表示对时间的导数.

另一种现今常见的记法是 J. Lagrange (1736—1813, 法国) 在 1797 年著作《解析函数理论》(*Théorie des Fonctions Analytiques*) 中率先使用的, 以在函数的右上角加上一短撇作为导数的记号. 例如函数 $f(x)$ 的导数就记作 $f'(x)$.

一个多元函数的一阶偏导数是它关于其中一个变量 (其他变量保持恒定) 的导数, 高阶偏导数是它关于若干个变量先后分别求导的结果, 本质上都是一元函数的导数. 偏导数的符号 ∂ 是 1786 年由 A. M. Legendre (1752—1833, 法国, 图 1.8) 首先使用的.

18 世纪后期到 19 世纪初期法国数学界著名的三个人物: J. Lagrange, P. Laplace (1749—1827, 法国) 和 A. M. Legendre 被称为 "三 L". 作为巴黎和法国象征的埃菲尔铁塔 (图 1.9) 的第一平台上刻有为科学、技术、工程作出卓越贡献的 72 位法国数学家、科学家和工程师的名字, 其中就包括他们三个人.

图 1.8　Legendre 的肖像　　　　图 1.9　埃菲尔铁塔

1.1.2　微分方程的实例

1. Hilbert 的 23 个问题

在 1900 年的国际数学家大会上, 数学家 D. Hilbert (1862—1943, 德国, 图 1.10) 提出了 23 个数学问题, 这些数学问题在 20 世纪的数学发展中起了非常重要的作用.

Hilbert 还举了两个最典型的例子: 第一个是 Fermat 猜想, 即代数方程 $x^n + y^n = z^n$ 在 $n > 2$ 时没有非零整数解; 第二个就是将要介绍的三体问题.

尽管这两个问题在当时还没有被解决, Hilbert 并没有把它们列进他的问题清单. 但是在 100 多年后回顾, 这两个问题对于 20 世纪数学的整体发展所起的作用恐怕要比 Hilbert 提出的 23 个问题中任何一个都大.

图 1.10　Hilbert

Fermat 猜想经过全世界几代数学家 300 多年的努力, 终于在 1994 年被美国普林斯顿大学的 A. Wiles (1953—, 英国, 图 1.11) 解决. 这被公认为 20 世纪最伟大的数学进展之一, 因为除了解决一个重要的问题, 更重要的是在解决问题的过程中好几种全新的数学思想甚至数学分支 (椭圆曲线和模形式、Galois 理论、Hecke 代数) 诞生了.

图 1.11　Wiles[①]

2. 三体问题

三体问题是天体力学中的基本力学模型, 它是指三个质量、初始位置和初始

① 图片来源: www.cuhk.edu.hk/cpr/pressrelease/050903c.htm.

速度都是任意的可视为质点的天体, 在相互之间万有引力的作用下的运动规律
问题.

三体问题最简单的一个例子就是太阳系中的太阳、地球和月亮的运动 (图 1.12).

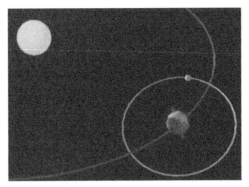

图 1.12 太阳系中的三体: 太阳、地球和月亮

根据 Newton 万有引力定律和 Newton 第二定律,

$$m_1 \frac{\mathrm{d}^2 q_{1i}}{\mathrm{d}t^2} = \frac{Gm_1m_2(q_{2i} - q_{1i})}{r_{12}^3} + \frac{Gm_1m_3(q_{3i} - q_{1i})}{r_{13}^3},$$

$$m_2 \frac{\mathrm{d}^2 q_{2i}}{\mathrm{d}t^2} = \frac{Gm_2m_1(q_{1i} - q_{2i})}{r_{21}^3} + \frac{Gm_2m_3(q_{3i} - q_{2i})}{r_{23}^3},$$

$$m_3 \frac{\mathrm{d}^2 q_{3i}}{\mathrm{d}t^2} = \frac{Gm_3m_1(q_{1i} - q_{3i})}{r_{31}^3} + \frac{Gm_3m_2(q_{2i} - q_{3i})}{r_{32}^3} \quad (i = 1, 2, 3),$$

其中 G 是万有引力常数, m_i 是质点的质量, r_{ij} 是两个质点 m_i 和 m_j 之间的距离,
而 (q_{i1}, q_{i2}, q_{i3}) 则是质点 m_i 的空间坐标. 所有三体问题在数学上就是这样 9 个
方程组成的二阶常微分方程组.

二体问题又叫 Kepler 问题, 它是在 1710 年被瑞士数学家 Johann Bernoulli
(1667—1748, 图 1.13) 首先解决的.

图 1.13 Bernoulli

至于三体问题或者更一般的 N 体问题 ($N > 2$), 在以后的 200 多年里, 被 18 和 19 世纪几乎所有的数学家都尝试过, 但是问题的进展是微乎其微的. 1887 年, 为了祝贺自己的 60 岁寿诞, 瑞典国王 F. Oscar 二世 (1829—1907, 图 1.14) 赞助了一项现金奖励的竞赛, 征求太阳系的稳定性问题的解答, 这是三体问题的一个变种.

图 1.14 瑞典国王 Oscar 二世全家

法国数学家 J. Poincaré (1854—1912) 简化了问题, 提出了 "限制性三体问题", 即三体中其中两体的质量是如此之大, 以至于第三体的质量完全不能对其造成任何扰动. 他运用了他发明的相图理论发现了混沌理论. 虽然没有成功给出一个完整的解答, Poincaré 的工作还是令人印象深刻的, 以至于他仍然在 1888 年赢得了奖金. Poincaré 是历史上最重要的数学家之一 C. F. Gauss (1777—1855, 德国, 图 1.15) 之后对于数学及其应用具有全面知识的最后一个人.

现代分析之父、德国数学家 K. Weierstrass (1815—1897, 图 1.16) 说: "这个工作不能真正视为对所求的问题的完善解答, 但是它的重要性使得它的出版将标志着天体力学的一个新时代的诞生."

虽然还不能正面解决, 但是却带动出 "动力系统" (Dynamical System) 这一新的分支. 例如, 人们可以不经积分证明: 如果只考虑日、地、月三体, 则可以断定, 以后月球不会由地球的卫星变成太阳的行星, 这是非常有趣的定性结论.

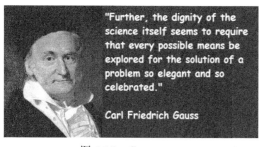

图 1.15 Gauss   图 1.16 Weierstrass

3. 千禧年问题

千禧年问题 (Millennium Prize Problems) 是由美国克雷数学研究所 (Clay Mathematics Institute) 于 2000 年公布的七个数学猜想 (图 1.17). 这些难题是呼应 Hilbert 的 23 个数学问题提出的. 每破解一题的解答者, 会被颁发奖金 100 万美元. 人们期望千禧年问题的破解为密码学以及航天、通信等领域带来突破性的进展.

The seven problems are:

1. P versus NP problem
2. Hodge conjecture
3. Poincaré conjecture (**solved**)
4. Riemann hypothesis
5. Yang–Mills existence and mass gap
6. Navier–Stokes existence and smoothness
7. Birch and Swinnerton-Dyer conjecture

图 1.17 克雷数学研究所公布的七个猜想

下面给出两个与偏微分方程有关的千禧年问题. 一个来自几何, 另一个来自物理.

4. Poincaré 猜想

美国《科学》杂志 2006 年 12 月公布了该刊评选出的年度十大科学进展, 其中 Poincaré 猜想的解决被列为头号科学进展.

1904 年, 由 Poincaré (图 1.18) 提出猜想: 每一个单连通的闭三维流形同胚于球面, 即该流形与球面之间存在 1-1 的连续映照 (图 1.19).

图 1.18 Poincaré

http://arxiv.org 是一个收集物理学、数学、计算机科学、生物学与数理经济学的论文预印本的网站, 由美国物理学家 P. H. Ginsparg (1955—, 美国) 在 1991 年建立. G. Perelman (1966—, 俄罗斯, 图 1.20) 自从 2002 年 11 月在这个数学论文预印本网站上贴出《Ricci 流的熵公式及其几何应用》(*The entropy formula for the Ricci flow and its geometric applications*) 等 3 篇关于 Poincaré 猜想的关键论文之后, 就不再露面, 甚至拒领菲尔兹奖 (Fields Medal) 和千禧年大奖.

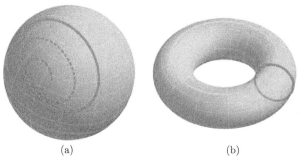

(a)   (b)

图 1.19　Poincaré 猜想图示: 对一个紧的无边的二维曲面, 若每一个闭曲线都可以连续地收缩为一点, 则该曲面同胚于二维 (通常的) 球面. 作为对比, 图 (b) 中环面上两个圆均无法连续地收紧成一点. 因此环面并不与球面同胚. Poincaré 猜想断言, 同样的结果适用于三维曲面.

图 1.20　Perelman

　　Perelman 在证明 Poincaré 猜想过程中很好地使用了所谓的 Ricci 流 $\frac{\mathrm{d}}{\mathrm{d}t}g_{ij}(t) = -2R_{ij}(t)$, 其中 g_{ij} 是流形的 Riemann 度量, R_{ij} 是 Ricci 曲率张量. Ricci 流是一组非线性偏微分方程, 由邵逸夫奖 (Shaw Prize) 获得者 R. Hamilton (1943—, 美国, 图 1.21) 在 1981 年引入, 是理解流形的几何和拓扑结构的有效工具.

　　2006 年, 菲尔兹奖得主 Terence Tao (陶哲轩, 1975—, 澳大利亚, 图 1.23) 在预印本网站贴出了长达 42 页、题目为《从非线性偏微分方程看 Perelman 对 Poincaré 猜想的证明》(*Perelman's proof of the Poincaré conjecture: a nonlinear PDE perspective*) 的论文.

图 1.21 Hamilton

图 1.22 Ricci 的雕像

图 1.23 Terence Tao

菲尔兹奖 (图 1.24和图 1.25) 的正式名称为国际杰出数学发现奖 (The International Medals for Outstanding Discoveries in Mathematics), 是一个在国际数学联盟的国际数学家大会上颁发的奖项. 20 世纪 20 年代末, 加拿大数学家、教育家 J. Fields (1863—1932, 图 1.26) 开始筹备这奖项, 在遗嘱中捐出 47000 加元给

图 1.24 菲尔兹奖奖章正面：Archimedes 的浮雕头像

图 1.25 菲尔兹奖奖章背面：背景为 Archimedes 的球体嵌入圆柱体定理

图 1.26 J. Fields

奖项基金. 1936 年首次颁发此奖, 此后每四年评选 2 到 4 名年龄不超过 40 岁的有卓越贡献的数学家, 奖金有 15000 加元. 菲尔兹奖被认为是年轻数学家的最高荣誉, 而阿贝尔奖 (Abel Prize) 和沃尔夫奖 (Wolf Prize) 被称为数学界的诺贝尔奖 (Nobel Prize).

5. Navier–Stokes 方程

因为地球被大气层所包围, 而地球表面超过三分之二又被水面覆盖, 所以人们自然非常关心流体 (包括气体和液体) 的运动.

Navier–Stokes 方程就是描述流体物质运动规律的一组偏微分方程, 是粘性不可压缩流体动力学的基础, 可以用于模拟天气、洋流、管道中的水流、恒星的运动、潜艇附近的水流、机翼周围的气流等大量对学术和经济有用现象的物理过程.

对于不可压缩流体, 其 Navier–Stokes 方程包括动量守恒公式

$$\rho \left(\frac{\partial \boldsymbol{v}}{\partial t} + \boldsymbol{v} \cdot \nabla \boldsymbol{v} \right) = -\nabla p + \mu \nabla^2 \boldsymbol{v} + \boldsymbol{f}$$

和质量守恒公式 $\nabla \cdot \boldsymbol{v} = 0$, 其中 $\boldsymbol{v}$ 是描述流体速度的三维向量. 第一个方程是 Newton 第二定律 $F = ma$ 的一个变形; 而第二个方程表示流体是不可压缩的.

它被称为改变世界的 17 个方程之一, 1827 年由 C. Navier (1785—1836, 法国) 首先提出, 1845 年由 G. Stokes (1819—1903, 英国) 加以完善 (图 1.27).

图 1.27　Navier (左) 与 Stokes (右)

具体的数学问题是:　在三维空间中, 给定一个光滑的无散度的初始条件, Navier–Stokes 方程是否存在光滑的全局解?

目前, 三维情形的全局弱解 (1934 年) 和二维情形的全局光滑解 (1969 年) 分别被沃尔夫奖得主 J. Leray(1906—1998, 法国), O. Ladyzhenskaya (1922—2004, 苏联) 先后获得 (图 1.28).

图 1.28 Leray (左) 与 Ladyzhenskaya (右)

1982 年, L. A. Caffarelli (1948—, 阿根廷, 邵逸夫数学科学奖获得者, 图 1.29)、R. V. Kohn (1953—, 美国) 和 L. Nirenberg (1925—2020, 加拿大和美国, 阿贝尔数学奖获得者, 图 1.30) 证明了 Navier–Stokes 方程弱解的部分正则性. 美国数学会评价说: "这大概是试图解决 Navier–Stokes 方程千禧年问题的所有已知结果中最好的结果." 2014 年, 这篇论文获得了由美国数学会颁发的斯梯尔 (Leroy P. Steele) 开创性贡献论文奖 (图 1.31).

图 1.29 Caffarelli 在北京师范大学

图 1.30 Nirenberg

从美国数学会论文网站 http://www.ams.org/mathscinet (图 1.32) 可知, 截至 2021 年 12 月, Navier–Stokes 方程的研究论文已超过 23000 篇, 但许多基本性质都尚未被证明.

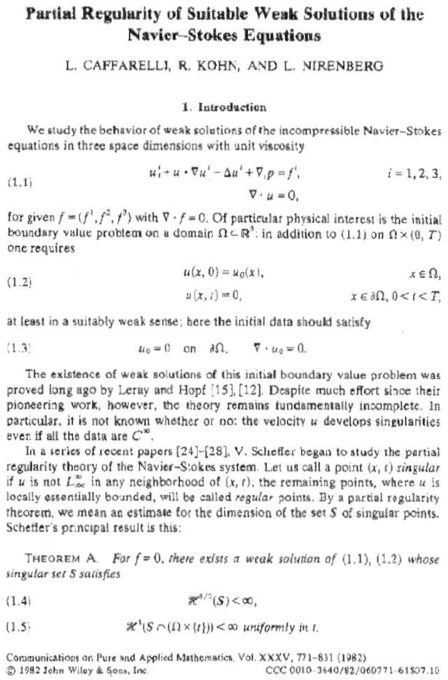

Partial Regularity of Suitable Weak Solutions of the Navier–Stokes Equations

L. CAFFARELLI, R. KOHN, AND L. NIRENBERG

1. Introduction

We study the behavior of weak solutions of the incompressible Navier–Stokes equations in three space dimensions with unit viscosity

$$(1.1)\qquad \begin{aligned} u_t^i + u\cdot\nabla u^i - \Delta u^i + \nabla_i p &= f^i, \qquad i=1,2,3,\\ \nabla\cdot u &= 0, \end{aligned}$$

for given $f=(f^1,f^2,f^3)$ with $\nabla\cdot f=0$. Of particular physical interest is the initial boundary value problem on a domain $\Omega\subset\mathbb{R}^3$: in addition to (1.1) on $\Omega\times(0,T)$ one requires

$$(1.2)\qquad \begin{aligned} u(x,0) &= u_0(x), \qquad x\in\Omega,\\ u(x,t) &= 0, \qquad x\in\partial\Omega,\ 0<t<T, \end{aligned}$$

at least in a suitably weak sense; here the initial data should satisfy

$$(1.3)\qquad u_0=0 \quad \text{on} \quad \partial\Omega, \qquad \nabla\cdot u_0=0.$$

The existence of weak solutions of this initial boundary value problem was proved long ago by Leray and Hopf [15], [12]. Despite much effort since their pioneering work, however, the theory remains fundamentally incomplete. In particular, it is not known whether or not the velocity u develops singularities even if all the data are C^∞.

In a series of recent papers [24]–[28], V. Scheffer began to study the partial regularity theory of the Navier–Stokes system. Let us call a point (x,t) *singular* if u is not L^∞_{loc} in any neighborhood of (x,t); the remaining points, where u is locally essentially bounded, will be called *regular* points. By a partial regularity theorem, we mean an estimate for the dimension of the set S of singular points. Scheffer's principal result is this:

THEOREM A. *For $f=0$, there exists a weak solution of* (1.1), (1.2) *whose singular set S satisfies*

$$(1.4)\qquad \mathscr{H}^{5/3}(S)<\infty,$$

$$(1.5)\qquad \mathscr{H}^1(S\cap(\Omega\times\{t\}))<\infty \ \textit{uniformly in } t.$$

Communications on Pure and Applied Mathematics, Vol. XXXV, 771–831 (1982)
 CCC 0010-3640/82/060771-61$07.10

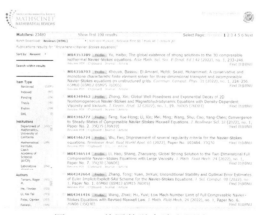

图 1.31　获奖论文

图 1.32　美国数学会论文网站

能否建构一个理论模型来描述湍流 (图 1.33) 的行为, 特别是它的内部结构? 这也是物理学九大未解之谜之一. Navier–Stokes 方程只是流体在连续介质假定下的一种公认的近似, 究竟这种近似在什么程度下可以描述那些实际现象, 而另外一些现象是否需要用别的模型来描述, 这也是需要考虑的重要问题.

图 1.33 湍流现象

作业 1.1.1 阅读《科技日报》上的文章《"潜伏"在日常生活中的 7 个方程式》, 2012 年 03 月 18 日.

作业 1.1.2 阅读李大潜在搜狐号"数学英才"上的文章《偏微分方程: 一门揭示宇宙奥秘、改变世界面貌的科学》, 2020 年 6 月.

1.2 微分方程的记号和概念

1.2.1 微分方程的记号

先介绍多重指标与偏导数的记法.

多重指标是数学中一种方便的表示法. 它将指标中的单个整数推广为多个整数, 用于表示多元微积分、多元幂级数与偏微分方程中的数学表达式.

若 $\boldsymbol{\alpha} = (\alpha_1, \alpha_2, \cdots, \alpha_n)$, 且 α_i 是非负整数, $i = 1, 2, \cdots, n$, 则称 $\boldsymbol{\alpha}$ 是一个多重指标, $|\boldsymbol{\alpha}| = \sum_{i=1}^{n} \alpha_i$ 为 $\boldsymbol{\alpha}$ 的模.

设 Ω 是 $\mathbb{R}^n$ 中的区域, u 是 Ω 中的光滑函数, $\boldsymbol{\alpha} = (\alpha_1, \alpha_2, \cdots, \alpha_n)$ 是一个多重指标, 则 n 元函数 u 的一个高阶偏导数记成

$$\mathrm{D}^{\boldsymbol{\alpha}} u(\boldsymbol{x}) = \frac{\partial^{|\boldsymbol{\alpha}|} u(\boldsymbol{x})}{\partial x_1^{\alpha_1} \partial x_2^{\alpha_2} \cdots \partial x_n^{\alpha_n}}.$$

若 k 是非负整数, 定义 u 的 k 阶偏导数集合为

$$\mathrm{D}^k u(\boldsymbol{x}) = \left\{ \mathrm{D}^{\boldsymbol{\alpha}} u(\boldsymbol{x}) \,\middle|\, |\boldsymbol{\alpha}| = k \right\};$$

它的模为

$$|\mathrm{D}^k u(\boldsymbol{x})| = \sqrt{\sum_{|\boldsymbol{\alpha}| = k} \left(\mathrm{D}^{\boldsymbol{\alpha}} u(\boldsymbol{x}) \right)^2}.$$

特别地, 当 $k = 1$ 时, $\mathrm{D}^k u(\boldsymbol{x})$ 就是 u 的梯度

$$\mathrm{D}^1 u(\boldsymbol{x}) = \left\{ \left. \frac{\partial u}{\partial x_i}(\boldsymbol{x}) \; \right| \; i = 1, \, 2, \, \cdots, \, n \right\}$$
$$= \left(\frac{\partial u}{\partial x_1}(\boldsymbol{x}), \frac{\partial u}{\partial x_2}(\boldsymbol{x}), \, \cdots, \frac{\partial u}{\partial x_n}(\boldsymbol{x}) \right) = \mathrm{D}u(\boldsymbol{x});$$

$\big| \mathrm{D}u(\boldsymbol{x}) \big|$ 就是 u 的梯度的长度

$$\big| \mathrm{D}u(\boldsymbol{x}) \big| = \sqrt{\sum_{i=1}^{n} \left(\frac{\partial u}{\partial x_i}(\boldsymbol{x}) \right)^2}.$$

当 $k = 2$ 时, $\mathrm{D}^k u(\boldsymbol{x})$ 就是 u 的 Hessian 矩阵

$$\mathrm{D}^2 u(\boldsymbol{x}) = \left\{ \left. \frac{\partial^2 u}{\partial x_i \partial x_j}(\boldsymbol{x}) \; \right| \; i, \, j = 1, \, 2, \, \cdots, \, n \right\}$$
$$= \left(\begin{array}{cccc} \dfrac{\partial^2 u}{\partial x_1^2}(\boldsymbol{x}) & \dfrac{\partial^2 u}{\partial x_1 \partial x_2}(\boldsymbol{x}) & \cdots & \dfrac{\partial^2 u}{\partial x_1 \partial x_n}(\boldsymbol{x}) \\[3mm] \dfrac{\partial^2 u}{\partial x_2 \partial x_1}(\boldsymbol{x}) & \dfrac{\partial^2 u}{\partial x_2^2}(\boldsymbol{x}) & \cdots & \dfrac{\partial^2 u}{\partial x_2 \partial x_n}(\boldsymbol{x}) \\[1mm] \vdots & \vdots & & \vdots \\[1mm] \dfrac{\partial^2 u}{\partial x_n \partial x_1}(\boldsymbol{x}) & \dfrac{\partial^2 u}{\partial x_n \partial x_2}(\boldsymbol{x}) & \cdots & \dfrac{\partial^2 u}{\partial x_n^2}(\boldsymbol{x}) \end{array} \right);$$

$\big| \mathrm{D}^2 u(\boldsymbol{x}) \big|$ 就是 u 的 Hessian 矩阵的模

$$\big| \mathrm{D}^2 u(\boldsymbol{x}) \big| = \sqrt{\sum_{i, \, j=1}^{n} \left(\frac{\partial^2 u}{\partial x_i \partial x_j}(\boldsymbol{x}) \right)^2}.$$

Hessian 矩阵由 O.Hesse(1811—1874, 德国) 在 1842 年提出.

记 Ω 上全体连续函数的集合为

$$C^0(\Omega) = \{ \, u : \Omega \to \mathbb{R}^1 \; \big| \; u \text{ 在 } \Omega \text{ 中连续} \, \},$$

Ω 中全体 k 阶偏导数连续的函数的集合为

$$C^k(\Omega) = \{ \, u \in C^0(\Omega) \; \big| \; \mathrm{D}^{\boldsymbol{\alpha}} u \in C^0(\Omega), \; |\, \boldsymbol{\alpha} \,| \leqslant k \, \}.$$

相应地, $C^0(\overline{\Omega})$ 和 $C^k(\overline{\Omega})$ 分别表示 $\overline{\Omega}$ 上全体连续和 k 阶偏导数连续的函数的集合.

1.2.2 微分方程的概念

从实际问题中产生的微分方程是多种多样的. 为研究方便, 通常按阶和线性性分类.

1. 方程的阶

阶是方程中所含未知函数偏导数的最高阶数. m 阶方程的一般形式是

$$F(\boldsymbol{x}, u, \mathrm{D}u, \cdots, \mathrm{D}^m u) = 0, \quad \boldsymbol{x} \in \Omega, \tag{$*$}$$

其中 F 是 $\Omega \times \mathbb{R} \times \mathbb{R}^n \times \cdots \times \mathbb{R}^{n^m}$ 上的已知函数. 一阶和二阶偏微分方程的一般形式分别为

$$F(\boldsymbol{x}, u, \mathrm{D}u) = 0, \quad F(\boldsymbol{x}, u, \mathrm{D}u, \mathrm{D}^2 u) = 0.$$

2. 方程的线性性

若 F 关于 u 及其一切偏导数都是线性的, 则称 $(*)$ 是线性方程, 其形式为

$$\sum_{|\boldsymbol{\alpha}| \leqslant m} a_{\boldsymbol{\alpha}}(\boldsymbol{x}) \mathrm{D}^{\boldsymbol{\alpha}} u + f(\boldsymbol{x}) = 0.$$

一阶和二阶线性偏微分方程的一般形式分别为

$$\sum_{i=1}^{n} b_i(\boldsymbol{x}) \frac{\partial u}{\partial x_i} + c(\boldsymbol{x}) u + f(\boldsymbol{x}) = 0,$$

$$\sum_{i,j=1}^{n} a_{ij}(\boldsymbol{x}) \frac{\partial^2 u}{\partial x_i \partial x_j} + \sum_{i=1}^{n} b_i(\boldsymbol{x}) \frac{\partial u}{\partial x_i} + c(\boldsymbol{x}) u + f(\boldsymbol{x}) = 0.$$

例如, 跨音速流体力学中的 Euler–Tricomi 方程

$$\frac{\partial^2 u}{\partial x^2} = x \frac{\partial^2 u}{\partial y^2},$$

群体遗传学中的扩散方程

$$\frac{\partial \phi}{\partial t} = \sum_{i,j=1}^{n} \frac{\partial}{\partial x_i} \left(a_{ij}(\boldsymbol{x}, t) \frac{\partial \phi}{\partial x_j} \right)$$

都是二阶线性偏微分方程, 其中 $a_{ij}(x, t)$ 是已知函数, $i, j = 1, 2, \cdots, n$.

又如, 量子力学中的 Schrödinger (图 1.34和图 1.35) 方程

$$-\mu \Delta \psi + V(x) \psi = E \psi$$

也是二阶线性偏微分方程, 其中 μ, E 和 $V(x)$ 分别是已知常数和函数.

图 1.34　1933 年 Schrödinger (右一) 获诺贝尔　图 1.35　带有 Schrödinger 图片的奥
　　　　物理学奖　　　　　　　　　　　　　　　　　地利 1000 先令纸币

蒋硕民 (1913—1992, 北京师范大学二级教授, 图 1.36) 是中国偏微分方程学科的先行者, 近世代数早期介绍者之一. 1928 年, 他赴德留学, 师从大数学家 R. Courant (1888—1972, 德裔美籍), 后改从 F. Rellich (1906—1955, 德国). (参见: 蒋迅. "学为人师, 行为世范" 的典范蒋硕民教授 [J]. 数学文化, 2013, 4(1): 94–100.)

图 1.36　蒋硕民及其博士学位论文封面

1935 年, 蒋先生完成博士学位论文《双元 n 阶偏微分方程的混合边值问题》(*Eine Gemischte Randwertaufgabe für Partielle Differentialgleichungen n-ter Ordnung in Zwei unabhängigen Veränderlichen*), 获得德国马堡大学 (Philipps-Universität Marburg) 哲学博士学位.

蒋先生学位论文研究的对象

$$\sum_{i=0}^{2p} a_{iq}(x,t)\frac{\partial^{i+q}u}{\partial x^i \partial t^q} + \sum_{i=0}^{2p-1}\sum_{k=0}^{q-1} a_{ik}(x,t)\frac{\partial^{i+k}u}{\partial x^i \partial t^k} = f(x,t)$$

是一个 $2p+q$ 阶线性偏微分方程, 推广了 Rellich 的 $\dfrac{\partial^3 u}{\partial x^2 \partial t} + au = f(x,t)$ 的

结果.

中国学者与微分方程有关的早期工作还有: 1920 年冯祖荀 (1880—1940, 图 1.37) 在北京高等师范学校《数理杂志》上连载的长篇著述《微分方程式论》; 1925 年魏时珍 (1895—1992, 图 1.38) 的博士学位论文《在平均负荷下四边固定的矩形平板所呈现的现象》(*Über die Eingespannte Rechtechige Platte mit Gleichma Bigg Vertechige Belastung*); 1927 年朱公谨 (1902—1961) 的博士学位论文《关于某些类型的单变量函数方程解的存在性证明》(*Über den Existenzbeweis für die Lösungen Gewisser Typen von Gewöhnlichen Funktionalgleichungen*); 1930 年张鸿基 (1904—1971) 的博士学位论文《线性偏微分方程的变换》(*Transformation of Linear Partial Differential Equations*).

图 1.37 冯祖荀   图 1.38 魏时珍

冯祖荀是数学教育家, 中国现代数学教育的早期代表人物之一, 为京师大学堂第一期学员 (1902 年), 出国学习现代数学第一人 (1904 年, 京都帝国大学), 专修 "微分方程" 理论, 北京大学算学门首任主任 (1913—1933)、北京师范大学数学系首任主任 (1922—1926). 他异常注意发现人才, 提携晚生后辈不遗余力. 除陈省身、华罗庚和樊畿三位先生最为杰出之外, 还有傅种孙先生等多人受过他的栽培.

魏时珍 (名嗣銮) 的研究领域是微分方程和数学物理, 最早向国内介绍 Einstein 的相对论. 1922 年他考入当时的 "数学王国" 哥廷根大学, 导师是 R. Courant, 是第一位在德国获得数学博士学位的中国人. 1925 年回国后, 他先后在同济大学、四川大学等高校工作, 积极教书育人. 1936 年, 他参考 Courant 的《偏微分方程讲义》撰写了第一本偏微分方程的中文教材《偏微分方程式理论》 (图 1.39).

若 F 关于 u 的最高阶偏导数是线性的, 且关于 $(u, \mathrm{D}u, \cdots, \mathrm{D}^{m-1}u)$ 是非线

性的, 则称 (∗) 是拟线性方程, 其形式为

$$\sum_{|\boldsymbol{\alpha}|=m} a_{\boldsymbol{\alpha}}(\boldsymbol{x}, u, \mathrm{D}u, \cdots, \mathrm{D}^{m-1}u)\, \mathrm{D}^{\boldsymbol{\alpha}}u + f(\boldsymbol{x}, u, \mathrm{D}u, \cdots, \mathrm{D}^{m-1}u) = 0.$$

图 1.39   《偏微分方程式理论》

一阶和二阶拟线性偏微分方程的一般形式分别为

$$\sum_{i=1}^{n} b_i(\boldsymbol{x}, u)\frac{\partial u}{\partial x_i} + f(\boldsymbol{x}, u) = 0,$$

$$\sum_{i,j=1}^{n} a_{ij}(\boldsymbol{x}, u, \mathrm{D}u)\frac{\partial^2 u}{\partial x_i \partial x_j} + f(\boldsymbol{x}, u, \mathrm{D}u) = 0.$$

例如，最优投资问题中的

$$V_s V_{yy} + ry V_y V_{yy} = \theta V_y^2,$$

多孔介质方程

$$u_t - a^2 (u^k)_{xx} = 0$$

以及超导模型中的 Ginzburg–Landau (图 1.40) 方程

$$\mathrm{i}\frac{\partial u}{\partial t} + p\frac{\partial^2 u}{\partial x^2} + q|\,u\,|^2 u = \mathrm{i}\gamma u$$

都是二阶拟线性偏微分方程, 其中 $r, \theta, k, p, q, \gamma$ 都是正常数, 且 $k \neq 1$.

图 1.40 获诺贝尔物理学奖的 Ginzburg (左图左一, 2003 年) 和 Landau (右图右一, 1962 年)

若 F 关于 u 的最高阶偏导数是非线性的, 则称 $(*)$ 是完全非线性方程. 一阶和二阶完全非线性偏微分方程的一般形式分别为

$$F(\boldsymbol{x}, u, \mathrm{D}u) = 0, \quad F(\boldsymbol{x}, u, \mathrm{D}u, \mathrm{D}^2 u) = 0.$$

例如, 几何光学中的程函 (Eikonal) 方程

$$\big| \, \mathrm{D}u \, \big|^2 = 1$$

和 Hamilton–Jacobi–Bellman 方程

$$\frac{\partial u}{\partial t} + \min_{j=1,2,\cdots,k} \left\{ \sum_{i=1}^{n} b_{ij}(\boldsymbol{x}, t) \frac{\partial u}{\partial x_i} + f_j(\boldsymbol{x}, t) \right\} = 0$$

都是一阶完全非线性偏微分方程, 其中 $b_{ij}(x,t), f_j(x,t)$ 是已知函数, $i = 1, 2, \cdots, n$, $j = 1, 2, \cdots, k$.

谷歌 (Google), 百度 (Baidu) 等搜索引擎都是按照关键词来匹配的. 人们尝试通过图像的匹配进行搜索: 输入一个图像 (图 1.41), 在网上寻找最相近的图像. 黑白照片由灰黑色点组成, 可以看成是一个概率分布: 该点的颜色越黑, 就认为该点的概率密度越大. 于是两张照片匹配问题就转化成为两个概率分布的匹配问题.

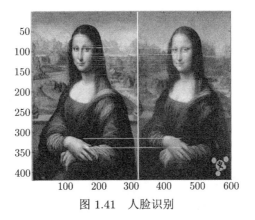

图 1.41 人脸识别

1991 年, Y. Brenier (1957—, 法国) 发现, 如果这两个分布都是连续型的, 那么这个匹配对应可以写成一个映射 $y = \mathrm{D}u(\boldsymbol{x})$, 其中 u 是一个凸函数, 且满足著名的 Monge–Ampère 方程

$$\det \mathrm{D}^2 u = \frac{f(\boldsymbol{x})}{g(\mathrm{D}u)},$$

其中 f, g 是已知函数. 它是一个二阶完全非线性的偏微分方程.

G. Monge (1746—1818, 法国, 图 1.42) 是画法几何创始人和微分几何之父, 创立了偏微分方程的特征理论, 引导了纯粹几何学在 19 世纪的复兴. A. Ampère (1775—1836, 法国, 图 1.43) 在电磁作用方面的研究成就卓著, 对物理学及数学也有重要贡献, 被称为 "电学中的 Newton". 电流的国际单位安培即是以其姓氏命名的.

图 1.42　法国博讷的 Monge 纪念碑

图 1.43　A. Ampère

事实上, 上面的 Monge–Ampère 方程还有一个重要的背景. 早在 1781 年, Monge 就提出了一个最优运输问题, 考虑把一定量的沙子从一个地方运到另一个地方, 找到使总的运输费用最小的最优途径. 1942 年, L. Kantorovich (1912—1984, 苏联, 图 1.44) 对此类问题提出了概率测度的描述. 因此, 人们将这类问题称为 Monge–Kantorovich (图 1.45) 最优运输问题.

2010 年的菲尔兹奖得主 C. Villani (1973—, 法国, 图 1.46) 将该理论应用到微分几何领域. Villani 的得意门生、34 岁的 A. Figalli (1984—, 意大利, 图 1.47) 获得了 2018 年菲尔兹奖. 他的主要研究兴趣为变分法、最优传输理论及其与 Monge–Ampère 方程的联系. 参见《菲尔兹奖青睐的领域: 最优传输和蒙日–安培方程》.

实际上, 最优传输理论和 Monge–Ampère 方程在工程和医疗方面已经被推广应用, 近几年来愈发广泛. 最优传输和 Monge–Ampère 方程理论同时紧密连接着偏微分方程、微分几何和概率, 其内在解法具有非常鲜明的几何意味. 同时, 这一理论在计算机图形学、计算机视觉、医学图像, 特别是深度学习方面具有不可替

代的应用.

图 1.44 Kantorovich (左) 1975 年获
诺贝尔经济学奖

图 1.45 以 Monge 和 Kantorovich
命名的地址

图 1.46 Villani(左二)

图 1.47 Figalli

　　人类主要的思维活动由大脑所主宰. 脑的几何形状和人的智力水平之间的关系一直是饶有兴趣的话题. 如何用严密的方法定量或定性地证实或证伪大脑皮层的几何特征和智力水平间的相关性是一个非常具有挑战性的问题. 大脑皮层曲面的几何复杂性是这一挑战性的原因之一.

　　如图 1.48 所示的两个大脑皮层曲面, 我们能够通过考察它们的几何复杂性来判定哪一个更聪明吗?

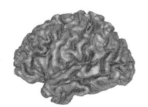

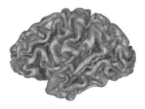

图 1.48 大脑皮层曲面

最近一个由脑神经科学家、计算机科学家和几何学家组成的团队使用 Monge-Ampère 方程

$$\det\begin{pmatrix} \dfrac{\partial^2 u}{\partial x^2} & \dfrac{\partial^2 u}{\partial x \partial y} \\ \dfrac{\partial^2 u}{\partial x \partial y} & \dfrac{\partial^2 u}{\partial y^2} \end{pmatrix} \mu(x,y) = \nu \circ \nabla u(x,y)$$

和机器学习的方法试图对这一问题给出系统的回答.

这一非线性的方程的解存在并且本质上唯一, 其解法等价于一个凸优化问题.

作业 1.2.1　判断下列偏微分方程的线性性, 并指出其阶数.

(1) Holmholtz 方程: $-\Delta u = \lambda u$, 其中 λ 是常数;

(2) Kolmogorov 方程:

$$\frac{\partial u}{\partial t} - \sum_{i,j=1}^{n} a_{ij}(x)\frac{\partial^2 u}{\partial x_i \partial x_j} + \sum_{i=1}^{n} b_i(x)\frac{\partial u}{\partial x_i} = 0,$$

其中 $a_{ij}(x)$ 和 $b_i(x)$ 都是已知函数;

(3) 极小曲面方程:

$$\mathrm{div}\left(\frac{\mathrm{D}u}{\sqrt{1 + |\mathrm{D}u|^2}}\right) = 0;$$

(4) 抛物型 Monge-Ampère 方程:

$$-u_t(u_{xx}u_{yy} - u_{xy}^2) = f(x,y,t), \quad \text{其中 } f(x,y,t) \text{ 是已知函数}.$$

3. 方程的解与定解条件

u 称为 $(*)$ 在 Ω 中的解, 如果所有出现在 $(*)$ 中的偏导数 $\mathrm{D}^\alpha u \in C^0(\Omega)$, 且

$$F(\boldsymbol{x}, u(\boldsymbol{x}), \mathrm{D}u(\boldsymbol{x}), \cdots, \mathrm{D}^m u(\boldsymbol{x})) = 0$$

在 Ω 中的每个 $\boldsymbol{x}$ 点处成立.

例题 1.2.1　求解方程 $u_{xy} + u_x = 0$.

解　将方程写成 $\left(e^y u_x\right)_y = 0$, 得

$$e^y u_x = f(x), \quad u_x = e^{-y} f(x), \quad u = e^{-y} \int f(x)\mathrm{d}x + g(y).$$

所以 $u = e^{-y} F(x) + G(y)$, 其中 $F, G \in C^1(\mathbb{R})$ 是任意的函数. $\qquad\square$

作业 1.2.2　设 a 是一个正常数. 验证

$$u(x,y,t) = \frac{1}{\sqrt{a^2t^2 - x^2 - y^2}}$$

在区域 $\Omega = \{ (x,y,t) \in \mathbb{R}^3 \mid x^2 + y^2 < a^2t^2 \}$ 内满足膜振动方程

$$\frac{\partial^2 u}{\partial t^2} = a^2 \left(\frac{\partial^2 u}{\partial x^2} + \frac{\partial^2 u}{\partial y^2} \right).$$

作业 1.2.3　求 $\mathbb{R}^2$ 中满足

$$\frac{\partial u}{\partial y} = 3xy^2 - x^3, \quad \frac{\partial^2 u}{\partial x^2} + \frac{\partial^2 u}{\partial y^2} = 0$$

的所有函数 $u(x,y)$.

附加在解上的某些条件称为定解条件, 常见的有初始条件和边界条件. 初始条件是指所讨论的系统的初始状态; 而边界条件是指所讨论的系统与外界的关系.

边界条件一般分为第一类边界条件 (解在边界上取预定值)

$$u = \varphi(\boldsymbol{x}), \quad \boldsymbol{x} \in \partial\Omega;$$

第二类边界条件 (指定了解在边界上的法向导数)

$$\frac{\partial u}{\partial \boldsymbol{\nu}} = \varphi(\boldsymbol{x}), \quad \boldsymbol{x} \in \partial\Omega,$$

其中 $\boldsymbol{\nu}$ 是 $\partial\Omega$ 的单位外法向量; 第三类边界条件

$$\frac{\partial u}{\partial \boldsymbol{\nu}} + u = \varphi(\boldsymbol{x}), \quad \boldsymbol{x} \in \partial\Omega.$$

4. 定解问题及其适定性

偏微分方程与若干定解条件一起构成定解问题. 它研究由偏微分方程描述某种物理过程或现象, 并根据某些特定条件 (包括初始条件、边界条件等) 来确定整个系统的状态变量的变化规律, 即研究状态的数学表达式.

常见的定解问题有初边值问题、初值问题和边值问题. 初边值问题是指定解条件中既含有初始条件又含有边界条件的问题; 初值问题 (Cauchy 问题) 是指定解条件中只含有初始条件的问题; 边值问题是指定解条件中只含有边界条件的问题.

相对于三类边界条件, 边值问题分别称为 Dirichlet (1805—1859, 德国, 图 1.49) 问题、Neumann (1832—1925, 德国, 图 1.50) 问题、Robin (1855—1897, 法国) 问题.

图 1.49 Dirichlet   图 1.50 Neumann

作业 1.2.4 设 $u_i(x,t)$ 是初值问题

$$\begin{cases} \dfrac{\partial u}{\partial t} = a^2 \dfrac{\partial^2 u}{\partial x^2}, & x \in \mathbb{R},\ t > 0, \\ u(x,0) = \varphi_i(x), & x \in \mathbb{R} \end{cases}$$

的解, 其中 a 是正常数, φ_i 是已知函数, $i = 1, 2$. 证明

$$u(x,y,t) = u_1(x,t)u_2(y,t)$$

满足初值问题

$$\begin{cases} \dfrac{\partial u}{\partial t} = a^2 \left(\dfrac{\partial^2 u}{\partial x^2} + \dfrac{\partial^2 u}{\partial y^2} \right), & (x,y) \in \mathbb{R}^2,\ t > 0, \\ u(x,y,0) = \varphi_1(x)\varphi_2(y), & (x,y) \in \mathbb{R}^2. \end{cases}$$

物理学、力学及工程技术上的许多问题都归结于各式各样的偏微分方程的定解问题. 研究这些问题的解法, 用尽可能方便的方法求出解的表达式, 再对表达式进行数学分析, 得出所讨论问题的定量结果; 或者提供解的近似计算方法, 使用计算机能把解用比较精确的数值表示出来, 是偏微分方程的中心问题.

但是, 偏微分方程的任务不限于研究具体方程的具体解法, 还应扩大视野对各门学科可能遇到的定解问题做系统的研究. 所提偏微分方程定解问题是否合理, 定解条件是否足够, 是必须重点考虑的.

1902 年, J. Hadamard (1865—1963, 法国, 图 1.51, 图 1.52) 给出了偏微分方程的适定性的概念. 他认为物理现象中的数学模型应该具备下述性质.

(1) 存在性: 在已知数据 (偏微分方程和定解条件中的已知函数) 具有适当光滑性的前提下, 定解问题的解是否存在. 只有证明了问题解的存在性, 才能说明所提的方程与定解条件是合理的, 相互没有矛盾.

(2) 唯一性: 在适当的函数类中, 定解问题的解是否只有一个, 即研究定解条件是否足够.

(3) 稳定性: 从自然现象到偏微分方程的定解问题, 总要加一些条件, 作一定的简化, 所以得到的只是自然现象的近似描述. 这种简化描述的合理性需要验证: 定解问题中已知数据做微小变动时, 相应问题的解的变化是否也很微小. 因为在研究物理现象时, 测量总有误差.

图 1.51   Hadamard   图 1.52   由 Hadamard 的学生吴新谋编写的《数学物理方程讲义》

简单地说, 定解问题的适定性是指解的存在性、唯一性和稳定性. 适定性的研究也是定解问题的近似解法的前提与基础. 只有当定解问题是适定的, 所得的解才可能是实际问题的近似.

在经典的数学物理中, 一般只研究适定问题. 在这三个要求中, 只要有一个不满足, 就称之为不适定问题. 特别是, 当第 (3) 条不满足时, 已知数据测量中的微小的误差会导致最终结果面目全非.

和许多理论数学家一样, Hadamard 相信不适定问题在实际中是不正确的, 认为它们不能描述物理系统. 实际上, 问题大多具有不适定的特点, 特别是数据的微小扰动可能导致解的巨大变化. 如何恢复解的稳定性成为不适定问题研究的主流方向.

问题不适定的原因是多种多样的. 可能是问题的提法不合理, 也可能是已知数据含有假信息, 或收集到的信息不够. 对大多数问题来说, 真正的解只有一个, 这就要从许多的解当中进行挑选, 去伪存真.

例题 1.2.2   Laplace 方程

$$\frac{\partial^2 u}{\partial x^2} + \frac{\partial^2 u}{\partial y^2} = 0, \quad y > 0$$

在边界条件

$$u(x,0) = 0, \qquad \frac{\partial u}{\partial y}(x,0) = \frac{1}{n}\cos nx$$

之下的解为

$$u(x,y) = \frac{1}{n^2}\cos nx \sinh ny.$$

当 $n \to \infty$ 时, 其边界条件在 $y = 0$ 处的给定值趋于 0, 而 $u(x,y)$ 的值在无穷大的范围内振荡, 所以这个定解问题不适定.

　　吴新谋 (1910—1989, 图 1.53), 中国偏微分方程研究事业的主要创始人之一. 1937 年公费留学法国, 先师从 H. Villat (1879—1972, 法国), 后转随 Hadamard 从事偏微分方程的研究. 1951 年回国后, 吴新谋在中国科学院数学研究所任研究员, 组建了微分方程研究室. 1954 年他主持了国内第一个以现代偏微分方程理论为主题的大型讲习班. 此时全国范围内的偏微分方程骨干队伍开始形成, 各校数学系纷纷开出偏微分方程课程. 1956 年他编写了新中国第一本偏微分方程教材《数学物理方程讲义》. 1958 年该书又扩充为三卷本《数学物理方程》(图 1.54). 1961 年, 他主持召开了全国微分方程会议. 参见: 李文林, 陆柱家《吴新谋——中国偏微分方程研究的主要创始人之一》, 光明网, 2006–07–27.

图 1.53　吴新谋　　　　　　图 1.54　《数学物理方程》

1.3　拓展习题与课外阅读

1.3.1　拓展习题

　　习题 1.3.1　指出下列方程的阶数和线性性.

(1) Burgers 方程

$$\frac{\partial u}{\partial t} - a^2 \frac{\partial^2 u}{\partial x^2} + u\frac{\partial u}{\partial x} = 0,$$

其中 a 是一个常数;

(2) 电报方程

$$\frac{\partial^2 u}{\partial x^2} = CL\frac{\partial^2 u}{\partial t^2} + CR\frac{\partial u}{\partial t},$$

其中 C, L, R 均为常数;

(3) Rudin–Osher–Fatemi 图像恢复方程

$$\mathrm{div}\left(\frac{\mathrm{D}u}{|\,\mathrm{D}u\,|}\right) = 2\lambda(u - f),$$

其中 λ, f 分别为已知常数与函数;

(4) 平均曲率流方程

$$\frac{\partial u}{\partial t} = \frac{\left[1 + \left(\dfrac{\partial u}{\partial y}\right)^2\right]\dfrac{\partial^2 u}{\partial x^2} - 2\dfrac{\partial u}{\partial x}\dfrac{\partial u}{\partial y}\dfrac{\partial^2 u}{\partial x \partial y} + \left[1 + \left(\dfrac{\partial u}{\partial x}\right)^2\right]\dfrac{\partial^2 u}{\partial y^2}}{1 + \left(\dfrac{\partial u}{\partial x}\right)^2 + \left(\dfrac{\partial u}{\partial y}\right)^2};$$

(5) Hamilton–Jacobi 方程

$$\frac{\partial V}{\partial t} + \inf_{\xi}\left\{\sum_{i=1}^{n} b_{\xi}^{i}(x, t)\frac{\partial V}{\partial x_i} + c_{\xi}(x, t)\right\} = 0,$$

其中 b_{ξ}^{i}, c_{ξ} 为已知函数;

(6) 守恒律方程

$$\frac{\partial u}{\partial t} + \mathrm{div}\,\boldsymbol{F}(u) = 0,$$

其中 $\boldsymbol{F}$ 是一个已知的向量值函数;

(7) Boussinesq 方程

$$\frac{\partial^2 u}{\partial t^2} - \frac{\partial^2 u}{\partial x^2} - \frac{\partial^2 (u^2)}{\partial y^2} + \frac{\partial^4 u}{\partial x^4} = 0;$$

(8) Klein–Gordon 方程

$$\frac{\partial^2 \psi}{\partial t^2} - \Delta\psi + \psi = 0.$$

习题 1.3.2 证明在函数变换

$$u = v\exp\left(-\frac{1}{2}\sum_{i=1}^{n}\int_{0}^{x_i} b_i(t)\mathrm{d}t\right)$$

之下, 可以把方程

$$\Delta u + \sum_{i=1}^{n} b_i(x_i) \frac{\partial u}{\partial x_i} + cu = f$$

化简成 $\Delta v + c^* v = f^*$ 的形式.

习题 1.3.3   若 $u(x,t)$ 满足热传导方程 $\dfrac{\partial u}{\partial t} = \dfrac{\partial^2 u}{\partial x^2}$, 则

$$v(x,t) = \frac{1}{\sqrt{t}} \mathrm{e}^{-\frac{x^2}{4t}} u\left(\frac{x}{t}, -\frac{1}{t}\right)$$

也满足同一个方程.

习题 1.3.4   设 $u \in C^2(B_r(0))$ 满足 Yamabe 方程

$$-\Delta u = u^{\frac{n+2}{n-2}}, \quad n \geqslant 3.$$

若

$$w(y) := \frac{1}{R} u(R^{-\frac{2}{n-2}}(y - y_0)), \quad R > 0, \quad y_0 \in \mathbb{R}^n,$$

则

$$-\Delta w = w^{\frac{n+2}{n-2}}, \quad y \in B_{rR^{\frac{2}{n-2}}}(y_0).$$

习题 1.3.5   设 $n \geqslant 3$. 求正常数 α, β, 使得 $u = \alpha(1 - |x|^2)^{-\beta}$ 是 $\Delta u = u^{\frac{n+2}{n-2}}$ 在 $B_1(0)$ 中的解.

习题 1.3.6   阅读北京师范大学 2014 届本科毕业生林馨怡的学士学位论文《美丽肥皂泡背后的数学》, 数学文化, 2015, 6(1): 63–71.

习题 1.3.7   阅读北京师范大学 2011 届本科毕业生王宠的学士学位论文 *Necessary and Sufficient Conditions on Existence and Convexity of Solutions for Dirichlet Problems of Hessian Equations on Exterior Domains*, Proc. Amer. Math. Soc., 2013, 141(4): 1289-1296.

习题 1.3.8   阅读 Fanghua Lin 的 *Review Article: On current developments in partial differential equations, Communications in Mathematical Research*, 2020, 36: 1–30.

1.3.2   课外阅读

第 1 章的写作思路起源于文献 [1]. 这一特色是 [1] 获得北京高等教育精品教材, 并入选 "十二五" 普通高等教育本科国家级规划教材的原因之一. 在此基础上, 我们在 [2] 中大大地扩展了 [1] 第 1 章的内容.

本章比较宽泛地介绍了方程的概念和相关的记号, 以及微分方程的发展历史. 同时, 我们插入了 50 多幅图片使得教材更加生动活泼, 引发兴趣, 有意识地向读

者展示了重要的数学论文网站 (http://www.ams.org/mathscinet 和 http://arxiv.org), 主要的国际数学大奖 (菲尔兹奖、阿贝尔奖、沃尔夫奖), 以及中国数学家在偏微分方程领域的贡献. 另外, 我们也注意谈及著名的数学问题 (23 个 Hilbert 问题和 7 个千禧年问题), 以及应用微分方程获得诺贝尔物理学奖和经济学奖的例子.

有关微分方程的史料多数取自文献 [3] 和 [4], 相关前沿问题的材料参见了文献 [5], [6] 和 [7], 图片来自 [8] 等网站.

[1] 保继光, 朱汝金. 偏微分方程 (第二次印刷). 北京: 北京师范大学出版社, 2011.

[2] 保继光, 李海刚. 偏微分方程基础. 北京: 高等教育出版社, 2018.

[3] Kline M. 古今数学思想. 张理京, 张锦炎, 等译. 上海: 上海科学技术出版社, 2013.

[4] 李文林. 数学史概论. 3 版. 北京: 高等教育出版社, 2011.

[5] 秦元勋. 常微分方程概貌. 北京: 科学技术文献出版社, 1989.

[6] 谷超豪. 偏微分方程概貌. 北京: 科学技术文献出版社, 1989.

[7] 国家自然科学基金委员会、中国科学院. 未来 10 年中国学科发展战略 · 数学. 北京: 科学出版社, 2011.

[8] 维基百科网站.

第1章作业答案

第2章
微分方程的建模

微分方程建模就是根据实验定律或实践经验, 运用微分方程的思想、方法, 在解决现实世界的问题中导出微分方程的过程.

在很多实际问题中, 可以将研究对象随时间的变化用常微分方程或方程组来表示. 而在科学技术日新月异的发展过程中, 还有许多问题不仅和时间有关系, 而且和空间坐标也有联系, 还可能依赖于若干个其他因素, 这就要用多个变量的函数来表示. 于是就产生了研究某些现象的、理想化的偏微分方程.

从历史上看, 微分方程的重要源泉是物理学与几何学. 20 世纪末以来, 微分方程又在备受关注的生物数学、金融数学、图像处理等领域大量出现.

本章首先针对医学中的传染病问题和几何中的等周问题, 建立了常微分方程模型, 接着对物理学中著名的位势问题、弦振动问题、热传导问题, 微分几何中的极小曲面问题以及证券投资中的期权定价问题进行了理论推导, 建立了相应的偏微分方程模型.

2.1 SIR 模型

新冠肺炎 (COVID–19) 是一种由严重急性呼吸综合征冠状病毒 2 (SARS–CoV–2) 引发的传染病, 逐渐变成一场全球性大瘟疫. 根据世界卫生组织发布的信息显示, 截至 2021 年 12 月 20 日, 疫情已经波及 220 多个国家和地区, 感染逾 2 亿 7 千万人, 并导致其中逾 533 万名病人病逝. 联合国秘书长 A. Guterres 认为, 新冠肺炎疫情是人类自第二次世界大战以来面临的最严峻危机以及史上最严重的公共卫生事件.

防控传染病已成为当今世界需要迫切解决的一个问题. 传染病数学模型主要有: 基于数据建立的概率统计模型、基于机理分析建立的动力学模型. 传染病动力学是通过动力学模型建立和分析, 预测疾病流行的最终规模、流行的高峰和最终时间, 结合统计学方法进行参数估计和敏感度分析, 根据实际数据预测疾病流行的趋势, 并进行预警. 常见的有: 常微分方程、偏微分方程、时滞微分方程、积分方程、差分方程、脉冲方程等确定性的模型, 以及随机动力学、网络动力学、细胞自动机等随机性的模型.

在 1927—1933 年, 苏格兰学者 W. O. Kermack (1898—1970) 和 A. G. McKendrick (1876—1943) 借助三篇论文创立了传染病传播理论, 预测随着时间的推移通过人群传播的传染病病例的数量和分布. SIR 模型是他们为了研究伦敦黑死病而提出的, 是传染病动力学最基础的模型.

为模拟传染病的传播, 将人群划分为易感者、染病者和从染病者中被移除者 (包括被隔离、疫苗免疫、染病死亡等), 称之为仓室. 将各仓室在时刻 t 的个体数分别记为 $S(t)$, $I(t)$ 和 $R(t)$. 记人口规模 $N = S + I + R$, SIR 模型流程图如图 2.1 所示.

图 2.1　SIR 模型流程图

此模型的基本假设如下:

(1) 单位时间平均一名人员与 βN 个其他人员充分接触传播感染疾病;

(2) 单位时间染病者以比率 αI 离开染病者人群;

(3) 人口没有移入和移出, 总人数 N 为常数.

因为易感者与染病者随机接触导致传染病传播的概率为 $\dfrac{S}{N}$, 故从假设 (1) 可知, 单位时间内一个染病者新传染人数为 $\dfrac{S}{N} \cdot \beta N = \beta S$. 若我们假设一组成员在一个时间全部染病, 记 $u(t)$ 为染病后经过 t 个时间单位仍为染病者的人数, 则由假设 (2) 有

$$u'(t) = -\alpha u,$$

此方程的解为 $u(t) = u(0)\mathrm{e}^{-\alpha t}$, 故染病者在 t 个单位时间后仍保持为染病者的比例为 $\mathrm{e}^{-\alpha t}$, 从而患病平均时长为

$$\int_0^\infty \mathrm{e}^{-\alpha t}\,\mathrm{d}t = \frac{1}{\alpha}.$$

依据以上假设, 将各仓室的数量变化表示为仓室大小关于时间 t 的导数, 即得到如下的 SIR 模型:

$$\begin{cases} S' = -\beta SI, \\ I' = \beta SI - \alpha I, \\ R' = \alpha I. \end{cases}$$

由假设 (3), 若 S 和 I 已知, 则 R 确定, 故可在模型中去掉 R 方程, 简化为

如下形式:

$$\begin{cases} S' = -\beta SI, \\ I' = (\beta S - \alpha)I, \end{cases} \tag{2.1.1}$$

以及初始条件 $S(0) = S_0, I(0) = I_0, S_0 + I_0 = N$.

需要指出的是, 只有当 $S(t)$ 和 $I(t)$ 保持非负时此模型才有意义. 若 $S_0 < \dfrac{\alpha}{\beta}$,
则 $I' < 0$, I 逐渐减少到零; 若 $S_0 > \dfrac{\alpha}{\beta}$, 则在一开始 $I' > 0$, 但由于 $S' < 0$ 对
所有 t 都成立, 故 I 一开始会逐渐增加, 当 $S = \dfrac{\alpha}{\beta}$ 时增到最大值, 之后减少到零.
记 $\Re_0 = \dfrac{\beta S_0}{\alpha}$, 称为基本再生数 (basic reproduction number), 表示为由单个染病
者引起的继发性染病的人数. 若 $\Re_0 < 1$, 则疾病消亡; 若 $\Re_0 > 1$, 则疾病存在. 因
此基本再生数是一个非常关键的阈值量, 是政府和专家制定抑制传染病爆发的政
策策略的重要理论依据.

将模型 (2.1.1) 中的两个方程相加可得

$$(S + I)' = -\alpha I,$$

$S + I$ 是非负光滑递减函数, 当 $t \to \infty$ 时趋于 $S_\infty + I_\infty$, 易知 $I_\infty = \lim\limits_{t \to \infty} I(t) = 0$.
对上式两边从 0 到 ∞ 积分得

$$S_\infty - N = -\alpha \int_0^\infty I(t)\, \mathrm{d}t.$$

(2.1.1) 中的第一个方程两端同除以 S 后在 0 到 ∞ 积分得

$$\ln \frac{S_\infty}{S_0} = -\beta \int_0^\infty I(t)\, \mathrm{d}t.$$

从上面两个式子中消去关于 I 的积分得到

$$\ln \frac{S_0}{S_\infty} = \Re_0 \left(1 - \frac{S_\infty}{N}\right),$$

此式称为最后规模关系, 它给出基本再生数和传染病规模之间的关系, 其中传染
病规模即在传染病整个过程中被传染的人数 $N - S_\infty$, 假设了 $I_0 = 0$.

将 (2.1.1) 中的第一个方程两端同除以 S 后在 0 到 t 积分, 可得

$$\ln \frac{S_0}{S(t)} = \beta \int_0^t I(\xi)\, \mathrm{d}\xi.$$

由 (2.1.1), 有 $I(t) = \dfrac{1}{\alpha}(\beta S(t)I(t) - I'(t)) = -\dfrac{1}{\alpha}(S'(t) + I'(t))$, $\displaystyle\int_0^t I(\xi)\mathrm{d}\xi =$
$-\dfrac{1}{\alpha}(S(t) - S_0 + I(t) - I_0) = \dfrac{1}{\alpha}(N - S(t) - I(t))$, 从而

$$I(t) + S(t) - \frac{\alpha}{\beta} \ln S(t) = N - \frac{\alpha}{\beta} \ln S_0.$$

因为当 $S = \dfrac{\alpha}{\beta}$ 时染病者数量达到最大值, 所以在上式中代入 $S = \dfrac{\alpha}{\beta}$ 可得

$$I_{\max} = S_0 + I_0 - \frac{\alpha}{\beta} \ln S_0 - \frac{\alpha}{\beta} + \frac{\alpha}{\beta} \ln \frac{\alpha}{\beta}.$$

除 SIR 模型之外, 依据不同传染病的特性以及其他因素的考虑, 还可以建立更复杂的仓室结构模型, 如 SIRS 模型, SEIR 模型等, 有兴趣的读者可参阅相关文献.

作业 2.1.1　假设某种传染病遵循 SIR 模型的传播方式, 感染者的平均患病时长为 7 天, 每天每人的接触率 $\beta = \dfrac{1}{4900000}$, 初始易感者数量为 1.4×10^7 人, 初始感染者数量很少, 可忽略不计.

(1) 计算此传染病的基本再生数;

(2) 计算最大感染数量.

2.2　等周问题 (Dido 问题)

根据古罗马史诗《埃涅阿斯纪》的记载, 推罗王国曾经有一位非常漂亮的公主名叫 Dido, 她的丈夫十分富有. 公元前 830 年左右, Dido 的哥哥顺利地继承了父亲的王位, 但随后因为贪图钱财, 杀掉了 Dido 的丈夫. Dido 为了躲避哥哥的迫害逃亡到了非洲的北海岸 (现在的突尼斯), 想要一块栖身之地. 当地人的首领同意给他们一块 "能够用一张牛皮包起来的地方".

聪明的 Dido 把牛皮剪成了一根一根的长条, 然后把它们连在一起, 在海岸边上围出了一大片土地, 建成了著名的迦太基城. 直到今天, 我们还能在突尼斯的东北部看到迦太基城的遗址. 一个有趣的问题是, Dido 应该怎样摆放她的牛皮长条, 才能让围出的土地面积最大呢 (图 2.2)?

图 2.2　Dido 的故事

在长度一定的封闭曲线中, 什么曲线所围的面积最大? 这个问题早在古希腊时就知道正确结论是一个圆. 但问题的变分特性直到 18 世纪才被 L.Euler (1707—1783, 瑞士) 提出.

设所述的曲线由参数形式表示

$$l:\ x = x(s),\ y = y(s),\quad s_0 \leqslant s \leqslant s_1,$$

它是封闭的, 即满足

$$x(s_0) = x(s_1),\quad y(s_0) = y(s_1),$$

且长度固定:

$$L = \int_{s_0}^{s_1} \sqrt{\left(\frac{\mathrm{d}x}{\mathrm{d}s}\right)^2 + \left(\frac{\mathrm{d}y}{\mathrm{d}s}\right)^2}\,\mathrm{d}s. \tag{2.2.1}$$

在满足封闭条件及长度等于 L (即满足条件 (2.2.1)) 的曲线中, 求一条曲线使其所围区域 D 的面积

$$\begin{aligned}
R &= \iint_D \mathrm{d}x\mathrm{d}y = \frac{1}{2} \oint_l \ (x\,\mathrm{d}y - y\,\mathrm{d}x) \\
&= \frac{1}{2} \int_{s_0}^{s_1} \ (x(s)y'(s) - y(s)x'(s))\ \mathrm{d}s
\end{aligned}$$

最大. 这就是所谓的等周问题, 也是一个条件极值问题. 相应的常微分方程组是

$$\begin{cases} y' + \lambda x'' = 0, \\ -x' + \lambda y'' = 0, \end{cases}$$

其中 λ 是待定常数.

2.3 位 势 方 程

万有引力定律揭示了物体在相互引力作用下的运动规律, 是 17 世纪自然科学最伟大的成果之一. 科学史上哈雷彗星、海王星、冥王星的发现, 都是应用了万有引力定律取得的重大成就. 万有引力定律发表于 1687 年的《自然哲学的数学原理》(*Philosophiae Naturalis Principia Mathematica*, 图 2.3) 上. Newton 的普适万有引力定律表示如下: 点 P 处质量为 m 的质点对点 Q 处具有单位质量质点的作用力是

$$\boldsymbol{F} = -G\frac{m}{r^3}\boldsymbol{r},$$

其中 G 是引力常数, $\boldsymbol{r} = \overrightarrow{PQ}$, $r = |\boldsymbol{r}|$ (图 2.4).

设物体 Ω 的密度为 $\rho(\xi, \eta, \zeta)$, 点 $Q(x, y, z)$ 的质量为 1, 则物体 Ω 对 Q 的作用力

$$\boldsymbol{F}(x, y, z) = -G\iiint_\Omega \frac{\rho}{r^3}\boldsymbol{r}\,\mathrm{d}\xi\mathrm{d}\eta\mathrm{d}\zeta,$$

图 2.3 Newton 的《自然哲学的数学原理》

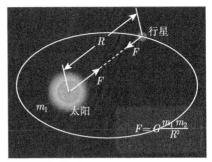

图 2.4 万有引力定律示意图

其中

$$\boldsymbol{r} = (x - \xi, y - \eta, z - \zeta), \quad r = \sqrt{(x - \xi)^2 + (y - \eta)^2 + (z - \zeta)^2}.$$

由

$$\frac{\partial}{\partial x}\left(\frac{1}{r}\right) = -\frac{1}{r^2} \cdot \frac{x - \xi}{r}, \quad \mathrm{D}_{(x,y,z)}\left(\frac{1}{r}\right) = -\frac{\boldsymbol{r}}{r^3},$$

有

$$\boldsymbol{F}(x, y, z) = G \iiint_\Omega \rho \mathrm{D}\left(\frac{1}{r}\right) \mathrm{d}\xi\mathrm{d}\eta\mathrm{d}\zeta := \mathrm{D}V(x, y, z),$$

其中

$$V(x, y, z) = G \iiint_\Omega \frac{\rho(\xi, \eta, \zeta)}{r} \mathrm{d}\xi\mathrm{d}\eta\mathrm{d}\zeta$$

称为引力场的势函数. 对任意的 $(x, y, z) \notin \overline{\Omega}$, 有

$$\frac{\partial^2}{\partial x^2}\left(\frac{1}{r}\right) = -\frac{1}{r^3} - (x - \xi) \cdot \frac{-3}{r^4} \cdot \frac{x - \xi}{r} = \frac{-r^2 + 3(x - \xi)^2}{r^5},$$

$$\Delta\left(\frac{1}{r}\right) := \left(\frac{\partial^2}{\partial x^2} + \frac{\partial^2}{\partial y^2} + \frac{\partial^2}{\partial z^2}\right)\frac{1}{r} = 0,$$

所以

$$\Delta V(x, y, z) = G \iiint_\Omega \rho(\xi, \eta, \zeta)\Delta_{(x,y,z)}\left(\frac{1}{r}\right) \mathrm{d}\xi\mathrm{d}\eta\mathrm{d}\zeta = 0,$$

即在 $\mathbb{R}^3 \setminus \overline{\Omega}$ 中 V 满足 Laplace 方程或位势方程

$$\Delta V = 0.$$

它是线性椭圆型方程的典型代表, 也是偏微分方程研究的基础中的基础.

2.4 热传导方程

热传导方程首先由 J.B.J. Fourier (1768—1830, 法国) 在 1822 年的著作《热的解析理论》中给出, 描述了空间某物体 Ω 内部的热传导问题 (图 2.5). 建立物体的温度函数 $u(x, y, z, t)$ 满足的方程, 其主要依据是热量守恒定律, 即: 对任意的子区域 $\Omega_1 \subset \Omega$ 和时刻 $t_2 > t_1 > 0$, Ω_1 内部从 t_1 时刻到 t_2 时刻的热量增量等于在时间 $[t_1, t_2]$ 内由 $\partial\Omega_1$ 进入 Ω_1 的热量与热源产生的热量之和.

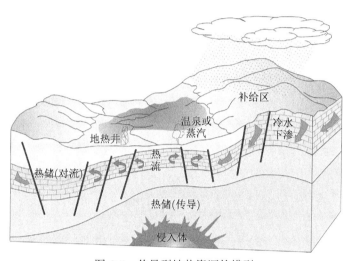

图 2.5 传导型地热资源的模型

热量守恒定律中出现的三个物理量有下列数学表示:

(1) 在 t 时刻 Ω_1 内的热量

$$\iiint_{\Omega_1} c\rho u(\xi, \eta, \zeta, t)\, \mathrm{d}\xi\mathrm{d}\eta\mathrm{d}\zeta,$$

其中 c 是比热, ρ 是密度;

(2) 在时间间隔 $[t_1, t_2]$ 内热源在 Ω_1 中产生的热量

$$\int_{t_1}^{t_2} \iiint_{\Omega_1} \rho F(\xi, \eta, \zeta, t)\, \mathrm{d}\xi\mathrm{d}\eta\mathrm{d}\zeta\mathrm{d}t,$$

其中 $F(x, y, z, t)$ 是热源强度 (在时刻 t 点 (x, y, z) 处产生的热量);

(3) 根据 Fourier 定律: 热量流速 $\boldsymbol{q} = -k\mathrm{D}u$, 其中 k 为导热系数, 可知在 $[t_1, t_2]$ 内从 $\partial\Omega_1$ 进入 Ω_1 的热量

$$-\int_{t_1}^{t_2}\iint_{\partial\Omega_1}\boldsymbol{q}\cdot\boldsymbol{\nu}\,\mathrm{d}S\mathrm{d}t = -\int_{t_1}^{t_2}\iint_{\partial\Omega_1}-k\mathrm{D}u\cdot\boldsymbol{\nu}\,\mathrm{d}S\mathrm{d}t = k\int_{t_1}^{t_2}\iint_{\partial\Omega_1}\frac{\partial u}{\partial\boldsymbol{\nu}}\,\mathrm{d}S\mathrm{d}t,$$

其中 $\boldsymbol{\nu}$ 是 $\partial\Omega$ 的单位外法向量.

所以, 根据热量守恒定律, 有

$$\iiint_{\Omega_1}c\rho\left(u(\xi,\eta,\zeta,t_2)-u(\xi,\eta,\zeta,t_1)\right)\mathrm{d}\xi\mathrm{d}\eta\mathrm{d}\zeta$$
$$=\int_{t_1}^{t_2}\iiint_{\Omega_1}\rho F(\xi,\eta,\zeta,t)\,\mathrm{d}\xi\mathrm{d}\eta\mathrm{d}\zeta\mathrm{d}t + k\int_{t_1}^{t_2}\iint_{\partial\Omega_1}\frac{\partial u}{\partial\boldsymbol{\nu}}\,\mathrm{d}S\mathrm{d}t.$$

应用 Newton–Leibniz 公式和散度定理, 得

$$\int_{t_1}^{t_2}\iiint_{\Omega_1}\left(c\rho\frac{\partial u}{\partial t}-k\Delta u-\rho F\right)\mathrm{d}\xi\mathrm{d}\eta\mathrm{d}\zeta\mathrm{d}t = 0.$$

由 Ω_1 和 $t_2 > t_1$ 的任意性, 在 $\Omega\times[0,+\infty)$ 上有

$$c\rho\frac{\partial u}{\partial t}-k\Delta u-\rho F = 0,$$

可简写为

$$\frac{\partial u}{\partial t} = a^2\Delta u + f(x,t),$$

其中 $a^2 = \dfrac{k}{c\rho}$, $f = \dfrac{F}{c}$. 热传导方程是线性抛物型方程的典型代表, 也可以作为某些金融现象的模型, 如 Black–Scholes–Merton 方程与 Fokker–Planck 方程, 在图像处理和 Riemann 几何中也有许多深入的应用.

作业 2.4.1 求热传导方程 $\dfrac{\partial u}{\partial t} = a^2\dfrac{\partial^2 u}{\partial x^2}$ 所有形如

$$u(x,t) = \frac{1}{\sqrt{t}}f\left(\frac{x}{2a\sqrt{t}}\right)$$

的解, 其中 a 是一个正常数.

2.5 弦振动方程

弦是指一段又细又柔软的弹性长线, 比如二胡 (图 2.6)、吉他等乐器上所用的弦. 再如大跨度的桥梁 (图 2.7) 等, 在一定程度上也是一根 "弦". 张紧的弦相邻小段之间有拉力, 这种拉力称为弦中的张力, 张力方向沿弦的切线方向. 用薄片拨动或者用琴弓在张紧的弦上拨动, 一个小段的振动必带动它的邻段, 邻段又带

动它的邻段, 这样一个小段的振动必然传播到整个弦, 这种振动的传播现象叫做波. 对于弦振动的研究, 有助于我们理解这些特殊"弦"的振动特点、机制, 从而对其加以控制. 同时, 弦的振动也提供了一个直观的振动与波的模型, 对它的分析和研究是处理声与振动问题的基础. Euler 最早提出了弦振动的二阶方程, 而后 J. d'Alembert (1717—1783, 法国) 等通过对弦振动的研究开创了偏微分方程理论.

图 2.6   二胡

图 2.7   大跨度桥梁

考虑均匀柔软的轻弦在平衡位置附近在垂直平衡位置的外力作用下作微小横振动时位移函数满足的规律. 对于上面有关弦和振动的假设有如下解释:

(1) 均匀——弦的线密度 ρ 是常数;

(2) 柔软——弦上各点的张力沿弦的切线方向;

(3) 轻——弦所受的重力与张力相比可忽略不计;

(4) 微小——在振动过程中任一弦段的长度是"不变"的 (因此由 Hooke (1635—1703, 英国) 定律, 弦上各点的张力是"常数"T);

(5) 横振动——弦的振动发生在一个平面内, 且弦上各点的位移与平衡位置垂直.

设弦的振动发生在 (x, u) 平面内. 其平衡位置在 x 轴上, 在 x 点 t 时刻所受的外力密度是 $F(x, t)$. 下面在连续介质的假设下利用"微元法"导出位移函数 $u(x, t)$ 满足的方程, 如图 2.8 所示.

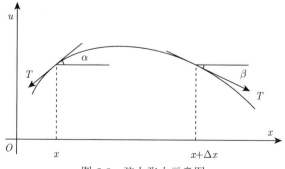

图 2.8   弦上张力示意图

任取一小区间 $[x, x + \Delta x]$, 作受力分析. 在垂直方向上应用 Newton 第二定律, 有

$$-T\sin\beta - T\sin\alpha + \int_x^{x+\Delta x} F(\xi, t)\,\mathrm{d}\xi = \int_x^{x+\Delta x} \rho\frac{\partial^2 u}{\partial t^2}(\xi, t)\,\mathrm{d}\xi.$$

由

$$\sin\alpha = \frac{\dfrac{\partial u}{\partial x}(x, t)}{\sqrt{1 + \left(\dfrac{\partial u}{\partial x}(x, t)\right)^2}}, \quad \sin\beta = \frac{-\dfrac{\partial u}{\partial x}(x + \Delta x, t)}{\sqrt{1 + \left(\dfrac{\partial u}{\partial x}(x + \Delta x, t)\right)^2}},$$

可得

$$\int_x^{x+\Delta x}\left[T\frac{\partial}{\partial x}\left(\frac{\dfrac{\partial u}{\partial x}(\xi, t)}{\sqrt{1 + \left(\dfrac{\partial u}{\partial x}(\xi, t)\right)^2}}\right) + F(\xi, t) - \rho\frac{\partial^2 u}{\partial t^2}(\xi, t)\right]\mathrm{d}\xi = 0.$$

由假定, 弦只作微小振动, 其长度保持不变, 所以 $\dfrac{\partial u}{\partial x}$ 可忽略不计. 再由 $x, \Delta x$ 的任意性和被积函数的连续性, 得到

$$T\frac{\partial^2 u}{\partial x^2}(x, t) + F(x, t) - \rho\frac{\partial^2 u}{\partial t^2}(x, t) = 0.$$

通常写作

$$\frac{\partial^2 u}{\partial t^2}(x, t) = a^2\frac{\partial^2 u}{\partial x^2}(x, t) + f(x, t),$$

其中 $a^2 = \dfrac{T}{\rho}$ 表示弦上单位质量所受的张力 (即振动的传播速度, 这意味着, 对乐器来讲, 弦绷得越紧, 波速越大; 弦的质料越密, 波速越小), $f = \dfrac{F}{\rho}$ 表示弦在 x 点 t 时刻单位质量所受的外力.

弹性杆的横振动方程 (一维)、薄膜的横振动方程 (二维) 也可以采用上述方式推导, 它们都称为波动方程. 波动方程是线性双曲型方程的典型代表.

作业 2.5.1 设 $\boldsymbol{u} = (u^1, u^2, u^3)$ 是线性弹性发展方程

$$\frac{\partial^2 \boldsymbol{u}}{\partial t^2} - \mu\Delta\boldsymbol{u} - (\lambda + \mu)\,\mathrm{D}(\mathrm{div}\,\boldsymbol{u}) = 0, \quad (x, t) \in \mathbb{R}^3 \times (0, +\infty)$$

的解, 其中 λ, μ 是常数. 则对某个常数 C, $w := \mathrm{div}\,\boldsymbol{u}$ 满足波动方程

$$\frac{\partial^2 w}{\partial t^2} = C\Delta w.$$

2.6　极小曲面方程

2013 年 3 月, 美国的一个科学新闻网站 www.liveScience.com 刊登出了由世界各国科学家们鼎力推荐的影响世界文明进程的十大 "魅力方程", 极小曲面方程便在其中. 这个方程某种程度上解释了人们吹出的那些肥皂泡的秘密 (图 2.9). 极小曲面作为一种数学原型, 还具备许多理想的建筑化潜力 (图 2.10).

图 2.9　美丽的肥皂泡及其曲面面积公式　　　　图 2.10　纽约科学馆的极小曲面华盖

1744 年, Euler 出版了《寻找具有某种极大或极小性质的曲线的技巧》(*Methodus Inveniendi Lineas Curves Maximi Minimive Proprietate Gaudentes*). 这是变分法首次被系统地论述. 在该书中提出了相关问题: 求出在点 (x_0, y_0) 和点 (x_1, y_1) 之间的平面曲线 $y = f(x)$, 使得它在绕 x 轴旋转时所产生的曲面面积最小. 他证明了, 此时的平面曲线必须是一条悬链线, 生成的旋转面则叫作悬链面 (图 2.11).

图 2.11　悬链线 (Catenary) 和悬链面 (Catenoid)

然而, 对于极小曲面的研究, 一般都认为是 "欧洲最伟大的数学家" Lagrange (图 2.12) 在 1760 年开始的, 因为他第一次给出了这类曲面所应满足的偏微分方程, 也就是著名的极小曲面方程.

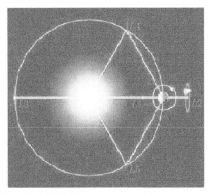

图 2.12　Lagrange 奖章与天体力学中的 Lagrange 点

在 $\mathbb{R}^3$ 中考虑曲面

$$M: \quad z = u(x, y), \quad (x, y) \in D,$$

D 是 $\mathbb{R}^2$ 中的一个区域. Lagrange 利用他创立的变分法原理证明了: 在所有定义在 D 上且在边界 ∂D 上取相同值的函数图像中, 若曲面 M 的面积是局部极小, 则 u 满足极小曲面方程

$$\left[1 + \left(\frac{\partial u}{\partial y}\right)^2\right] \frac{\partial^2 u}{\partial x^2} - 2\frac{\partial u}{\partial x}\frac{\partial u}{\partial y}\frac{\partial^2 u}{\partial x \partial y} + \left[1 + \left(\frac{\partial u}{\partial x}\right)^2\right] \frac{\partial^2 u}{\partial y^2} = 0, \quad (x, y) \in D.$$
$$(2.6.1)$$

记 M 的形变

$$M_t: \quad z = u(x, y) + tv(x, y), \quad (x, y) \in D,$$

其中 $t \in (-\varepsilon, \varepsilon)$, ε 为一个正的常数, $v|_{\partial D} = 0$, 则 M_t 的面积

$$A(M_t) = \iint_D \sqrt{1 + \left(\frac{\partial (u + tv)}{\partial x}\right)^2 + \left(\frac{\partial (u + tv)}{\partial y}\right)^2} \, \mathrm{d}x\mathrm{d}y.$$

由 $M = M_0$ 的局部极小性知, $A(M_t)$ 作为 t 的函数在 $t = 0$ 处取极小值 $A(M_0)$, 从而

$$\frac{\mathrm{d}}{\mathrm{d}t} A(M_t) \bigg|_{t=0} = 0,$$

即

$$0 = \iint_D \frac{\dfrac{\partial (u + tv)}{\partial x}\dfrac{\partial v}{\partial x} + \dfrac{\partial (u + tv)}{\partial y}\dfrac{\partial v}{\partial y}}{\sqrt{1 + \left(\dfrac{\partial (u + tv)}{\partial x}\right)^2 + \left(\dfrac{\partial (u + tv)}{\partial y}\right)^2}} \, \mathrm{d}x\mathrm{d}y \Bigg|_{t=0}$$

$$= \iint_D \frac{\dfrac{\partial u}{\partial x}\dfrac{\partial v}{\partial x} + \dfrac{\partial u}{\partial y}\dfrac{\partial v}{\partial y}}{\sqrt{1 + \left(\dfrac{\partial u}{\partial x}\right)^2 + \left(\dfrac{\partial u}{\partial y}\right)^2}}\, \mathrm{d}x\mathrm{d}y.$$

应用散度定理 (即高维分部积分公式), 并注意到 $v\big|_{\partial D} = 0$, 记 $\boldsymbol{\nu}$ 是 ∂D 的单位外法向量, 得

$$0 = \int_{\partial D} \frac{\dfrac{\partial u}{\partial x} v \cos(\boldsymbol{\nu}, x)}{\sqrt{1 + \left(\dfrac{\partial u}{\partial x}\right)^2 + \left(\dfrac{\partial u}{\partial y}\right)^2}}\, \mathrm{d}s - \iint_D v \frac{\partial}{\partial x}\left(\frac{\dfrac{\partial u}{\partial x}}{\sqrt{1 + \left(\dfrac{\partial u}{\partial x}\right)^2 + \left(\dfrac{\partial u}{\partial y}\right)^2}}\right)\mathrm{d}x\mathrm{d}y$$

$$+ \int_{\partial D} \frac{\dfrac{\partial u}{\partial y} v \cos(\boldsymbol{\nu}, y)}{\sqrt{1 + \left(\dfrac{\partial u}{\partial x}\right)^2 + \left(\dfrac{\partial u}{\partial y}\right)^2}}\, \mathrm{d}s - \iint_D v \frac{\partial}{\partial y}\left(\frac{\dfrac{\partial u}{\partial y}}{\sqrt{1 + \left(\dfrac{\partial u}{\partial x}\right)^2 + \left(\dfrac{\partial u}{\partial y}\right)^2}}\right)\mathrm{d}x\mathrm{d}y$$

$$= -\iint_D v \left[\frac{\partial}{\partial x}\left(\frac{\dfrac{\partial u}{\partial x}}{\sqrt{1 + \left(\dfrac{\partial u}{\partial x}\right)^2 + \left(\dfrac{\partial u}{\partial y}\right)^2}}\right) \right.$$

$$\left. + \frac{\partial}{\partial y}\left(\frac{\dfrac{\partial u}{\partial y}}{\sqrt{1 + \left(\dfrac{\partial u}{\partial x}\right)^2 + \left(\dfrac{\partial u}{\partial y}\right)^2}}\right)\right]\mathrm{d}x\mathrm{d}y.$$

由 v 的任意性, 在 D 中有

$$\frac{\partial}{\partial x}\left(\frac{\dfrac{\partial u}{\partial x}}{\sqrt{1 + \left(\dfrac{\partial u}{\partial x}\right)^2 + \left(\dfrac{\partial u}{\partial y}\right)^2}}\right) + \frac{\partial}{\partial y}\left(\frac{\dfrac{\partial u}{\partial y}}{\sqrt{1 + \left(\dfrac{\partial u}{\partial x}\right)^2 + \left(\dfrac{\partial u}{\partial y}\right)^2}}\right) = 0,$$

由此得到方程 (2.6.1). 极小曲面方程是二阶拟线性方程的典型代表.

　　注意这里只用到了极小曲面是局部极小, 其实极小曲面也是整体极小, 这将涉及更多的理论. 极小曲面问题最早是由物理学家 J. A. F. Plateau (1801—1883, 比利时) 根据 "肥皂泡现象" 提出, 故又称 Plateau 问题. 图 2.13 和图 2.14 为我们呈现了 "肥皂泡现象".

图 2.13 莫斯科的肥皂泡节

图 2.14 Chardin 的名画：吹肥皂泡的少年

1840 年, Plateau 对最小表面积问题着手进行实验研究. 与很多科学发现一样, 实验开始于一次偶然. 一个仆人把油溅到了盛有水和酒精的容器中, Plateau 注意到油在混合物中呈现出了完美的球形. 后来, Plateau 改用肥皂溶液和甘油进行实验, 并把蘸湿的线框放入其中, 得到了一系列的实验结果. 我们很容易就可以重演 Plateau 的实验. 正如小时候都喜欢的吹泡泡游戏一样, 我们把一个带柄的铁环浸入肥皂水中, 然后轻轻地取出来, 在铁环上就会形成一个处于平衡状态的彩色薄膜 (图 2.15). 如果忽略混合液体自身的重量, 也不考虑风力等外部干扰因素, 那么薄膜的势能在表面张力的作用下会达到最小值, 而肥皂膜所呈现的曲面形状必然具有相对最小的面积, 也就是我们说的局部极小.

Plateau 陈述了一个十分自然的问题: 对空间中的任何封闭曲线, 是否存在一个以该曲线为边界的极小曲面? 经过了差不多一个世纪, 1931 年, J. Douglas (1897—1965, 美国, 图 2.16) 给出了这个问题的解, 因此获得了 1936 年的首届菲尔兹奖.

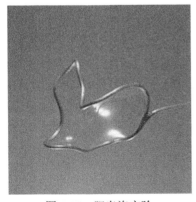

图 2.15 肥皂泡实验

图 2.16 Douglas

作业 2.6.1　求极小曲面方程 (2.6.1) 形如 $u = f(x) + g(y)$ 的解.

2.7　Black–Scholes–Merton 方程

金融数学是近年来蓬勃发展的新兴学科, 在国际金融界和应用数学界受到高度重视. 它利用数学工具研究金融投资理论, 进行数学建模、理论分析、数值计算等定量分析, 以求找到金融学的内在规律并用以指导实践.

金融数学的历史可以追溯到 1900 年 L. Bachelier (1870—1946, 法国) 发表的博士学位论文《投机的理论》(Theory of Speculation). 1952 年, H. M. Markowitz (1927—, 美国) 提出证券投资组合理论, 第一次明确地用数学工具给出了在一定风险水平下按不同比例投资多种证券收益可能最大的投资方法. 稍后, W. F. Sharpe (1934—, 美国) 和 J. V. Lintner, Jr. (1916—1983, 美国) 进一步拓展了 Markowitz 的工作, 提出了资本资产定价模型, 引发了第一次 "华尔街 (Wall Street) 革命" (图 2.17和图 2.18). Markowitz 和 Sharpe 也因他们在金融数学中的开创性贡献而获得 1990 年诺贝尔经济学奖.

图 2.17　纽约证券交易所　　　　　　图 2.18　华尔街铜牛

从应用的角度看, 金融数学学科大致有三个分支, 分别为投资组合理论、衍生产品定价理论和风险管理理论, 其中在衍生产品定价理论中 Black–Scholes–Merton 方程尤为著名. 衍生产品的定价理论起源于数学家 F. S. Black (1938—1995,美国)、金融学家 M.Scholes (1941—, 美国, 图 2.19) 和 R. C. Merton (1944—, 美国) 1973 年所开启的无套利定价理论, 其核心是构造了一个定价测度 (图 2.20). 可以证明, 一旦有了这个定价测度, 衍生产品现时的价格就是其 (经折现后的) 到期日价格的期望值.

现在以股票期权为例, 推导它所满足的金融模型. 设 S_t 为 t 时刻的股票价格, T 为期权的到期日, r 为市场的短期利率, $f(S_t)$ 为到期日的合约价格函数, 则 t 时刻的期权价格 (即期权金) 由下式给出:

$$V(S_t,t) = E\left[\mathrm{e}^{-r(T-t)}f(S_t) \mid S_t = S\right],$$

其中 S 是 t 时刻的股票价格, $E[\cdot]$ 是条件数学期望. "对冲"是定价理论的一个重要概念, 指特意减少另一项投资的风险的投资. 透过支付期权金, 投资人将风险转移给庄家, 而庄家则通常要为期权淡仓作对冲. 标准的做法是买入或卖出一定数量的股票, 而这个数量正是期权价格相对于股票价格的变化率

$$\frac{\partial V}{\partial S}(S_t,t) = E\left[\mathrm{e}^{-r(T-t)}\frac{\partial}{\partial S}f(S_t) \mid S_t = S\right].$$

图 2.19 Scholes (左) 获诺贝尔奖

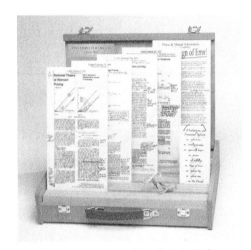

图 2.20 Scholes 等人的论文手稿

假设在股票价格的变化下需满足

(1) 证券价格服从几何 Brown 运动, 即 μ 和股价的波动率 σ 为常数;

(2) 允许卖空标的证券;

(3) 没有交易费用和税收, 所有证券是全部可分的;

(4) 衍生证券有效期内标的证券没有现金收益支付;

(5) 不存在无风险套利机会;

(6) 证券交易和价格变动是连续的;

(7) 衍生证券有效期内, 无风险利率 r 为常数.

因为假设股票价格 S 遵循几何 Brown 运动, 故

$$\mathrm{d}S = \mu S\mathrm{d}t + \sigma S\mathrm{d}z,$$

在一个小的时间间隔 Δt 中, S 的变化值 ΔS 为

$$\Delta S = \mu S\Delta t + \sigma S\Delta z.$$

设 V 是依赖于 S 的衍生证券的价格, 则 V 必为 S 和 t 的函数. 由 Ito 引理可知,

$$\mathrm{d}V = \left(\frac{\partial V}{\partial t} + \mu S \frac{\partial V}{\partial S} + \frac{1}{2}\sigma^2 S^2 \frac{\partial^2 V}{\partial S^2}\right)\mathrm{d}t + \sigma S \frac{\partial V}{\partial S}\mathrm{d}z,$$

在一个小的时间间隔 Δt 中, V 的变化值 ΔV 为

$$\Delta V = \left(\frac{\partial V}{\partial t} + \mu S \frac{\partial V}{\partial S} + \frac{1}{2}\sigma^2 S^2 \frac{\partial^2 V}{\partial S^2}\right)\Delta t + \sigma S \frac{\partial V}{\partial S}\Delta z.$$

为了消除风险源 Δz, 可构建一个包括一单位衍生证券空头和 $\dfrac{\partial V}{\partial S}$ 单位标的证券多头的组合. 令 Π 表示为投资组合的价值, 则有

$$\Pi = -V + \frac{\partial V}{\partial S}S,$$

在一个小的时间间隔 Δt 中, Π 的变化值 $\Delta \Pi$ 为

$$\Delta\Pi = -\Delta V + \frac{\partial V}{\partial S}\Delta S.$$

将 ΔV 和 ΔS 代入, 得

$$\Delta\Pi = \left(-\frac{\partial V}{\partial t} - \frac{1}{2}\sigma^2 S^2 \frac{\partial^2 V}{\partial S^2}\right)\Delta t.$$

又由于消除了风险, 组合 Π 需获得无风险收益 $\Delta\Pi = r\Pi\Delta t$, 从而有

$$\left(\frac{\partial V}{\partial t} + \frac{1}{2}\sigma^2 S^2 \frac{\partial^2 V}{\partial S^2}\right)\Delta t = r\left(V - \frac{\partial V}{\partial S}S\right)\Delta t,$$

化简后得到 $V(S,t)$ 满足如下偏微分方程终值问题:

$$\begin{cases} \dfrac{\partial V}{\partial t} + \dfrac{1}{2}\sigma^2 S^2 \dfrac{\partial^2 V}{\partial S^2} + rS\dfrac{\partial V}{\partial S} - rV = 0, \\ V(S,T) = f(S), \end{cases}$$

我们称之为 Black–Scholes–Merton 方程. 这就是第二次 "华尔街革命". 1997 年第 29 届诺贝尔经济学奖授予了 Merton 和 Scholes, 同时肯定了于 1995 年逝世的 Black 的杰出贡献. 他们创立和发展的 Black–Scholes–Merton 期权定价模型为包括股票、债券、货币、商品在内的新兴衍生金融市场的各种以市价价格变动定价的衍生金融工具的合理定价奠定了基础. 瑞典皇家科学院赞誉他们在期权定价方面的研究成果是之后 25 年经济科学中的最杰出贡献.

　　作业 2.7.1　将 Black–Scholes–Merton 方程化为热传导方程.

　　作业 2.7.2　学习并介绍一个图像处理中的偏微分方程模型.

2.8 拓展习题与课外阅读

2.8.1 拓展习题

习题 2.8.1 耶鲁大学的一份新生研究报告报道了这年开始有 91.1% 的学生是流感易感者, 而在年末有 51.4% 的学生为易感者.

(1) 估计基本再生数并确定是否存在传染病;

(2) 学生接种疫苗要达到多少才能防止传染病?

(3) 学生在任何时候患上流感疾病的最多人数是多少?

习题 2.8.2 有一长为 l 的均匀而柔软的细线, 上端 $x=0$ 固定, 在自身重力的作用下, 此弦处于铅直的平衡位置. 试导出此弦相对于竖直线的微小横振动方程.

习题 2.8.3 弹性细杆 (或弹簧) 由于某种外界原因产生纵向振动, 以 $u(x,t)$ 表示在 x 点处于时刻 t 时离开原来位置的偏移. 假设振动过程中所产生的弹力服从 Hooke 定律.

(1) 证明: $u(x,t)$ 满足方程

$$\frac{\partial}{\partial t}\left(\rho(x)\frac{\partial u}{\partial t}\right) = \frac{\partial}{\partial x}\left(E\frac{\partial u}{\partial x}\right),$$

其中 $\rho(x)$ 为杆的线密度, E 为杨氏模量;

(2) 分别假设端点固定、端点自由或端点固定在弹性支承上, 试导出与上述三种情况对应的边界条件.

习题 2.8.4 设有一导线, 其单位长度的电阻为 R, 自感为 L, 电容为 C, 它们都是常数, 绝缘电漏略去不计. 以 $V(x,t)$ 与 $I(x,t)$ 表示在时刻 t 时距线路一端距离为 x 的断面处的电压与电流强度. 证明: $V(x,t)$ 与 $I(x,t)$ 满足同样形式的方程

$$\frac{\partial^2 u}{\partial x^2} = CL\frac{\partial^2 u}{\partial t^2} + CR\frac{\partial u}{\partial t},$$

此方程称为电报方程.

习题 2.8.5 设某溶质在溶液中扩散, 它于溶液中的点 (x,y,z) 处在 t 时刻的浓度用函数 $u(x,y,z,t)$ 表示. 已知溶质在时段 $\mathrm{d}t$ 内流过曲面 $\mathrm{d}S$ 的质量 $\mathrm{d}M$ 和 $\dfrac{\partial u}{\partial n}$ 成比例, 即

$$\mathrm{d}M = -D\frac{\partial u}{\partial n}\mathrm{d}S\mathrm{d}t,$$

其中 D 为扩散常数, n 为 S 的单位外法向, 求 u 所满足的方程.

习题 2.8.6 一均匀圆盘的整个表面都是绝热的. 假设在 $t=0$ 时刻其温度只是 r 的函数, 其中 r 为圆盘上的点到圆盘中心的距离. 记圆盘的比热为 c, 面密度为 ρ, 热传导系数为 k, 试导出圆盘上的温度 $u(r,t)$ 所满足的微分方程为

$$u_t = \frac{k^2}{c^2\rho^2}\left(u_{rr} + \frac{1}{r}u_r\right).$$

习题 2.8.7　一均匀细杆直径为 l, 假设它在同一横截面上的温度是相同的. 取均匀细杆的纵轴为 x 轴, 与坐标 x 相应的横截面在 t 时刻的温度记为 $u(x,t)$, 杆的表面和周围介质发生热交换, 服从 Newton 定律

$$\mathrm{d}Q = k_1(u - u_1)\mathrm{d}S\mathrm{d}t,$$

其中 u_1 为介质的温度. 假设杆的线密度为 ρ, 比热为 c, 传导系数为 k, 求杆的各横截面处温度 $u(x,t)$ 满足的偏微分方程.

习题 2.8.8　阅读论文《男生追女生的数学模型》, 数学的实践与认识, 2012 (42), 1–8.

习题 2.8.9　阅读论文 Mathematical epidemiology: past, present, and future, Fred Brauer, Infectious Disease Modelling, 2017 (2): 113-127.

2.8.2　课外阅读

本章主要介绍了几个经典的常微分方程和偏微分方程的模型建立过程, 涉及物理、几何、医学、工程、金融等实际问题. 微分方程的建模已经渗透到很多领域, 有兴趣的读者可参考下列文献进一步了解其应用.

[1] (图像处理中的应用) 张寰, 陈刚. 基于偏微分方程的图像处理. 北京: 高等教育出版社, 2004.

[2] (金融中的应用) 姜礼尚. 期权定价的数学模型和方法. 2 版. 北京: 高等教育出版社, 2008.

[3] (自然科学和工程技术中的应用) 吴小庆. 偏微分方程理论与实践. 北京: 科学出版社, 2009.

[4] (疫情中应用) 马知恩, 周义仓, 王稳地, 等. 传染病动力学的数学建模与研究. 北京: 科学出版社, 2004.

[5] Ibragimov N H. 微分方程与数学物理问题. 2 版. 北京: 高等教育出版社, 2013.

[6] Lucas W F. 微分方程模型. 长沙: 国防科技大学出版社, 1998.

第2章作业答案

初等积分法
—— 一阶常微分方程的求解

一阶常微分方程在物理学、生物学、化学以及各种自然与社会科学都能遇到, 是常见的数学模型的重要构成部分. 它的最一般的形式是

$$F\left(x, y, \frac{\mathrm{d}y}{\mathrm{d}x}\right) = 0, \quad x \in (a, b), \tag{3.0.1}$$

其中, $y = y(x)$ 是未知函数, $F(x, y, p)$ 是定义在 $(a, b) \times \mathbb{R} \times \mathbb{R}$ 上的已知函数.

当 $\frac{\partial F}{\partial p} \neq 0$ 时, 由隐函数定理, 可以在 (3.0.1) 中将 $\frac{\mathrm{d}y}{\mathrm{d}x}$ 解出, 那么 (3.0.1) 就化为

$$\frac{\mathrm{d}y}{\mathrm{d}x} = f(x, y), \tag{3.0.2}$$

其中 $f(x, y)$ 是 $(a, b) \times \mathbb{R}^1$ 上的一个已知函数. 一般地, 称 (3.0.2) 为显式方程, (3.0.1) 为隐式方程.

本章首先罗列了一阶常微分方程初值问题解的存在唯一性定理和解的延拓定理; 其次给出了变量分离方程、齐次方程、线性方程、Bernoulli 方程等全微分方程的求解方法, 以及将方程化为全微分方程的积分因子求解方法和两类常见的隐式方程的求解方法; 最后还介绍了一些近似解法: 图解法、Euler 折线法、Picard 迭代法和 Taylor 级数法.

3.1 解的存在性

微分方程源于物理问题和几何问题, 在直觉上这些问题是有解的, 但是能具体求解的微分方程又十分有限. 法国数学家 A. Cauchy 是考虑微分方程解的存在性问题的第一人. 他在 1815 年就指出: 解的存在性并不是不言而喻的, 尽管有些微分方程的解不能从形式上得到, 但其存在性是可以证明的.

考虑初值问题

$$\begin{cases} \dfrac{\mathrm{d}y}{\mathrm{d}x} = f(x, y), \\ y(x_0) = y_0 \end{cases} \tag{3.1.1}$$

的解在 (x_0, y_0) 邻域内的存在性, 即所谓的局部存在性, 其中 x_0, y_0 是已知常数. 下面的解析解是指解有幂级数展开, 古典解是指解有一阶连续导数. 以时间先后顺序, 这些结果有

解析解的存在唯一性定理 (A. Cauchy, 1839)　若 $f(x, y)$ 在 (x_0, y_0) 解析, 则问题 (3.1.1) 存在唯一的解析解.

古典解的存在唯一性定理 (A. Cauchy, 1840)　若 $f(x, y)$ 和 $\dfrac{\partial f}{\partial y}(x, y)$ 在 (x_0, y_0) 附近连续, 则问题 (3.1.1) 存在唯一的古典解.

推论 (R. Lipschitz, 1876; E. Picard, 1890)　若 $f(x, y)$ 在 (x_0, y_0) 附近连续, 且关于 y 满足局部 Lipschitz 条件, 则问题 (3.1.1) 存在唯一的古典解.

这里的 $f(x, y)$ 关于 y 满足局部 Lipschitz 条件是指: 在 $f(x, y)$ 的定义域内, 对任意一个邻域 U, 存在常数 L, 使得

$$| f(x, y_1) - f(x, y_2) | \leqslant L| y_1 - y_2 |, \quad (x, y_1), (x, y_2) \in U.$$

有时也称 Lipschitz 条件为 Lipschitz 连续, 是比一阶导数连续稍强一点的条件. 比如 $f(y) = | y |^{\alpha}$ 在原点附近当 $\alpha \geqslant 1$ 时是 Lipschitz 连续的, 当 $\alpha < 1$ 时就不是 Lipschitz 连续的.

唯一性的反例　$f(x, y) = \sqrt{| y |}$ 关于 y 在原点附近不满足 Lipschitz 条件. 初值问题

$$\begin{cases} \dfrac{\mathrm{d}y}{\mathrm{d}x} = \sqrt{| y |}, & x \in (-\infty, +\infty), \\ y(0) = 0 \end{cases}$$

有两个古典解 $y = 0$ 和 $y = \begin{cases} \dfrac{1}{4}x^2, & x \geqslant 0, \\ -\dfrac{1}{4}x^2, & x < 0. \end{cases}$

上面的推论也被称为 Cauchy-Lipschitz 定理, 是 "这一领域最广为人知的理论". 1898 年, W. F. Osgood 将 Lipschitz 条件减弱为

$$|f(x, y_1) - f(x, y_2)| \leqslant \varphi(|y_1 - y_2|), (x, y_1), (x, y_2) \in U,$$

其中 $\displaystyle\int_0^1 \dfrac{\mathrm{d}t}{\varphi(t)} = \infty$.

上面的推论也被称为 Cauchy-hipschitz 定理, 是 "这一领域最广为人知的理论". 1989 年, W.F.Osgood 将 Lipschitz 条件减弱为

$$|f(x, y_1) - f(x, y_2)| \leqslant \varphi(|y_1 - y_2|), (x_1, y_1), (x_1, y_2) \in U,$$

其中 $\displaystyle\int_0^1 \dfrac{dt}{\varphi(t)} = \infty$.

古典解的存在性定理 (G. Peano, 1886) 若 $f(x,y)$ 在 (x_0, y_0) 附近连续, 则问题 (3.1.1) 存在一个古典解.

当考虑解的整体存在性时, 常常用到解的延拓定理.

解的延拓定理 (E. Picard-P. Painlevé, 1899) 若 $f(x,y)$ 在平面区域 D 上连续, 且关于 y 满足局部 Lipschitz 条件, 则问题 (3.1.1) 的解可以延拓到任意接近 ∂D.

例如, 在问题

$$\begin{cases} \dfrac{\mathrm{d}y}{\mathrm{d}x} = 1 + y^2, \\ y(0) = 0 \end{cases}$$

中 $f(x,y) = 1 + y^2$ 在 $D = \mathbb{R}^2$ 上关于 y 满足局部的 Lipschitz 条件, 它的解 $y = \tan x$, $x \neq \dfrac{\pi}{2} + k\pi$. 当 $x \to \dfrac{\pi}{2}$ 时, $y \to \infty$.

又如, 在问题

$$\begin{cases} \dfrac{\mathrm{d}y}{\mathrm{d}x} = x^2 + \mathrm{e}^{-y^2}, \\ y(0) = 0 \end{cases}$$

中 $f(x,y) = x^2 + \mathrm{e}^{-y^2}$ 在 $D = \mathbb{R}^2$ 上关于 y 满足局部的 Lipschitz 条件. 由 $x^2 \leqslant \dfrac{\mathrm{d}y}{\mathrm{d}x} \leqslant x^2 + 1$, 有

$$\begin{cases} \dfrac{1}{3}x^3 \leqslant y(x) \leqslant \dfrac{1}{3}x^3 + x, & x > 0, \\ \dfrac{1}{3}x^3 + x \leqslant y(x) \leqslant \dfrac{1}{3}x^3, & x < 0. \end{cases}$$

所以解 $y(x)$ 一定定义在 $(-\infty, +\infty)$ 上, 见图 3.1.

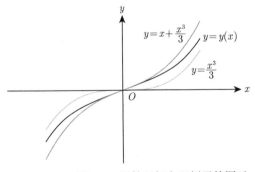

图 3.1 解的延拓定理例子的图示

3.2   一阶显式方程

在常微分方程的发展初期, G. Leibniz 曾专门研究利用变量变换解决一阶方程的求解问题, 而 L. Euler 则试图用积分因子统一处理.

3.2.1   全微分方程

方程 (3.0.2) 常常被写成 x 和 y 更平等的形式

$$P(x,y)\mathrm{d}x + Q(x,y)\mathrm{d}y = 0, \tag{3.2.1}$$

其中 $P(x,y), Q(x,y)$ 是已知的二元函数. 若存在函数 $U(x,y)$ (称为势函数), 使得

$$\mathrm{d}U(x,y) = P(x,y)\mathrm{d}x + Q(x,y)\mathrm{d}y,$$

则 (3.2.1) 的通解是 $U(x,\ y) = c$, 其中 c 是任意常数. 这时, (3.2.1) 被称为全微分方程 (Euler, 1734). 对于给定的 $(x_0, y_0) \in \mathbb{R}^2$, 相应的 $U(x,y)$ 可以被直接写出

$$U(x,y) = \int_{x_0}^{x} P(\xi, y_0)\,\mathrm{d}\xi + \int_{y_0}^{y} Q(x,\ \eta)\,\mathrm{d}\eta.$$

判定全微分方程的方法是如下定理.

Schwarz 或 Clairaut 定理   方程 (3.2.1) 是全微分方程的充要条件是

$$\frac{\partial P}{\partial y}(x,y) = \frac{\partial Q}{\partial x}(x,y). \tag{$*$}$$

作业 3.2.1   求解 $\mathrm{e}^{-y}\mathrm{d}x - (2y + x\mathrm{e}^{-y})\mathrm{d}y = 0$.

1. 变量分离方程

设 $X(x), Y(y)$ 是两个已知一元函数. 形如

$$\frac{\mathrm{d}y}{\mathrm{d}x} = \frac{X(x)}{Y(y)}$$

的方程称为变量分离方程. 它可以写成

$$X(x)\mathrm{d}x - Y(y)\mathrm{d}y = 0,$$

满足条件 $(*)$, 从而是全微分的, 其通解为

$$\int_{x_0}^{X} X(\xi)\mathrm{d}\xi - \int_{y_0}^{y} Y(\eta)\mathrm{d}y = 0$$

也常写作

$$\int X(x)\,\mathrm{d}x = \int Y(y)\,\mathrm{d}y.$$

此处, 为了简单起见, 省略了不定积分的积分常数.

例题 3.2.1 *求解 Logistic 方程*

$$\frac{\mathrm{d}y}{\mathrm{d}x} = ay - by^2, \quad a > b > 0.$$

解 将 x, y 变量分离, 得

$$\frac{\mathrm{d}y}{ay - by^2} = \mathrm{d}x.$$

两边分别关于 x, y 积分, 有

$$\frac{1}{a}\left(\ln|y| - \ln\left|y - \frac{a}{b}\right|\right) = x + C,$$

即

$$y^{\mp} = \frac{a}{b(1 \mp \mathrm{e}^{-a(x+C)})}, \quad x \neq -C,$$

其中 C 是任意常数.

此方程的解的图像如图 3.2 所示.

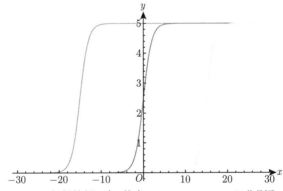

图 3.2 Logistic 方程的解 y^+, 其中 $a = 1$, $b = 0.2$, C 分别取 -2, 0, 2

作业 3.2.2 *求解*

$$\begin{cases} 2x \sin y \mathrm{d}x + (x^2 + 2)\cos y \mathrm{d}y = 0, \\ y(2) = \dfrac{\pi}{2}. \end{cases}$$

2. 齐次型方程

形如

$$\frac{\mathrm{d}y}{\mathrm{d}x} = \Phi\left(\frac{y}{x}\right)$$

的方程称为齐次型方程, 其中 Φ 是已知函数. 有固定的方法可以很容易地将齐次型方程化成变量分离方程.

设 Briot-Bouquet 变换 $z = \dfrac{y}{x}$, 则 $y = xz$, $\dfrac{\mathrm{d}y}{\mathrm{d}x} = x\dfrac{\mathrm{d}z}{\mathrm{d}x} + z$. 代入原方程得

$$x\frac{\mathrm{d}z}{\mathrm{d}x} + z = \Phi(z).$$

它可以写成变量分离形式

$$\frac{\mathrm{d}x}{x} = \frac{\mathrm{d}z}{\Phi(z) - z},$$

其通解为

$$\int_{x_0}^{x} \frac{\mathrm{d}\xi}{\xi} = \int_{z_0}^{z} \frac{\mathrm{d}\eta}{\Phi(\eta) - \eta}.$$

代回原变量,

$$\ln | x | - \ln|x_0| = \int_{\frac{y_0}{x_0}}^{\frac{y}{x}} \frac{\mathrm{d}\eta}{\Phi(\eta) - \eta},$$

其中 x_0, y_0 是任意常数.

例题 3.2.2　*求解四犬相遇方程*

$$\frac{\mathrm{d}y}{\mathrm{d}x} = -\frac{x - y}{x + y}.$$

解　设 $z = \dfrac{y}{x}$, 则 $y = xz$, $\dfrac{\mathrm{d}y}{\mathrm{d}x} = x\dfrac{\mathrm{d}z}{\mathrm{d}x} + z$. 代入原方程, 得 $x\dfrac{\mathrm{d}z}{\mathrm{d}x} + z = -\dfrac{1 - z}{1 + z}$. 分离变量有

$$\frac{\mathrm{d}x}{x} = -\frac{1 + z}{1 + z^2}\mathrm{d}z,$$

$$\ln | x | = -\arctan z - \frac{1}{2}\ln(1 + z^2) + C,$$

$$-\arctan\frac{y}{x} - \frac{1}{2}\ln(x^2 + y^2) = C,$$

其中 C 是任意常数.

引入极坐标系 $x = r\cos\theta$, $y = r\sin\theta$, 解化为 $-\theta - \ln r = C$, 即 $r = \mathrm{e}^{-(\theta+C)}$. 这就是对数螺线.

此方程的解的图像如图 3.3 所示.

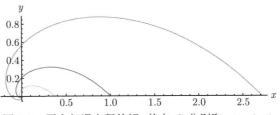

图 3.3　四犬相遇方程的解, 其中 C 分别取 -1, 0, 1

$\square$

作业 3.2.3　*求解*

$$\begin{cases} \dfrac{\mathrm{d}y}{\mathrm{d}x} = \dfrac{2xy}{x^2 + y^2}, \\ y(2) = 1. \end{cases}$$

3. 线性方程

形如

$$\frac{\mathrm{d}y}{\mathrm{d}x} + p(x)y = q(x)$$

的方程称为线性方程, 其中 p, q 是已知函数. 线性方程很容易化成全微分方程.

在两边乘以 $\mathrm{e}^{\int p(x)\,\mathrm{d}x}$, 方程化为

$$\frac{\mathrm{d}}{\mathrm{d}x}\left(y\mathrm{e}^{\int p(x)\,\mathrm{d}x}\right) = q(x)\mathrm{e}^{\int p(x)\,\mathrm{d}x}.$$

两边关于 x 积分, 得

$$y\mathrm{e}^{\int p(x)\,\mathrm{d}x} = \int q(x)\mathrm{e}^{\int p(x)\,\mathrm{d}x}\,\mathrm{d}x + C.$$

所以通解是

$$y = \mathrm{e}^{-\int p(x)\,\mathrm{d}x}\left(\int q(x)\mathrm{e}^{\int p(x)\,\mathrm{d}x}\,\mathrm{d}x + C\right),$$

其中 C 是任意常数. 这是 1734 年 L. Euler 给出的公式.

例题 3.2.3　*求解废物处理问题*

$$\begin{cases} \dfrac{\mathrm{d}v}{\mathrm{d}t} + \dfrac{C_g}{W}v = \dfrac{g}{W}(W - B), \\ v(0) = 0, \end{cases}$$

其中 C_g, g, W, B 都是已知常数.

解 在方程两边乘以 $e^{\frac{C_g}{W}t}$, 得

$$\frac{\mathrm{d}}{\mathrm{d}t}\left(ve^{\frac{C_g}{W}t}\right) = \frac{g}{W}(W - B)e^{\frac{C_g}{W}t}.$$

从 0 到 t 积分, 有

$$ve^{\frac{C_g}{W}t} = \frac{g}{W}(W - B)\frac{W}{C_g}\left(e^{\frac{C_g}{W}t} - 1\right).$$

所以

$$v(t) = \frac{g(W - B)}{C_g}\left(1 - e^{-\frac{C_g}{W}t}\right),$$

方程的解的图像如图 3.4 所示.

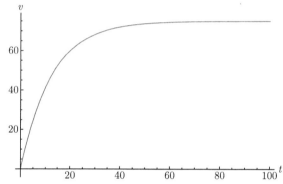

图 3.4 废物处理问题的解, 参数取为 $W = 5$, $B = 2$, $C_g = 0.4$, $g = 10$

作业 3.2.4 求解 $\dfrac{\mathrm{d}y}{\mathrm{d}x} = y + 2x^2$.

4. Bernoulli 方程

形如

$$\frac{\mathrm{d}y}{\mathrm{d}x} + p(x)y = q(x)y^n$$

的方程称为 Bernoulli 方程 (J. Bernoalli, 1695), 其中 p, q 是已知函数, n 是不为 1 或 0 的常数. 通过未知函数的一个变换, 可将其化成线性方程.

设 $z = y^{1-n}$, 则 $y = z^{\frac{1}{1-n}}$, $\dfrac{\mathrm{d}y}{\mathrm{d}x} = \dfrac{1}{1-n}z^{\frac{n}{1-n}}\dfrac{\mathrm{d}z}{\mathrm{d}x}$, 方程化为

$$\frac{1}{1-n}z^{\frac{n}{1-n}}\frac{\mathrm{d}z}{\mathrm{d}x} + p(x)z^{\frac{1}{1-n}} = q(x)z^{\frac{n}{1-n}},$$

即

$$\frac{\mathrm{d}z}{\mathrm{d}x} + (1-n)p(x)z = (1-n)q(x).$$

这是一个关于 z 的线性方程. 所以

$$z = \mathrm{e}^{-\int (1-n)p(x)\,\mathrm{d}x} \left(\int (1-n)q(x)\mathrm{e}^{\int (1-n)p(x)\,\mathrm{d}x}\,\mathrm{d}x + C \right),$$

$$y = \mathrm{e}^{-\int p(x)\,\mathrm{d}x} \left((1-n)\int q(x)\mathrm{e}^{(1-n)\int p(x)\,\mathrm{d}x}\,\mathrm{d}x + C \right)^{\frac{1}{1-n}},$$

其中 C 是任意常数.

作业 3.2.5 求解 $\dfrac{\mathrm{d}y}{\mathrm{d}x} - \dfrac{4}{x}y = x^2\sqrt{y}$.

5. Riccati 方程

形如

$$\frac{\mathrm{d}y}{\mathrm{d}x} + p(x)y = q(x)y^2 + r(x)$$

的方程称为 Riccati 方程, 其中 p, q, r 是已知函数, 且 $r(x)$, $q(x) \not\equiv 0$. 一般来说, Riccati 方程是不能求解的.

1725 年, D. Bernoulli 证明了 Riccati 方程

$$\frac{\mathrm{d}y}{\mathrm{d}x} + y^2 = 1 + \frac{\gamma(\gamma+1)}{x^2}$$

当 $\gamma = 0, \pm 1, \pm 2, \cdots$ 时可解, 1841 年, J. Liouville 证明了仅当 γ 是整数时, 上述方程才能求得初等函数及其积分所表示的通解, 从而结束了非线性微分方程求通解的追求.

1743 年, L. Euler 得到了 Riccati 方程的如下解法. 设它有一个特解 $y = y_0(x)$, 引入 $z = y - y_0$, 则有

$$\frac{\mathrm{d}z}{\mathrm{d}x} + (-2y_0(x) + p(x))z = q(x)z^2.$$

这是一个 Bernoalli 方程.

例题 3.2.4 求解 $\dfrac{\mathrm{d}y}{\mathrm{d}x} = 2\mathrm{e}^{2x}y - \mathrm{e}^x y^2 + \mathrm{e}^x - \mathrm{e}^{3x}$.

解 观察已知 e^x 是一个特解, 设 $z = y - \mathrm{e}^x$, 则

$$\frac{\mathrm{d}z}{\mathrm{d}x} + \mathrm{e}^x = 2\mathrm{e}^{2x}(z + \mathrm{e}^x) - \mathrm{e}^x(z + \mathrm{e}^x)^2 + \mathrm{e}^x - \mathrm{e}^{3x},$$

化简得

$$\frac{\mathrm{d}z}{\mathrm{d}x} = -\mathrm{e}^x z^2.$$

解之, 有

$$z = \frac{1}{e^x + C}, y = \frac{1}{e^x + C} + 1$$

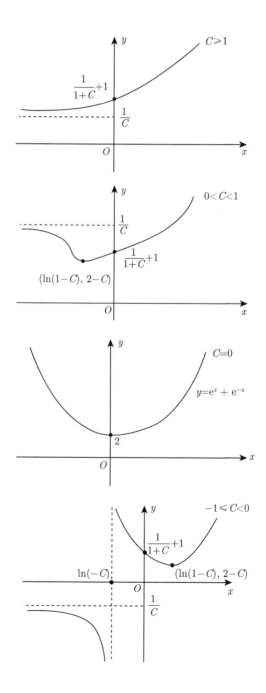

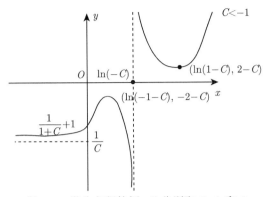

图 3.5 微分方程的解, C 分别取 5, 1 和 0

□

3.2.2 积分因子

积分因子法是 L. Euler 在 1734 年首先提出的.

当 (3.2.1) 不是全微分方程时, 寻找一个积分因子 $\mu(x, y)$, 使得

$$\mu(x,y)P(x,y)\mathrm{d}x + \mu(x,y)Q(x,y)\mathrm{d}y = 0$$

是全微分方程, 其中 $\mu(x, y)$ 需要满足

$$\frac{\partial(\mu P)}{\partial y}(x,y) = \frac{\partial(\mu Q)}{\partial x}(x,y),$$

即

$$Q(x,y)\frac{\partial \mu}{\partial x} - P(x,y)\frac{\partial \mu}{\partial y} = \left(\frac{\partial P}{\partial y}(x,y) - \frac{\partial Q}{\partial x}(x,y)\right)\mu. \tag{3.2.2}$$

这是一个一阶偏微分方程. 对此, 我们有以下命题.

命题 3.2.1 当 $P, Q \in C^1$ 时, 积分因子 $\mu(x, y)$ 是存在的.

但是, 命题表明的存在性并不意味着积分因子 $\mu(x, y)$ 能够或者容易求出.

假设偏微分方程 (3.2.2) 的解 $\mu = \mu(x)$, 那么

$$Q(x,y)\frac{\mathrm{d}\mu}{\mathrm{d}x} = \left(\frac{\partial P}{\partial y}(x,y) - \frac{\partial Q}{\partial x}(x,y)\right)\mu,$$

$$\frac{\mathrm{d}}{\mathrm{d}x}\ln \mu = \frac{\dfrac{\partial P}{\partial y} - \dfrac{\partial Q}{\partial x}}{Q}.$$

若 $\dfrac{\dfrac{\partial P}{\partial y} - \dfrac{\partial Q}{\partial x}}{Q}$ 只与 x 有关, 则

$$\mu(x) = \exp\left(\int \frac{\dfrac{\partial P}{\partial y} - \dfrac{\partial Q}{\partial x}}{Q} \, \mathrm{d}x\right).$$

类似地, 若 $\dfrac{\dfrac{\partial Q}{\partial x} - \dfrac{\partial P}{\partial y}}{P}$ 只与 y 有关, 则

$$\mu(y) = \exp\left(\int \frac{\dfrac{\partial Q}{\partial x} - \dfrac{\partial P}{\partial y}}{P} \, \mathrm{d}y\right).$$

例题 3.2.5   *求解*

$$\left(\frac{y^2}{2} + 2y\mathrm{e}^x\right)\mathrm{d}x + (y + \mathrm{e}^x)\mathrm{d}y = 0.$$

解   设 $P(x,y) = \dfrac{y^2}{2} + 2y\mathrm{e}^x$, $Q(x,y) = y + \mathrm{e}^x$, 有

$$\frac{\partial P}{\partial y} = y + 2\mathrm{e}^x, \quad \frac{\partial Q}{\partial x} = \mathrm{e}^x,$$

$$\frac{\dfrac{\partial P}{\partial y} - \dfrac{\partial Q}{\partial x}}{Q} = \frac{y + 2\mathrm{e}^x - \mathrm{e}^x}{y + \mathrm{e}^x} = 1.$$

取 $\mu(x) = \mathrm{e}^x$, 得

$$\left(\frac{y^2}{2}\mathrm{e}^x + 2y\mathrm{e}^{2x}\right)\mathrm{d}x + (y\mathrm{e}^x + \mathrm{e}^{2x})\mathrm{d}y = 0,$$

所以,

$$\frac{y^2}{2}\mathrm{e}^x + y\mathrm{e}^{2x} = C,$$

$$y^{\pm} = -\mathrm{e}^x \pm \sqrt{\mathrm{e}^{2x} + 2C\mathrm{e}^{-x}},$$

其中 C 是任意常数. 当 $C < 0$ 时, $x \geqslant \dfrac{1}{3}\ln(-2C)$. 特别地, 当 $C = 0$ 时, $y^{+} = 0$, $y^{-} = 2\mathrm{e}^x$.

方程的解的图像如图 3.6 所示.

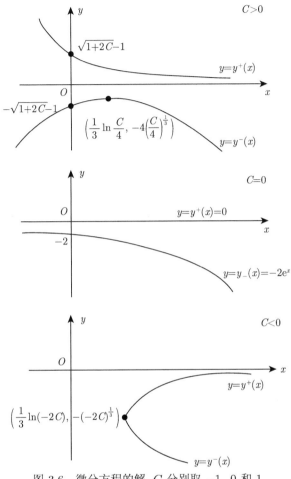

图 3.6 微分方程的解, C 分别取 -1, 0 和 1

作业 3.2.6 求解 $(x^2 + y)\mathrm{d}x - x\mathrm{d}y = 0$.

3.3 一阶隐式方程

现在考虑隐式方程

$$F\left(x, y, \frac{\mathrm{d}y}{\mathrm{d}x}\right) = 0,$$

可以将其分为如下几种类型进行求解.

3.3.1　可解出 y 或 x 的方程 (微分法)

例题 3.3.1　求在第一象限中的一条曲线 $y = y(x)$, 使得其上每一点的切线与两坐标轴围成的三角形面积均等于 2.

解　设 (x, y) 是曲线上任一点, 在该点的切线是

$$Y - y = y'(x)(X - x).$$

因此, 切线在坐标轴上的截距分别为

$$a = x - \frac{y}{y'}, \quad b = y - xy'.$$

由题意

$$\frac{1}{2}\left(x - \frac{y}{y'}\right)(y - xy') = 2,$$
$$(y - xy')^2 = -4y' \geqslant 0,$$
$$y = xy' \pm 2\sqrt{-y'}. \tag{3.3.1}$$

设 $p = y'$, 则 $y = xp \pm 2\sqrt{-p}$. 两边关于 x 求导,

$$p = p + x\frac{\mathrm{d}p}{\mathrm{d}x} \pm \frac{-2}{2\sqrt{-p}}\frac{\mathrm{d}p}{\mathrm{d}x},$$
$$\left(x \mp \frac{1}{\sqrt{-p}}\right)\frac{\mathrm{d}p}{\mathrm{d}x} = 0.$$

当 $\dfrac{\mathrm{d}p}{\mathrm{d}x} = 0$ 时, $p = C \leqslant 0$, 由 (3.3.1),

$$y = Cx + 2\sqrt{-C} \quad (\text{舍去负号, 否则 } y < 0).$$

当 $x \mp \dfrac{1}{\sqrt{-p}} = 0$ 时, $x = \pm\dfrac{1}{\sqrt{-p}}$, 由 (3.3.1),

$$y = \pm\frac{p}{\sqrt{-p}} \pm 2\sqrt{-p} = \pm\sqrt{-p} = \frac{1}{x}.$$

曲线 $y(x)$ 的图像如图 3.7 所示.

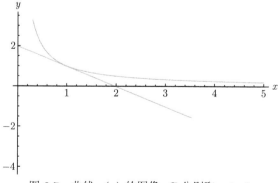

图 3.7　曲线 $y(x)$ 的图像, C 分别取 $-1, 0$

□

形如 $y = x\dfrac{\mathrm{d}y}{\mathrm{d}x} + \varphi\left(\dfrac{\mathrm{d}y}{\mathrm{d}x}\right)$ 的方程称为 Clairaut 方程, 其中 φ 是已知函数.

设 $\dfrac{\mathrm{d}y}{\mathrm{d}x} = p$, 则

$$y = xp + \varphi(p),$$

$$p = p + x\frac{\mathrm{d}p}{\mathrm{d}x} + \varphi'(p)\frac{\mathrm{d}p}{\mathrm{d}x},$$

$$(x + \varphi'(p))\frac{\mathrm{d}p}{\mathrm{d}x} = 0.$$

当 $\dfrac{\mathrm{d}p}{\mathrm{d}x} = 0$ 时, $p = C$, 得到通解 $y = Cx + \varphi(C)$ (一族直线);

当 $x + \varphi'(p) = 0$ 时, $x = -\varphi'(p)$, 得到一个特解的参数形式

$$\begin{cases} x = -\varphi'(p), \\ y = -p\varphi'(p) + \varphi(p). \end{cases}$$

作业 3.3.1 求解 $y = y'^2 - xy' + \dfrac{x^2}{2}$.

3.3.2 不含 x 或 y 的方程 (参数法)

例题 3.3.2 求解方程

$$y^2\left[1 - \left(\frac{\mathrm{d}y}{\mathrm{d}x}\right)^2\right] = 1.$$

解 设 $\dfrac{\mathrm{d}y}{\mathrm{d}x} = \cos t$, 则 $y^2 \sin^2 t = 1$, $y = \pm\dfrac{1}{\sin t}$,

$$\mathrm{d}x = \frac{\mathrm{d}y}{\cos t} = \frac{1}{\cos t}\left(\mp\frac{\cos t}{\sin^2 t}\right)\mathrm{d}t = \mp\frac{\mathrm{d}t}{\sin^2 t}.$$

因此得到解的参数形式

$$\begin{cases} x = \mp\cot t + C, \\ y = \pm\dfrac{1}{\sin t}, \quad \sin t \neq 0. \end{cases}$$

解的图像如图 3.8 所示.

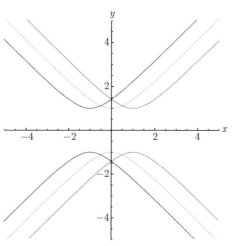

图 3.8   微分方程的解, C 分别取 -1, 0, 1

$\square$

作业 3.3.2   求解 $y^2(1-y') = (2-y')^2$.

3.4   近 似 解 法

只有极少数的微分方程类型, 可以用初等函数显式地写出其精确的表达式. 本节介绍常用的几种近似求解方法.

3.4.1   图解法

假设 $f(x,y)$ 在区域 Ω 内有定义, 对 Ω 内的任意一点 (x,y), 以此点为中点, 可以作一条斜率为 $k = f(x,y)$ 的单位线段, 称其为在点 (x,y) 的线素. 于是在 Ω 内每一点都存在一个线素. 我们称 $f(x,y)$ 在 Ω 上确定了一个线素场.

下面的定理给出了微分方程

$$\frac{\mathrm{d}y}{\mathrm{d}x} = f(x,y) \tag{3.4.1}$$

的解与它确定的线素场之间的关系. 我们将解的图像称为此方程的积分曲线.

定理 3.4.1   曲线 L 为 (3.4.1) 的积分曲线的充要条件是: 在 L 上任一点, L 的切线方向与 (3.4.1) 所确定的线素场在该点的线素方向重合, 即 L 在每点均与线素场的线素相切.

此定理表明, (3.4.1) 的积分曲线是始终 "顺着" 线素场的线素方向行进的曲线.

例题 3.4.1 作出 $\dfrac{\mathrm{d}y}{\mathrm{d}x} = (x - y^2)(x^2 - y)$ 解的略图.

解 首先绘制此方程所确定的线素场 (见图 3.9):

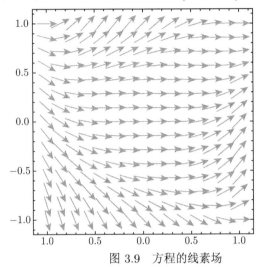

图 3.9 方程的线素场

沿此线素场可绘制方程的积分曲线, 即在不同初始条件下方程的解的图像 (见图 3.10).

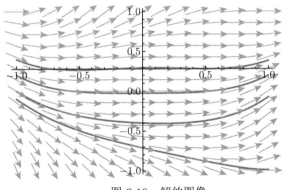

图 3.10 解的图像

作业 3.4.1 画出 $\dfrac{\mathrm{d}y}{\mathrm{d}x} = y^{\frac{1}{3}}(y - 1)$ 解的略图.

3.4.2 Euler 折线法

假设函数 $f(x, y)$ 为定义在区域 $[a, b] \times \mathbb{R}$ 上的连续函数, $x_0 \in (a, b)$. 现在介绍求解初值问题

$$\begin{cases} \dfrac{\mathrm{d}y}{\mathrm{d}x} = f(x, y), \\ y(x_0) = y_0 \end{cases}$$

近似解的 Euler 折线法 (1768 年).

为求得此近似积分曲线, 首先将区间 $[x_0, b]$ n 等分, 其分点为

$$x_k = x_0 + kh, \quad h = \frac{b - x_0}{n}, \quad k = 0, \, 1, \cdots, n.$$

由于积分曲线在点 (x_0, y_0) 处切线的斜率为 $f(x_0, y_0)$, 于是可以用过点 (x_0, y_0) 且斜率为 $f(x_0, y_0)$ 的直线段

$$y = y_0 + f(x_0, y_0)(x - x_0), \quad x \in [x_0, x_1]$$

来近似区间 $[x_0, x_1]$ 上的积分曲线, 并求得直线上横坐标为 x_1 的点的纵坐标

$$y_1 = y_0 + f(x_0, y_0)(x_1 - x_0) = y_0 + f(x_0, y_0)h.$$

如果 h 很小, 则 $y_1 \approx y(x_1)$. 由函数 $f(x, y)$ 的连续性可知 $f(x_1, y_1) \approx f(x_1, y(x_1))$.

再由点 (x_1, y_1) 出发, 用斜率为 $f(x_1, y_1)$ 的直线段

$$y = y_1 + f(x_1, y_1)(x - x_1), \quad x \in [x_1, x_2]$$

来近似区间 $[x_1, x_2]$ 上的积分曲线, 并求出直线上横坐标为 x_2 的点的纵坐标

$$y_2 = y_1 + f(x_1, y_1)(x_2 - x_1) = y_1 + f(x_1, y_1)h.$$

这样进行下去, 可求出微分方程过点 (x_0, y_0) 的积分曲线在各分点处的近似值

$$y_k = y_{k-1} + f(x_{k-1}, y_{k-1})h, \quad k = 1, \, 2, \cdots, n.$$

这样得到的积分曲线的近似折线称为 Euler 折线. 可以证明, 在一定条件下, 当 $n \to \infty$ 时, Euler 折线趋近于方程的积分曲线.

3.4.3　Picard 迭代法

通过在方程两边积分可知, 初值问题

$$\begin{cases} \dfrac{\mathrm{d}y}{\mathrm{d}x} = f(x, y), \\ y(x_0) = y_0 \end{cases}$$

等价于

$$y(x) - y(x_0) = \int_{x_0}^{x} f(t, y(t)) \, \mathrm{d}t,$$

即

$$y(x) = y_0 + \int_{x_0}^{x} f(t, y(t)) \, \mathrm{d}t.$$

构造 Picard 迭代序列 (1890 年)

$$y_0(x) = y_0,$$

$$y_1(x) = y_0 + \int_{x_0}^{x} f(t, y_0(t)) \, \mathrm{d}t,$$

$$\cdots\cdots$$

$$y_n(x) = y_0 + \int_{x_0}^{x} f(t, y_{n-1}(t)) \, \mathrm{d}t,$$

对某个 n 可以将其看成初值问题的近似解.

例题 3.4.2 求解问题

$$\begin{cases} \dfrac{\mathrm{d}y}{\mathrm{d}x} = x^2 + y^2, \\ y(0) = 1 \end{cases}$$

的近似解.

解 由 Picard 迭代序列, 有

$$y_0(x) = 1,$$

$$y_1(x) = 1 + \int_0^x (t^2 + 1^2) \, \mathrm{d}t = 1 + x + \frac{x^3}{3},$$

$$y_2(x) = 1 + \int_0^x \left[t^2 + \left(1 + t + \frac{t^3}{3} \right)^2 \right] \mathrm{d}t$$

$$= 1 + x + x^2 + \frac{2}{3}x^3 + \frac{1}{6}x^4 + \frac{2}{15}x^5 + \frac{x^7}{63},$$

上述三个多项式均可看作此方程的近似解.

一般来说, 多项式的阶数越高, 近似程度越好 (图 3.11).

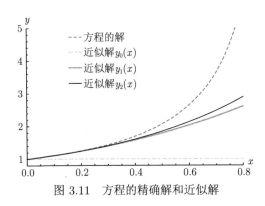

图 3.11 方程的精确解和近似解

3.4.4 Taylor 级数法

设初值问题

$$\begin{cases} \dfrac{\mathrm{d}y}{\mathrm{d}x} = f(x, y), \\ y(x_0) = y_0 \end{cases}$$

的解 $y(x)$ 可以展成幂级数

$$y(x) = \sum_{n=0}^{\infty} a_n (x - x_0)^n,$$

其中系数

$$a_n = \frac{y^{(n)}(x_0)}{n!}, \quad n = 1, 2, \cdots.$$

解 $y(x)$ 在 x_0 点的各阶导数可以按下列方法依次得到

$$y(x_0) = y_0,$$
$$y'(x_0) = f(x_0, y(x_0)) = f(x_0, y_0),$$
$$y'' = \frac{\mathrm{d}}{\mathrm{d}x} f(x, y) = f_x(x, y) + f_y(x, y)y',$$
$$y''(x_0) = f_x(x_0, y_0) + f_y(x_0, y_0)f(x_0, y_0),$$
$$y''' = \frac{\mathrm{d}}{\mathrm{d}x}(f_x(x, y) + f_y(x, y)y')$$
$$= f_{xx}(x, y) + f_{xy}(x, y)y' + f_{yx}(x, y)y' + f_{yy}(x, y)y'^2 + f_y(x, y)y'',$$
$$y'''(x_0) = f_{xx}(x_0, y_0) + f_{xy}(x_0, y_0)y'(x_0) + f_{yx}(x_0, y_0)y'(x_0)$$
$$+ f_{yy}(x_0, y_0)y'^2(x_0) + f_y(x_0, y_0)y''(x_0),$$

$\cdots\cdots$

□

例题 3.4.3 求解问题

$$\begin{cases} \dfrac{\mathrm{d}y}{\mathrm{d}x} = x^2 + y^2, \\ y(0) = 1 \end{cases}$$

的近似解.

解 由 Taylor 级数法, 得到

$$y(0) = 1,$$
$$y'(0) = (x^2 + y^2)\big|_{x=0, y=1} = 0^2 + 1^2 = 1,$$

$$y''(0) = (2x + 2yy')\big|_{x=0,y=1,y'=1} = 0 + 2 = 2,$$

$$y'''(0) = (2 + 2y'^2 + 2yy'')\big|_{x=0,y=1,y'=1,y''=2} = 2 + 2 + 4 = 8.$$

所以

$$y(x) \approx 1 + x + x^2 + \frac{4}{3}x^3.$$

图 3.12 给出了方程的精确解和近似解的图像. □

作业 3.4.2 分别用 Euler 折线法、Picard 迭代法和 Taylor 级数法求解 Riccati 方程初值问题

$$\begin{cases} \dfrac{\mathrm{d}y}{\mathrm{d}x} = x + y^2, \\ y(0) = 0. \end{cases}$$

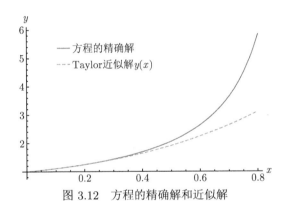

图 3.12 方程的精确解和近似解

3.5 拓展习题与课外阅读

3.5.1 拓展习题

习题 3.5.1 求下列方程的通解.

(1) $(x - y - 1)\mathrm{d}x + (4y + x - 1)\mathrm{d}y = 0$;

(2) $y' = \dfrac{y^4}{4} + \dfrac{1}{x^2}$;

(3) $2xy \ln y \mathrm{d}x + (x^2 + y^2\sqrt{1 + y^2})\mathrm{d}y = 0$;

(4) $(y - x)\sqrt{x^2 + 1}\,y' = (y^2 + 1)^{\frac{3}{2}}$.

习题 3.5.2 试研究方程 $y' + y\cos x = \sin x$ 是否有以 2π 为周期的解?

习题 3.5.3 设当 $x > -1$ 时, 可微函数 $f(x)$ 满足

$$f' + f + \frac{1}{x+1}\int_0^x f(t)\,\mathrm{d}t = 0$$

且 $f(0) = 1$. 证明: 当 $x \geqslant 0$ 时, $\mathrm{e}^{-x} \leqslant f(x) \leqslant 1$.

　　习题 3.5.4　求满足

$$f(x + y) = \frac{f(x) + f(y)}{1 - f(x)f(y)}$$

的所有可微函数.

　　习题 3.5.5　设 $f(u, v)$ 具有连续偏导数, 且满足

$$\frac{\partial f}{\partial u} + \frac{\partial f}{\partial v} = uv,$$

求 $y(x) = \mathrm{e}^{-2x} f(x, x)$ 所满足的一阶微分方程, 并求其通解.

　　习题 3.5.6　求幂级数 $\displaystyle\sum_{n=1}^{\infty} \frac{x^{2n-1}}{(2n-1)!!}$ 的和函数.

　　习题 3.5.7　设物体在空气中下落时受到的空气阻力与速度平方成比例. 一运动员从高空跳下后才将降落伞打开, 试建立微分方程, 求出该运动员在下降过程中速度与时间的关系.

　　习题 3.5.8 (探照灯的反射镜曲面)　设反射镜曲面由曲线 $y = y(x)$, $y \geqslant 0$ 绕 x 轴旋转而成, 光源位于坐标原点, 经反射后, 光线成一束与 x 轴平行的平行光 (见图 3.13). 求曲线 $y = y(x)$ 的方程.

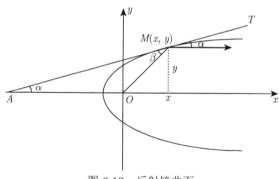

图 3.13　反射镜曲面

3.5.2　课外阅读

　　本章简单介绍了几类常见的一阶常微分方程求解的方法, 有兴趣的读者可参考下列文献, 查阅更多的相关内容.

[1]　郑志明, 李翠萍, 彭临平, 等. 微分方程基础教程: 上册. 北京: 高等教育出版社, 2017.

[2]　吴纪桃, 魏光美, 李翠萍, 等. 高等数学. 2 版. 北京: 清华大学出版社, 2011.

[3]　丁同仁, 李承治. 常微分方程教程. 2 版. 北京: 高等教育出版社, 2004.

[4]　东北师范大学微分方程教研室. 常微分方程. 2 版. 北京: 高等教育出版社, 2005.

第3章作业答案

待定系数法
——二阶线性常微分方程的求解

从 17 世纪开始, 二阶常微分方程不时地出现在自然科学的研究中, 第一个二阶常微分方程是 G. Galileo 在讨论自由落体运动时得到的

$$\frac{\mathrm{d}^2 x}{\mathrm{d}t^2} = g,$$

其中 g 是重力加速度.

线性微分方程是数学和实际中常见的一类简单的微分方程. 二阶线性常微分方程的一般形式是

$$\frac{\mathrm{d}^2 y}{\mathrm{d}x^2} + p(x)\frac{\mathrm{d}y}{\mathrm{d}x} + q(x)y = r(x), \quad x \in (a,b) \tag{4.0.1}$$

其中 $p, q, r \in C^0(a,b)$ 是已知函数. 当 $r(x) \equiv 0$ 时,

$$\frac{\mathrm{d}^2 y}{\mathrm{d}x^2} + p(x)\frac{\mathrm{d}y}{\mathrm{d}x} + q(x)y = 0, \quad x \in (a,b) \tag{4.0.2}$$

称为对应于 (4.0.1) 的齐次方程, 而当 $r(x) \not\equiv 0$ 时称 (4.0.1) 为非齐次方程.

对于二阶线性常微分方程的初值问题, 有下面解的整体存在性.

解的存在唯一性 对任意的 $x_0 \in (a,b)$ 和 $y_0, y_0' \in \mathbb{R}$, 方程 (4.0.1) 在 (a,b) 上存在唯一的古典解 $y = y(x)$, 满足下列初始条件:

$$y(x_0) = y_0, \quad \frac{\mathrm{d}y}{\mathrm{d}x}(x_0) = y_0'.$$

若 p, q, r 在 x_0 点解析, 则方程 (4.0.1) 的解 y 在 x_0 点解析.

本章介绍二阶线性常微分方程的求解方法. 对于一般的二阶非齐次线性常微分方程, 只需求出相应齐次方程的一个解, 借助所谓的 Liouville 公式可以得到另外一个线性无关的解, 从而写出齐次方程的通解. 在此基础上, 利用常数变易法可得到非齐次方程的通解. 在常系数方程情形, 通过特征方程法可以直接写出通解. 此外, 还通过两个例题给出了变系数方程的幂级数解法.

4.1 二阶线性方程

本节在建立解的结构的基础上, 将二阶非齐次线性常微分方程的通解归结为相应齐次方程的一个解的求解.

4.1.1 齐次方程

给定两个函数 $y_1(x)$, $y_2(x)$, 如果两个常数 c_1, $c_2 \in \mathbb{R}$, 使得

$$c_1 y_1(x) + c_2 y_2(x) = 0,$$

一定能推出 $c_1 = c_2 = 0$, 那么称 $y_1(x)$, $y_2(x)$ 线性无关.

类似于不共线的两个向量构成一个平面的基底, 两个线性无关的函数构成二维函数空间的一个基底.

齐次方程通解的结构 (L. Euler, 1743) 若 $y_1(x)$, $y_2(x)$ 是齐次方程 (4.0.2) 的两个线性无关解, 则 (4.0.2) 的通解可表示为 $y(x) = C_1 y_1(x) + C_2 y_2(x)$, 其中 C_1, C_2 是任意常数.

证明 设 y 是 (4.0.2) 的任一解, 则

$$\begin{cases} y'' + py' + qy = 0, \\ y_1'' + py_1' + qy_1 = 0, \\ y_2'' + py_2' + qy_2 = 0. \end{cases}$$

将 $1, p, q$ 看成齐次线性代数方程的非零解, 有

$$\begin{vmatrix} y'' & y' & y \\ y_1'' & y_1' & y_1 \\ y_2'' & y_2' & y_2 \end{vmatrix} = 0,$$

所以行向量是线性相关的, 即存在不泛为零的常数 C_0, C_1', C_2', 使得

$$C_0(y'', y', y) + C_1'(y_1'', y_1', y_1) + C_2'(y_2'', y_2', y_2) = 0$$

特别地,

$$C_0 y + C_1' y_1 + C_2' y_2 = 0.$$

由 y_1, y_2 线性无关, 有 $C_0 \neq 0$,

$$y = -\frac{C_1'}{C_0} y_1 - \frac{C_2'}{C_0} y_2 =: C_1 y_1 + C_2 y_2.$$

这个解的结构表明: 为了求出 (4.0.2) 的所有解, 只需求出它的两个线性无关解.

记

$$W(x) = \begin{vmatrix} y_1(x) & y_2(x) \\ y_1'(x) & y_2'(x) \end{vmatrix},$$

称为 Wronskian 行列式, 只被它的某一点值确定.

Liouville 公式　若 $y_1(x)$, $y_2(x)$ 是方程 (4.0.2) 的两个解, 则

$$W(x) = W(x_0)e^{-\int_{x_0}^{x} p(\xi)\,d\xi}.$$

证明　由 y_1, y_2 是 (4.0.2) 的解, 则

$$y_1'' + py_1' + qy_1 = 0,$$

$$y_2'' + py_2' + qy_2 = 0.$$

直接计算, 有

$$W'(x) = \begin{vmatrix} y_1'(x) & y_2'(x) \\ y_1'(x) & y_2'(x) \end{vmatrix} + \begin{vmatrix} y_1(x) & y_2(x) \\ y_1''(x) & y_2''(x) \end{vmatrix}$$

$$= 0 + \begin{vmatrix} y_1 & y_2 \\ -py_1' - qy_1 & -py_2' - qy_2 \end{vmatrix}$$

$$= \begin{vmatrix} y_1 & y_2 \\ -py_1' & -py_2' \end{vmatrix} + \begin{vmatrix} y_1 & y_2 \\ -qy_1 & -qy_2 \end{vmatrix}$$

$$= -p\begin{vmatrix} y_1 & y_2 \\ y_1' & y_2' \end{vmatrix} + 0$$

$$= -p(x)W(x).$$

解一阶线性方程 $W' = -p(x)W$, 即得结论.　　　　　　　　　　　　　$\square$

推论 4.1.1　若已知 $y_1(x)$ 是方程 (4.0.2) 的一个解, 且 $y_1 \neq 0$, 则方程 (4.0.2) 的另一个解

$$y_2(x) = y_1(x)\int_{x_0}^{x} \frac{e^{-\int_{x_0}^{t} p(\xi)\,d\xi}}{y_1^2(t)}\,dt \tag{4.1.1}$$

且与 y_1 线性无关.

证明　由 Liouville 公式, $y_1(x)$ 和任一解 $y_2(x)$ 满足

$$y_1(x)y_2'(x) - y_1'(x)y_2(x) = W(x_0)e^{-\int_{x_0}^{x} p(\xi)\,d\xi},$$

$$\frac{d}{dx}\left(\frac{y_2(x)}{y_1(x)}\right) = \frac{W(x_0)}{y_1^2(x)}e^{-\int_{x_0}^{x} p(\xi)\,d\xi},$$

$$\frac{y_2(x)}{y_1(x)} = W(x_0) \int_{x_0}^x \frac{\mathrm{e}^{-\int_{x_0}^t p(\xi)\,\mathrm{d}\xi}}{y_1^2(t)}\,\mathrm{d}t + \frac{y_2(x_0)}{y_1(x_0)}.$$

取 $y_2(x_0) = 0$, $y_2'(x_0) = \dfrac{1}{y_1(x_0)}$, 有 $W(x_0) = 1$,

$$y_2(x) = y_1(x) \int_{x_0}^x \frac{\mathrm{e}^{-\int_{x_0}^t p(\xi)\,\mathrm{d}\xi}}{y_1^2(t)}\,\mathrm{d}t.$$

假设 c_1, $c_2 \in \mathbb{R}$, 使得

$$c_1 y_1(x) + c_2 y_2(x) = 0,$$

$$c_1 y_1(x) + c_2 y_1(x) \int_{x_0}^x \frac{\mathrm{e}^{-\int_{x_0}^t p(\xi)\,\mathrm{d}\xi}}{y_1^2(t)}\,\mathrm{d}t = 0,$$

$$c_1 + c_2 \int_{x_0}^x \frac{\mathrm{e}^{-\int_{x_0}^t p(\xi)\,\mathrm{d}\xi}}{y_1^2(t)}\,\mathrm{d}t = 0.$$

所以 $c_1 = c_2 = 0$, 即 $y_1(x)$, $y_2(x)$ 线性无关. $\qquad \square$

至此, 求解齐次方程 (4.0.2) 只需求出它的一个非零解.

例题 4.1.1 求方程 $(1-x^2)\dfrac{\mathrm{d}^2 y}{\mathrm{d}x^2} - 2x\dfrac{\mathrm{d}y}{\mathrm{d}x} + 2y = 0$ 的通解, 其中一个特解是 $y_1 = x$.

解 由 (4.1.1), 有

$$\begin{aligned}
y_2 &= x \int \frac{\mathrm{e}^{-\int \frac{-2x}{1-x^2}\,\mathrm{d}x}}{x^2}\,\mathrm{d}x = x \int \frac{\mathrm{e}^{-\ln(1-x^2)}}{x^2}\,\mathrm{d}x \\
&= x \int \frac{\mathrm{d}x}{x^2(1-x^2)} = \frac{x}{2}\ln\left|\frac{1+x}{1-x}\right| - 1,
\end{aligned}$$

所以通解

$$y = C_1 x + C_2\left(\frac{x}{2}\ln\left|\frac{1+x}{1-x}\right| - 1\right),$$

其中 C_1, C_2 是任意常数. $\qquad \square$

4.1.2 非齐次方程

由集合相等的定义, 易知

非齐次方程解的结构 (J. d'Alembert, 1763) 非齐次方程 (4.0.1) 的通解等于它本身的一个特解与其对应的齐次方程 (4.0.2) 的通解之和.

下面借助 (4.0.2) 的通解求方程 (4.0.1) 的一个特解.

常数变易法 (J. Lagrange, 1762)   设 $y_1(x)$, $y_2(x)$ 是 (4.0.2) 的两个线性无关的解, 则 $y(x) = C_1 y_1(x) + C_2 y_2(x)$ 是 (4.0.2) 的通解. 设

$$y(x) = C_1(x)y_1(x) + C_2(x)y_2(x)$$

是 (4.0.1) 的一个解. 直接计算, 有

$$\frac{\mathrm{d}y}{\mathrm{d}x} = C_1(x)\frac{\mathrm{d}y_1}{\mathrm{d}x} + C_2(x)\frac{\mathrm{d}y_2}{\mathrm{d}x} + \frac{\mathrm{d}C_1}{\mathrm{d}x}y_1 + \frac{\mathrm{d}C_2}{\mathrm{d}x}y_2.$$

令 $\dfrac{\mathrm{d}C_1}{\mathrm{d}x}y_1 + \dfrac{\mathrm{d}C_2}{\mathrm{d}x}y_2 = 0$, 有

$$\frac{\mathrm{d}y}{\mathrm{d}x} = C_1(x)\frac{\mathrm{d}y_1}{\mathrm{d}x} + C_2(x)\frac{\mathrm{d}y_2}{\mathrm{d}x},$$

$$\frac{\mathrm{d}^2 y}{\mathrm{d}x^2} = C_1\frac{\mathrm{d}^2 y_1}{\mathrm{d}x^2} + C_2\frac{\mathrm{d}^2 y_2}{\mathrm{d}x^2} + \frac{\mathrm{d}C_1}{\mathrm{d}x}\frac{\mathrm{d}y_1}{\mathrm{d}x} + \frac{\mathrm{d}C_2}{\mathrm{d}x}\frac{\mathrm{d}y_2}{\mathrm{d}x}.$$

代入方程 (4.0.1), 得到

$$C_1 y_1'' + C_2 y_2'' + C_1' y_1' + C_2' y_2' + p(C_1 y_1' + C_2 y_2') + q(C_1 y_1 + C_2 y_2) = r,$$

由 (4.0.2), $y_1' C_1' + y_2' C_2' = r$. 于是, C_1', C_2' 满足线性代数方程组

$$\begin{cases} y_1 C_1' + y_2 C_2' = 0, \\ y_1' C_1' + y_2' C_2' = r, \end{cases}$$

即

$$\begin{cases} C_1' = \dfrac{-ry_2}{y_1 y_2' - y_2 y_1'}, \\ C_2' = \dfrac{ry_1}{y_1 y_2' - y_2 y_1'}. \end{cases}$$

所以 (4.0.1) 的一个特解是

$$y_0 = y_1(x)\int_{x_0}^{x}\frac{-r(\xi)y_2(\xi)}{y_1(\xi)y_2'(\xi) - y_2(\xi)y_1'(\xi)}\,\mathrm{d}\xi + y_2(x)\int_{x_0}^{x}\frac{r(\xi)y_1(\xi)}{y_1(\xi)y_2'(\xi) - y_2(\xi)y_1'(\xi)}\,\mathrm{d}\xi.$$
$$(4.1.2)$$

综上, 结合推论 4.1.1, 为求出方程 (4.0.1) 的所有解只需求出齐次方程 (4.0.2) 的一个非零解.

例题 4.1.2   求方程 $\dfrac{\mathrm{d}^2 y}{\mathrm{d}x^2} - \dfrac{2x}{1+x^2}\dfrac{\mathrm{d}y}{\mathrm{d}x} + \dfrac{2}{1+x^2}y = 1 + x^2$ 的通解, 其中对应齐次方程的一个特解是 x.

解 记 $y_1 = x$, 则由公式 (4.1.1) 齐次方程的另一个特解

$$y_2(x) = x \int_1^x \frac{\mathrm{e}^{-\int_1^t \frac{-2\xi}{1+\xi^2}\mathrm{d}\xi}}{t^2} \mathrm{d}t = \frac{x}{2} \int_1^x (1 + \frac{1}{t^2})\mathrm{d}t = \frac{1}{2}(x^2 - 1).$$

从式 $y_1 y_2' - y_2 y_1' = \frac{1}{2}(x^2 + 1)$ 和公式 (4.1.2) 得非齐次方程的一个特解

$$y_0(x) = x \int_1^x (1-\xi)^2 \mathrm{d}\xi + (x^2 - 1) \int_1^x \xi \mathrm{d}\xi = \frac{1}{6}x^4 - \frac{2}{3}x + \frac{1}{2},$$

从而方程的通解是

$$y = C_1 x + \frac{1}{2}C_2(x^2 - 1) + \frac{1}{6}x^4 - \frac{2}{3}x + \frac{1}{2}.$$

$\square$

作业 4.1.1 求方程 $\dfrac{\mathrm{d}^2 y}{\mathrm{d}x^2} + \dfrac{x}{1-x}\dfrac{\mathrm{d}y}{\mathrm{d}x} - \dfrac{1}{1-x}y = 0$ 的通解, 其中一个特解是 $y_1 = \mathrm{e}^x$.

作业 4.1.2 求方程 $x\dfrac{\mathrm{d}^2 y}{\mathrm{d}x^2} - \dfrac{\mathrm{d}y}{\mathrm{d}x} = x^2$ 的通解, 其中对应齐次方程的一个特解是 $y = 1$.

4.2 二阶常系数线性方程

本节的结果完全建立在 4.1 节的基础上, 其目的是: 在常系数情形求出齐次方程的一个非零解, 从而获得非齐次方程的通解.

4.2.1 齐次方程

考虑

$$\frac{\mathrm{d}^2 y}{\mathrm{d}x^2} + p\frac{\mathrm{d}y}{\mathrm{d}x} + qy = 0, \tag{4.2.1}$$

其中 p, q 是常数, 1743 年, L. Euler 引入了下面的待定指数函数法.

设 $y = \mathrm{e}^{\lambda x}$ 是 (4.2.1) 的解, λ 是一个特定常数, 则

$$\lambda^2 \mathrm{e}^{\lambda x} + p\lambda \mathrm{e}^{\lambda x} + q\mathrm{e}^{\lambda x} = 0,$$

$$\lambda^2 + p\lambda + q = 0, \tag{4.2.2}$$

代数方程 (4.2.2) 称为 (4.2.1) 的特征方程, 它的根称为 (4.2.1) 的特征根.

记 $\delta = p^2 - 4q$.

情形 1　当 $\delta > 0$ 时, (4.2.2) 有两个单根 λ_1, λ_2, (4.2.1) 有两个解 $y_1 = \mathrm{e}^{\lambda_1 x}$, $y_2 = \mathrm{e}^{\lambda_2 x}$, 且线性无关, 所以 (4.2.1) 的通解

$$y = C_1 \mathrm{e}^{\lambda_1 x} + C_2 \mathrm{e}^{\lambda_2 x}.$$

其实求出一个非零解即可.

情形 2　当 $\delta = 0$ 时, (4.2.2) 有一个重根 $\lambda_1 = -\dfrac{p}{2}$, (4.2.1) 有一个解 $y_1 = \mathrm{e}^{\lambda_1 x}$. 由公式(4.1.1), 另一个解

$$y_2 = \mathrm{e}^{\lambda_1 x} \int_0^x \frac{\mathrm{e}^{-pt}}{\mathrm{e}^{-pt}} \, \mathrm{d}t = x \mathrm{e}^{\lambda_1 x},$$

且与 $\mathrm{e}^{\lambda_1 x}$ 线性无关, 所以 (4.2.1) 的通解

$$y = C_1 \mathrm{e}^{\lambda_1 x} + C_2 x \mathrm{e}^{\lambda_1 x}.$$

情形 3　当 $\delta < 0$ 时, (4.2.2) 有对共轭复根 $\lambda = \alpha \pm \mathrm{i}\beta$, (4.2.1) 有两个复解

$$\mathrm{e}^{(\alpha \pm \mathrm{i}\beta)x} = \mathrm{e}^{\alpha x}(\cos \beta x \pm \mathrm{i} \sin \beta x).$$

由于 (4.2.1) 是线性方程, 所以 $y_1 = \mathrm{e}^{\alpha x} \cos \beta x$, $y_2 = \mathrm{e}^{\alpha x} \sin \beta x$ 也是 (4.2.1) 的一个解, 且线性无关, 从而 (4.2.1) 的通解

$$y = C_1 \mathrm{e}^{\alpha x} \cos \beta x + C_2 \mathrm{e}^{\alpha x} \sin \beta x.$$

4.2.2　Euler 方程

形如

$$x^2 \frac{\mathrm{d}^2 y}{\mathrm{d}x^2} + px \frac{\mathrm{d}y}{\mathrm{d}x} + qy = 0 \tag{4.2.3}$$

的方程称为 Euler 方程, 其中 p, q 是常数.

1740 年, Euler 引入代换 $t = \ln x$, $z(t) = y(\mathrm{e}^t)$, 则 $y(x) = z(\ln x)$,

$$\frac{\mathrm{d}y}{\mathrm{d}x} = \frac{\mathrm{d}z}{\mathrm{d}t} \frac{1}{x},$$

$$\frac{\mathrm{d}^2 y}{\mathrm{d}x^2} = \frac{\mathrm{d}^2 z}{\mathrm{d}t^2} \frac{1}{x} \frac{1}{x} + \frac{\mathrm{d}z}{\mathrm{d}t} \left(\frac{-1}{x^2} \right) = \frac{1}{x^2} \left(\frac{\mathrm{d}^2 z}{\mathrm{d}t^2} - \frac{\mathrm{d}z}{\mathrm{d}t} \right),$$

代入方程 (4.2.3)

$$x^2 \frac{1}{x^2} \left(\frac{\mathrm{d}^2 z}{\mathrm{d}t^2} - \frac{\mathrm{d}z}{\mathrm{d}t} \right) + px \frac{\mathrm{d}z}{\mathrm{d}t} \frac{1}{x} + qz = 0,$$

得到一个常系数方程

$$\frac{\mathrm{d}^2 z}{\mathrm{d}t^2} + (p-1) \frac{\mathrm{d}z}{\mathrm{d}t} + qz = 0.$$

例题 4.2.1 求解 $(4x-1)^2 \dfrac{\mathrm{d}^2 y}{\mathrm{d} x^2} - 2(4x-1)\dfrac{\mathrm{d} y}{\mathrm{d} x} + 8y = 0.$

解 令 $t = \ln|4x-1|$, $z(t) = y(x)$, 则 $y(x) = z(\ln|4x-1|)$,

$$\frac{\mathrm{d} y}{\mathrm{d} x} = \frac{\mathrm{d} z}{\mathrm{d} t} \frac{4}{4x-1},$$

$$\frac{\mathrm{d}^2 y}{\mathrm{d} x^2} = \frac{\mathrm{d}^2 z}{\mathrm{d} t^2}\left(\frac{4}{4x-1}\right)^2 + \frac{\mathrm{d} z}{\mathrm{d} t}\left(-\frac{16}{(4x-1)^2}\right),$$

代入方程

$$16\left(\frac{\mathrm{d}^2 z}{\mathrm{d} t^2} - \frac{\mathrm{d} z}{\mathrm{d} t}\right) - 8\frac{\mathrm{d} z}{\mathrm{d} t} + 8z = 0,$$

$$2\frac{\mathrm{d}^2 z}{\mathrm{d} t^2} - 3\frac{\mathrm{d} z}{\mathrm{d} t} + z = 0,$$

其特征方程是

$$2\lambda^2 - 3\lambda + 1 = 0,$$

特征根是

$$\lambda_1 = 1, \quad \lambda_2 = \frac{1}{2}.$$

所以通解是

$$z(t) = C_1 \mathrm{e}^t + C_2 \mathrm{e}^{\frac{t}{2}}.$$

代回原来的变量, 得到

$$y(x) = C_1 \mathrm{e}^{\ln(4x-1)} + C_2 \mathrm{e}^{\frac{\ln(4x-1)}{2}} = C_1(4x-1) + C_2(4x-1)^{\frac{1}{2}},$$

其中 C_1, C_2 是任意常数. $\qquad\qquad\square$

4.2.3 非齐次方程

最后考虑

$$\frac{\mathrm{d}^2 y}{\mathrm{d} x^2} + p\frac{\mathrm{d} y}{\mathrm{d} x} + qy = r(x) \tag{4.2.4}$$

的求解问题. 根据非齐次方程解的结构, 只需由 (4.1.2) 写出它的一个特解.

下面延续 4.2.1 和 4.2.2 小节的记号.

情形 1 当 $\delta > 0$ 时, $y_1 = \mathrm{e}^{\lambda_1 x}$, $y_2 = \mathrm{e}^{\lambda_2 x}$,

$$y_1 y_2' - y_2 y_1' = (\lambda_2 - \lambda_1)\mathrm{e}^{(\lambda_1 + \lambda_2)x},$$

$$C_1' = \frac{-r(x)\mathrm{e}^{\lambda_2 x}}{(\lambda_2 - \lambda_1)\mathrm{e}^{(\lambda_1 + \lambda_2)x}} = -\frac{r(x)}{(\lambda_2 - \lambda_1)\mathrm{e}^{\lambda_1 x}},$$

$$C_2' = \frac{r(x)\mathrm{e}^{\lambda_1 x}}{(\lambda_2 - \lambda_1)\mathrm{e}^{(\lambda_1 + \lambda_2)x}} = \frac{r(x)}{(\lambda_2 - \lambda_1)\mathrm{e}^{\lambda_2 x}}.$$

由 (4.1.2)得(4.2.4) 的一个特解

$$y_0 = \mathrm{e}^{\lambda_1 x} \int_{x_0}^{x} -\frac{r(\xi)}{(\lambda_2 - \lambda_1)\mathrm{e}^{\lambda_1 \xi}}\,\mathrm{d}\xi + \mathrm{e}^{\lambda_2 x} \int_{x_0}^{x} \frac{r(\xi)}{(\lambda_2 - \lambda_1)\mathrm{e}^{\lambda_2 \xi}}\,\mathrm{d}\xi$$

$$= \frac{1}{\lambda_2 - \lambda_1} \int_{x_0}^{x} r(\xi)(\mathrm{e}^{\lambda_2(x-\xi)} - \mathrm{e}^{\lambda_1(x-\xi)})\,\mathrm{d}\xi.$$

情形 2　当 $\delta = 0$ 时, $y_1 = \mathrm{e}^{\lambda_1 x}$, $y_2 = x\mathrm{e}^{\lambda_1 x}$,

$$y_1 y_2' - y_2 y_1' = \mathrm{e}^{\lambda_1 x}(\mathrm{e}^{\lambda_1 x} + \lambda_1 x \mathrm{e}^{\lambda_1 x}) - \lambda_1 x \mathrm{e}^{\lambda_1 x} \mathrm{e}^{\lambda_1 x} = \mathrm{e}^{2\lambda_1 x},$$

$$C_1' = \frac{-r(x)x\mathrm{e}^{\lambda_1 x}}{\mathrm{e}^{2\lambda_1 x}} = -\frac{xr(x)}{\mathrm{e}^{\lambda_1 x}},$$

$$C_2' = \frac{r(x)\mathrm{e}^{\lambda_1 x}}{\mathrm{e}^{2\lambda_1 x}} = \frac{r(x)}{\mathrm{e}^{\lambda_1 x}}.$$

由 (4.1.2)得(4.2.4) 的一个特解

$$y_0 = \mathrm{e}^{\lambda_1 x} \int_{x_0}^{x} -\frac{\xi r(\xi)}{\mathrm{e}^{\lambda_1 \xi}}\,\mathrm{d}\xi + x\mathrm{e}^{\lambda_1 x} \int_{x_0}^{x} \frac{r(\xi)}{\mathrm{e}^{\lambda_1 \xi}}\,\mathrm{d}\xi$$

$$= \int_{x_0}^{x} r(\xi)(x-\xi)\mathrm{e}^{\lambda_1(x-\xi)}\,\mathrm{d}\xi.$$

情形 3　当 $\delta < 0$ 时, $y_1 = \mathrm{e}^{\alpha x}\cos\beta x$, $y_2 = \mathrm{e}^{\alpha x}\sin\beta x$,

$$y_1 y_2' - y_2 y_1' = \mathrm{e}^{2\alpha x}\cos\beta x(\alpha\sin\beta x + \beta\cos\beta x) - \mathrm{e}^{2\alpha x}\sin\beta x(\alpha\cos\beta x - \beta\sin\beta x)$$

$$= \beta\mathrm{e}^{2\alpha x},$$

$$C_1' = \frac{-r(x)\mathrm{e}^{\alpha x}\sin\beta x}{\beta\mathrm{e}^{2\alpha x}} = -\frac{r(x)\sin\beta x}{\beta\mathrm{e}^{\alpha x}},$$

$$C_2' = \frac{r(x)\mathrm{e}^{\alpha x}\cos\beta x}{\beta\mathrm{e}^{2\alpha x}} = \frac{r(x)\cos\beta x}{\beta\mathrm{e}^{\alpha x}}.$$

由 (4.1.2)得(4.2.4) 的一个特解

$$y_0 = \mathrm{e}^{\alpha x}\cos\beta x \int_{x_0}^{x} -\frac{\sin\beta\xi r(\xi)}{\beta\mathrm{e}^{\alpha\xi}}\,\mathrm{d}\xi + \mathrm{e}^{\alpha x}\sin\beta x \int_{x_0}^{x} \frac{\cos\beta\xi r(\xi)}{\beta\mathrm{e}^{\alpha\xi}}\,\mathrm{d}\xi$$

$$= \frac{1}{\beta} \int_{x_0}^{x} r(\xi)\mathrm{e}^{\alpha(x-\xi)}(\sin\beta x\cos\beta\xi - \cos\beta x\sin\beta\xi)\,\mathrm{d}\xi$$

$$= \frac{1}{\beta} \int_{x_0}^{x} r(\xi)\mathrm{e}^{\alpha(x-\xi)}\sin\beta(x-\xi)\,\mathrm{d}\xi.$$

例题 4.2.2 在串联的电路中, 电容量上的电荷量 $q(t)$ 满足

$$\begin{cases} \dfrac{\mathrm{d}^2 q}{\mathrm{d} t^2} + 20 \dfrac{\mathrm{d} q}{\mathrm{d} t} + 2600 q = 1000 \sin 60t, \\ q(0) = q'(0) = 0, \end{cases} \tag{4.2.5}$$

求 $q(t)$.

解 对应齐次方程的特征方程是 $\lambda^2 + 20\lambda + 2600 = 0$, 两根为 $\lambda = -10 \pm 50\mathrm{i}$, 所以齐次方程的两个特解是 $q_1 = \mathrm{e}^{-10t} \cos 50t$, $q_2 = \mathrm{e}^{-10t} \sin 50t$, 非齐次方程的特解

$$\begin{aligned} q_0 &= \frac{1}{50} \int_0^t 1000 \sin 60\xi \cdot \mathrm{e}^{-10(t-\xi)} \sin 50(t - \xi) \, \mathrm{d}\xi \\ &= 20\mathrm{e}^{-10t} \int_0^t \mathrm{e}^{10\xi} \sin 60\xi \cdot \sin 50(t - \xi) \, \mathrm{d}\xi \\ &= \frac{30}{61} \mathrm{e}^{-10t} \cos 50t + \frac{36}{61} \mathrm{e}^{-10t} \sin 50t - \frac{5}{61}(6 \cos 60t + 5 \sin 60t), \end{aligned}$$

通解

$$q(t) = C_1 \mathrm{e}^{-10t} \cos 50t + C_2 \mathrm{e}^{-10t} \sin 50t - \frac{30}{61} \cos 60t - \frac{25}{61} \sin 60t.$$

由初始条件

$$q(0) = C_1 - \frac{30}{61} = 0, \quad q'(0) = -10C_1 + 50C_2 - \frac{1500}{61} = 0,$$

可得到

$$C_1 = \frac{30}{61}, \quad C_2 = \frac{36}{61}.$$

故

$$q(t) = \frac{30}{61} \mathrm{e}^{-10t} \cos 50t + \frac{36}{61} \mathrm{e}^{-10t} \sin 50t - \frac{30}{61} \cos 60t - \frac{25}{61} \sin 60t. \qquad \square$$

作业 4.2.1 求解 $\dfrac{\mathrm{d}^2 y}{\mathrm{d} x^2} + 2\alpha \dfrac{\mathrm{d} y}{\mathrm{d} x} + \alpha^2 y = \mathrm{e}^x$, α 为实数.

4.3 二阶变系数线性方程

1700 年以后, 利用级数求解微分方程的方法广泛得到使用. 本节通过两个例题介绍幂级数解法和广义幂级数解法.

4.3.1　Legendre 方程

1784 年, A. M. Legendre 在《行星外形的研究》中给出了 Legendre 方程的幂级数解.

例题 4.3.1　求解 Legendre 方程 $(1 - x^2)y'' - 2xy' + n(n+1)y = 0$, 其中 n 是参数.

解　将方程写成

$$y'' + \frac{-2x}{1 - x^2}y' + \frac{n(n+1)}{1 - x^2}y = 0.$$

由于系数 $\dfrac{-2x}{1 - x^2}, \dfrac{n(n+1)}{1 - x^2}$ 在 $x = 0$ 能展成幂级数, 设方程有幂级数解

$$y = \sum_{k=0}^{\infty} c_k x^k,$$

其中 c_k 是待定系数. 逐项求导,

$$y' = \sum_{k=1}^{\infty} k c_k x^{k-1},$$

$$y'' = \sum_{k=2}^{\infty} k(k-1) c_k x^{k-2},$$

代入方程, 并合并同类项, 得到

$$(1 - x^2) \sum_{k=2}^{\infty} k(k-1) c_k x^{k-2} - 2x \sum_{k=1}^{\infty} k c_k x^{k-1} + n(n+1) \sum_{k=0}^{\infty} c_k x^k = 0,$$

$$\sum_{k=2}^{\infty} k(k-1) c_k x^{k-2} - \sum_{k=1}^{\infty} k(k-1) c_k x^k - \sum_{k=0}^{\infty} 2k c_k x^k + n(n+1) \sum_{k=0}^{\infty} c_k x^k = 0,$$

$$\sum_{k=0}^{\infty} [(k+1)(k+2) c_{k+2} - (k-1)k c_k - 2k c_k + n(n+1) c_k] x^k = 0,$$

$$\sum_{k=0}^{\infty} [(k+1)(k+2) c_{k+2} + (n+k+1)(n-k) c_k] x^k = 0.$$

比较系数, 有

$$(k+1)(k+2) c_{k+2} + (n+k+1)(n-k) c_k = 0, \quad k = 0, 1, 2, \cdots.$$

分奇偶下标两种情形分别有

$$c_2 = -\frac{n(n+1)}{2 \cdot 1} c_0 = -\frac{n(n+1)}{2!} c_0,$$

$$c_4 = -\frac{(n+3)(n-2)}{4 \cdot 3} c_2 = (-1)^2 \frac{(n-2)n(n+1)(n+3)}{4!} c_0,$$

$$\cdots\cdots$$

$$c_{2k} = \frac{(-1)^k}{(2k)!}(n - 2k + 2) \cdots (n-2)n(n+1)(n+3) \cdots (n+2k-1)c_0,$$

$$c_3 = -\frac{(n+2)(n-1)}{3 \cdot 2}c_1 = -\frac{(n-1)(n+2)}{3!}c_1,$$

$$c_5 = -\frac{(n+4)(n-3)}{5 \cdot 4}c_3 = (-1)^2 \frac{(n-3)(n-1)(n+2)(n+4)}{5!}c_1,$$

$$\cdots \cdots$$

$$c_{2k+1} = \frac{(-1)^k}{(2k+1)!}(n - 2k + 1) \cdots (n-3)(n-1)(n+2)(n+4) \cdots (n+2k)c_1.$$

从而

$$y = \sum_{k=0}^{\infty}(c_{2k}x^{2k} + c_{2k+1}x^{2k+1})$$

$$= c_0 \sum_{k=0}^{\infty} \frac{(-1)^k}{(2k)!}(n - 2k + 2) \cdots (n-2)n(n+1)(n+3) \cdots (n+2k-1)x^{2k}$$

$$+ c_1 \sum_{k=0}^{\infty} \frac{(-1)^k}{(2k+1)!}(n - 2k + 1) \cdots (n-3)(n-1)(n+2)$$

$$\cdot (n+4) \cdots (n+2k)x^{2k+1},$$

其中 c_0, c_1 是任意常数. □

0–5 阶 Legendre 多项式的曲线如图 4.1 所示.

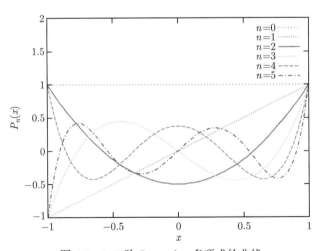

图 4.1 0–5 阶 Legendre 多项式的曲线

Legendre 方程是物理学和其他技术领域常常遇到的一类常微分方程. 当试图在球坐标中求解三维 Laplace 方程 (或相关的其他偏微分方程) 时, 问题便会归结

为 Legendre 方程的求解. 有时也将其写成 Sturm–Liouville 形式

$$\frac{\mathrm{d}}{\mathrm{d}x}\left[(1-x^2)\frac{\mathrm{d}}{\mathrm{d}x}P(x)\right] + n(n+1)P(x) = 0.$$

当 $n = 0,1,2,\cdots$ 时, Legendre 方程在 $[-1,1]$ 上有解. 它是 n 阶多项式, 记作 $P_n(x)$, 称为 Legendre 多项式. Legendre 多项式可用 Rodrigues 公式表示为

$$P_n(x) = \frac{1}{2^n n!}\frac{\mathrm{d}^n}{\mathrm{d}x^n}\left[(x^2-1)^n\right].$$

图 4.2 给出了 0–5 阶 Legendre 多项式的表达式.

$$
\begin{array}{l}
P_0(x)=1 \\[4pt]
P_1(x)=x \\[4pt]
P_2(x)=(3x^2-1)/2 \\[4pt]
P_3(x)=(5x^3-3x)/2 \\[4pt]
P_4(x)=(35x^4-30x^2+3)/8 \\[4pt]
P_5(x)=(63x^5-70x^3+15x)/8
\end{array}
$$

图 4.2　0–5 阶 Legendre 多项式的表达式

4.3.2　Bessel 方程

1766 年, L. Euber 利用级数方法求解了在研究薄膜振动时出现的 Bessel 方程.

例题 4.3.2　求解 Bessel 方程 $x^2 y'' + xy' + (x^2 - n^2)y = 0$, 其中 $n \geqslant 0$, $2n$ 不是一个正整数.

解　将方程写成

$$y'' + \frac{1}{x}y' + \left(1 - \frac{n^2}{x^2}\right)y = 0.$$

由于系数 $\dfrac{1}{x}$, $1 - \dfrac{n^2}{x^2}$ 在 $x = 0$ 不能展成幂级数, 设方程有广义幂级数解

$$y = \sum_{k=0}^{\infty} c_k x^{k+\zeta},$$

其中 c_k 是待定系数, ζ 是待定指标. 逐项求导,

$$y' = \sum_{k=0}^{\infty} c_k (k+\zeta) x^{k+\zeta-1},$$

$$y'' = \sum_{k=0}^{\infty} c_k(k+\zeta)(k+\zeta-1)x^{k+\zeta-2},$$

代入方程, 并合并同类项, 得到

$$x^2 \sum_{k=0}^{\infty} c_k(k+\zeta)(k+\zeta-1)x^{k+\zeta-2} + x \sum_{k=0}^{\infty} c_k(k+\zeta)x^{k+\zeta-1} + (x^2-n^2)\sum_{k=0}^{\infty} c_k x^{k+\zeta} = 0,$$

$$\sum_{k=0}^{\infty} \left[c_k(k+\zeta)(k+\zeta-1) + c_k(k+\zeta) - n^2 c_k \right] x^{k+\zeta} + \sum_{k=0}^{\infty} c_k x^{k+\zeta+2} = 0,$$

$$\sum_{k=0}^{\infty} \left[(k+\zeta)^2 - n^2 \right] c_k x^{k+\zeta} + \sum_{k'=2}^{\infty} c_{k'-2} x^{k'+\zeta} = 0,$$

$$\sum_{k=0}^{\infty} \left[(k+\zeta+n)(k+\zeta-n)c_k + c_{k-2} \right] x^{k+\zeta} = 0.$$

其中假定 $c_{-1} = c_{-2} = 0$. 比较系数, 有递推公式

$$(k+\zeta+n)(k+\zeta-n)c_k + c_{k-2} = 0, \quad k = 0,\ 1,\ 2, \cdots.$$

当 $k=0$ 时, $(\zeta+n)(\zeta-n)c_0 = 0$, 若 $c_0 = 0$, 设 c_{k_0} 是第一个不为零的常数, 考虑 $y = \sum_{k=k_0}^{\infty} C_k x^{k+\zeta} = \sum_{l=0}^{\infty} C_{l+k_0} x^{l+k_0+\zeta}$ 以 $k_0 + \zeta$ 代替可以继续原来的讨论. 若 $c_0 \neq 0$, 则 $\zeta = \pm n$.

情形 1 $\zeta = n$. 这时递推公式为

$$(k+2n)kc_k + c_{k-2} = 0, \quad k = 1,\ 2, \cdots.$$

当 $k=1$ 时, $(1+2n)c_1 = 0$, $c_1 = 0$, 从而

$$c_3 = c_5 = c_1 = \cdots = c_{2k+1} = \cdots = 0.$$

当 $k=2$ 时, $(2+2n)2c_2 + c_0 = 0$, $c_2 = -\dfrac{c_0}{2^2(n+1)}$, 从而

$$c_{2k} = \frac{-c_{2k-2}}{(2k+2n)2k} = \frac{-c_{2k-2}}{(k+n)2^2 k}$$

$$= \frac{-1}{2^2(k+n)k} \frac{-c_{2k-4}}{(2k-2+2n)(2k-2)} = \frac{(-1)^2 c_{2k-4}}{2^4(k+n)(k-1+n)k(k-1)}$$

$$= \cdots = \frac{(-1)^k c_0}{2^{2k}(k+n)(k-1+n)\cdots(1+n)k!}, \quad k = 1,\ 2, \cdots.$$

所以, 取常数 $c_0 = \dfrac{1}{2^n \Gamma(n+1)}$, 就得到 Bessel 方程的一个特解是

$$J_n(x) = \sum_{k=0}^{\infty} c_{2k} x^{2k+n}$$

$$= \frac{1}{2^n \Gamma(n+1)} \sum_{k=0}^{\infty} \frac{(-1)^k}{2^{2k}(k+n)(k-1+n)\cdots(1+n)k!} x^{2k+n}$$

$$= \sum_{k=0}^{\infty} \frac{(-1)^k}{k! \Gamma(k+n+1)} \left(\frac{x}{2}\right)^{2k+n}.$$

这里 Γ 是 Γ 函数, 并使用了递推公式 $\Gamma(x+1) = x\Gamma(x)$.

情形 2　$\zeta = -n$. 这时递推公式为

$$k(k-2n)c_k + c_{k-2} = 0, \quad k = 1, 2, \cdots.$$

当 $k = 1$ 时, $(1-2n)c_1 = 0$, $c_1 = 0$, 从而

$$c_3 = c_5 = c_1 = \cdots = c_{2k+1} = \cdots = 0.$$

当 $k = 2$ 时, $2(2-2n)c_2 + c_0 = 0$, $c_2 = \frac{-c_0}{2^2(1-n)}$,

$$c_{2k} = \frac{(-1)^k c_0}{2^{2k}(k-n)(k-1-n)\cdots(1-n)k!}.$$

类似地, 可以得到 Bessel 方程的另一个特解是

$$J_{-n}(x) = \sum_{k=0}^{\infty} c_{2k} x^{2k-n} = \sum_{k=0}^{\infty} \frac{(-1)^k}{k! \Gamma(k-n+1)} \left(\frac{x}{2}\right)^{2k-n}.$$

显然, J_n 和 J_{-n} 是 Bessel 方程的两个线性无关的特解, 分别称为第一类 Bessel 函数和第二类 Bessel 函数 (图 4.3和图 4.4).　　　　　□

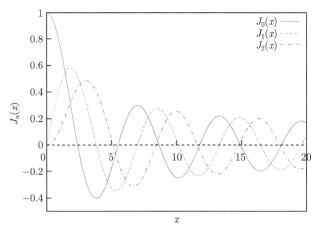

图 4.3　0–2 阶第一类 Bessel 函数的曲线

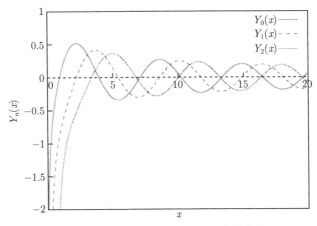

图 4.4 0–2 阶第二类 Bessel 函数的曲线

实际应用中最常见的情形为 n 是整数, 对应解称为 n 阶 Bessel 函数. 早在 18 世纪中叶, 瑞士数学家 D. Bernoulli 在研究悬链振动时就提出了 Bessel 函数的几个正整数阶特例. 1817 年, 德国数学家 F. W. Bessel 在研究 J. Kepler 提出的三体引力系统的运动问题时, 第一次系统地提出了 Bessel 函数的总体理论框架, 后人以他的名字来命名了这种函数.

Bessel 函数也被称为柱谐函数、圆柱函数或圆柱谐波, 因为它们是于 Laplace 方程在圆柱坐标上的求解过程中被发现的. 一个紧绷的鼓面在中心受到敲击后的二阶振动振型, 其振幅沿半径方向上的分布就是一个 Bessel 函数 (图 4.5). 实际生活中受敲击的鼓面的振动是各阶类似振动形态的叠加.

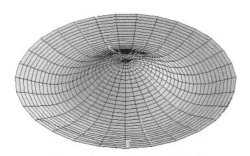

图 4.5 Bessel 函数的一个实例

作业 4.3.1 求初值问题 $y'' - xy = 0$, $y(0) = 0$, $y'(0) = 1$ 的幂级数解.

4.4　拓展习题与课外阅读

4.4.1　拓展习题

习题 4.4.1　验证 $y_1 = 3$, $y_2 = 3 + x^2$, $y_3 = 3 + x^2 + \mathrm{e}^x$ 是微分方程
$$(x^2 - 2x)\frac{\mathrm{d}^2 y}{\mathrm{d} x^2} - (x^2 - 2)\frac{\mathrm{d} y}{\mathrm{d} x} + (2x - 2)y = 6x - 6$$
的三个特解, 并求该方程的通解.

习题 4.4.2　已知某二阶非齐次线性方程有三个解 $y_1 = x - (x^2 + 1)$, $y_2 = 3\mathrm{e}^x - (x^2 + 1)$, $y_3 = 2x - \mathrm{e}^x - (x^2 + 1)$. 试求该方程的表达式, 并求它满足初始条件 $y(0) = 0$, $y'(0) = 0$ 的特解.

习题 4.4.3　试讨论当 p, q 取什么数值时, 方程 $y'' + py' + qy = 0$ 的解当 $x \to +\infty$ 时都趋于零.

习题 4.4.4　试讨论当 p, q 取什么数值时, 方程 $y'' + py' + qy = 0$ 的一切解在 $[a, +\infty)$ 上有界, 其中 a 是某确定的常数.

习题 4.4.5　一质量为 m 的质点由静止开始沉入液体中, 当下沉时液体的反作用与下沉的速度成正比, 求此质点的运动规律.

习题 4.4.6　试用幂级数解法求 Hermite 方程 $y'' - 2xy' + \lambda y = 0$ 的通解, 其中 λ 是常数.

4.4.2　课外阅读

本章主要介绍了二阶线性常微分方程的求解方法, 有兴趣的读者可参考下列文献查阅二阶非线性常微分方程和高阶常微分方程, 以及常微分方程组的求解方法.

[1] 郑志明, 李翠萍, 彭临平, 等. 微分方程基础教程: 上册. 北京: 高等教育出版社, 2017.

[2] 吴纪桃, 魏光美, 李翠萍, 等. 高等数学. 2 版. 北京: 清华大学出版社, 2011.

[3] 丁同仁, 李承治. 常微分方程教程. 2 版. 北京: 高等教育出版社, 2004.

[4] 东北师范大学微分方程教研室. 常微分方程. 2 版. 北京: 高等教育出版社, 2005.

第4章作业答案

特征线法
—— 一阶偏微分方程的求解

特征线法是求解偏微分方程的一种方法. 只要初始值不是沿着特征线给定, 即可通过特征线法获得偏微分方程的精确解. 有时称此方法为 Lagrange 方法, 又称为 Cauchy 特征方法.

数学家 J. Lagrange 是一阶偏微分方程理论的建立者. 他在 1772 年完成的《关于一阶偏微分方程的积分》(*Sur l'integration des équationau differences partielles du premier order*) 和 1785 年完成的《一阶线性偏微分方程的一般积分方法》(*Méthode génèrale pourintégrer les equations partielles du premier order lorsque cesdifferences ne sont que linèaires*) 中, 用分析的语言系统地给出了一阶偏微分方程的理论和解法 (图 5.1). 后来, G. Monge 引入了几何语言来解释分析中的问题, 得到了许多富有成果的想法.

图 5.1　一阶偏微分方程的第一篇论文 (1772)

本章介绍一阶偏微分方程的求解方法. 首先, 用几何语言形象地阐述求解一阶拟线性方程的特征线法, 用所谓的特征线 "织" 成解曲面; 然后, 将该方法推广到一阶完全非线性情形; 最后, 还讨论了一阶方程 Cauchy 问题的幂级数解.

5.1　一阶拟线性方程

两个自变量的一阶拟线性方程形如

$$a(x, y, u)\frac{\partial u}{\partial x} + b(x, y, u)\frac{\partial u}{\partial y} = c(x, y, u), \tag{5.1.1}$$

其中 $a, b, c \in C^1$. 显然, u 是方程 (5.1.1) 的解与下列三条等价:

- $(u_x, u_y, -1) \cdot (a, b, c) = 0$;
- $(u_x, u_y, -1)$ 与 (a, b, c) 垂直;
- 曲面 $z = u(x, y)$ 与向量 (a, b, c) 相切.

考虑 Cauchy 问题

$$\begin{cases} a(x, y, u)\dfrac{\partial u}{\partial x} + b(x, y, u)\dfrac{\partial u}{\partial y} = c(x, y, u), \\ u(X(s), Y(s)) = Z(s), \quad s \in I \end{cases}$$
$$\tag{5.1.2}$$

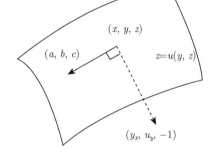

图 5.2　示意图

的求解问题, 其中 $\Gamma : x = X(s),\ y = Y(s),\ z = Z(s)$ 是 $\mathbb{R}^3$ 中的一条曲线, 参数 $s \in I$, I 是一个区间. 从几何上看, 求解 (5.1.2) 的问题转化为求曲面 $\Sigma : z = u(x, y)$, 使得

- $\Sigma : z = u(x, y)$ 与向量 (a, b, c) 相切;
- Σ 过曲线 Γ.

如果所求的曲面 Σ 具有参数形式 $x = x(t, s),\ y = y(t, s),\ z = z(t, s)$, 那么求解 (5.1.2) 的问题可被归结为

- Σ 的切向量 $\left(\dfrac{\mathrm{d}x}{\mathrm{d}t}, \dfrac{\mathrm{d}y}{\mathrm{d}t}, \dfrac{\mathrm{d}z}{\mathrm{d}t}\right)$ 与向量 (a, b, c) 平行, 即可取

$$\begin{cases} \dfrac{\mathrm{d}x}{\mathrm{d}t} = a(x, y, z), \\ \dfrac{\mathrm{d}y}{\mathrm{d}t} = b(x, y, z), \\ \dfrac{\mathrm{d}z}{\mathrm{d}t} = c(x, y, z). \end{cases} \tag{5.1.3}$$

常微分方程组 (5.1.3) 称为方程 (5.1.1) 的特征方程组, 它的解曲线称为 (5.1.1) 的特征线 (图 5.3).

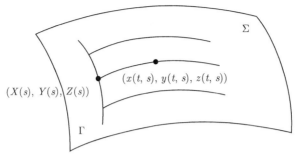

图 5.3 特征线法

- Σ 过 Γ, 即可取

$$\begin{cases} x(0,s) = X(s), \\ y(0,s) = Y(s), \\ z(0,s) = Z(s). \end{cases} \tag{5.1.4}$$

同时还要要求

- Σ 能表成 $z = u(x,y)$, 即能从

$$\begin{cases} x = x(t,s), \\ y = y(t,s), \end{cases} \tag{5.1.5}$$

解出

$$\begin{cases} t = t(x,y), \\ s = s(x,y), \end{cases} \tag{5.1.6}$$

再代入 $z = z(t,s)$, 得 $z = z(t(x,y), s(x,y)) =: u(x,y)$.

所谓求解 Cauchy 问题 (5.1.2) 的特征方法就是利用特征线 "织" 成解曲面的方法. 具体求解步骤如下:

(1) 求解特征方程组的初值问题

$$\begin{cases} \dfrac{\mathrm{d}x}{\mathrm{d}t} = a(x,y,z), & x(0,s) = X(s), \\[2mm] \dfrac{\mathrm{d}y}{\mathrm{d}t} = b(x,y,z), & y(0,s) = Y(s), \\[2mm] \dfrac{\mathrm{d}z}{\mathrm{d}t} = c(x,y,z), & z(0,s) = Z(s), \end{cases}$$

得到解 $x = x(t,s)$, $y = y(t,s)$, $z = z(t,s)$. 条件 $a, b, c \in C^1$ 保证了特征方程组的初值问题解的存在唯一性. 它表示 $\mathbb{R}^3$ 中一个曲面. 同时, 对于每一个 $s \in I$, 它都是过点 $(X(s), Y(s), Z(s))$ 的一条特征曲线.

(2) 从

$$\begin{cases} x = x(t,s), \\ y = y(t,s), \end{cases}$$

解出反函数

$$\begin{cases} t = t(x,y), \\ s = s(x,y). \end{cases}$$

由隐函数定理, 这时通常要求 $\dfrac{\partial(x,y)}{\partial(t,s)} = \begin{vmatrix} x_t & x_s \\ y_t & y_s \end{vmatrix}$ 在 $t=0$ 时不为 0, 即

$$\begin{aligned} \Delta(s) :&= (x_t y_s - x_s y_t)\big|_{t=0} \\ &= (a(x,y,z)y_s - x_s b(x,y,z))\big|_{t=0} \\ &= a(X(s),Y(s),Z(s))Y'(s) - b(X(s),Y(s),Z(s))X'(s) \\ &\neq 0. \end{aligned}$$

(3) 将 $t = t(x,y)$, $s = s(x,y)$ 代入 $z = z(t,s)$, 写出解 $u(x,y) = z(t(x,y), s(x,y))$.

定理 5.1.1　当 $\Delta(s) \neq 0$ 时, Cauchy 问题 (5.1.2) 在初始曲线 Γ 的邻域内有 C^2 解.

例题 5.1.1　求解线性方程的 Cauchy 问题

$$\begin{cases} c\dfrac{\partial u}{\partial x} + \dfrac{\partial u}{\partial y} = 0, \\ u(x,0) = h(x), \end{cases}$$

其中 c 是一个常数, $h(x)$ 是一个已知函数.

解　比较问题 (5.1.2)

$$a(x,y,z) = c, \quad b(x,y,z) = 1, \quad c(x,y,z) = 0;$$

$$X(s) = s, \quad Y(s) = 0, \quad Z(s) = h(s).$$

所以

$$\Delta(s) = c \cdot Y'(s) - 1 \cdot X'(s) = -1 \neq 0.$$

求解特征方程组的初值问题

$$\begin{cases} \dfrac{\mathrm{d}x}{\mathrm{d}t} = c, & x(0,s) = s, \\[2mm] \dfrac{\mathrm{d}y}{\mathrm{d}t} = 1, & y(0,s) = 0, \\[2mm] \dfrac{\mathrm{d}z}{\mathrm{d}t} = 0, & z(0,s) = h(s), \end{cases}$$

得到

$$\begin{cases} x = ct + s, \\[1mm] y = t, \\[1mm] z = h(s). \end{cases}$$

于是, 由前两个方程, 有 $s = x - cy$. 从而 $u = h(x - cy)$. □

例题 5.1.2 求解拟线性方程的 Cauchy 问题

$$\begin{cases} u\dfrac{\partial u}{\partial x} + \dfrac{\partial u}{\partial y} = 1, \\[3mm] u(s,s) = 0. \end{cases}$$

解 比较问题 (5.1.2)

$$a(x,y,z) = z, \quad b(x,y,z) = 1, \quad c(x,y,z) = 1;$$

$$X(s) = s, \quad Y(s) = s, \quad Z(s) = 0.$$

所以

$$\Delta(s) = Z(s)Y'(s) - 1 \cdot X'(s) = -1 \neq 0.$$

求解特征方程组的初值问题

$$\begin{cases} \dfrac{\mathrm{d}x}{\mathrm{d}t} = z, & x(0,s) = s, \\[2mm] \dfrac{\mathrm{d}y}{\mathrm{d}t} = 1, & y(0,s) = s, \\[2mm] \dfrac{\mathrm{d}z}{\mathrm{d}t} = 1, & z(0,s) = 0, \end{cases}$$

得到

$$\begin{cases} x = \dfrac{1}{2}t^2 + s, \\[2mm] y = t + s, \\[1mm] z = t. \end{cases}$$

于是, 由前两个方程, 有

$$t^2 - 2t - 2(x - y) = 0,$$

从而

$$\begin{cases} t = 1 \pm \sqrt{1 + 2(x - y)}, \\ s = y - 1 \mp \sqrt{1 + 2(x - y)}. \end{cases}$$

所以

$$u = t(x, y) = 1 \pm \sqrt{1 + 2(x - y)}.$$

由初始条件 $u(s, s) = 0$, 舍去正号, 有 $u = 1 - \sqrt{1 + 2(x - y)}$, $x - y > -\dfrac{1}{2}$.　　□

　　注意 $\Delta \neq 0$ 只是一个有解的充分条件, 当 $\Delta = 0$ 时也可能有解, 有时还不止一个.

　　例题 5.1.3　*求解 Cauchy 问题*

$$\begin{cases} u\dfrac{\partial u}{\partial x} + \dfrac{\partial u}{\partial y} = 1, \\ u\left(\dfrac{s^2}{2}, s\right) = s. \end{cases}$$

　　解　比较问题 (5.1.2), 得

$$a(x, y, z) = z, \quad b(x, y, z) = 1, \quad c(x, y, z) = 1,$$

$$X(s) = \dfrac{s^2}{2}, \quad Y(s) = s, \quad Z(s) = s.$$

所以

$$\Delta(s) = Z(s)Y'(s) - X'(s) = s - s = 0.$$

特征方程组的初值问题

$$\begin{cases} \dfrac{\mathrm{d}x}{\mathrm{d}t} = z, & x(0, s) = \dfrac{s^2}{2}, \\ \dfrac{\mathrm{d}y}{\mathrm{d}t} = 1, & y(0, s) = s, \\ \dfrac{\mathrm{d}z}{\mathrm{d}t} = 1, & z(0, s) = s \end{cases}$$

的解是

$$\begin{cases} x = \dfrac{1}{2}(s+t)^2, \\ y = s+t, \\ z = s+t. \end{cases}$$

虽然 $\Delta = 0$, 但是 z 还是可以表成 x, y 的函数, 所以 $u = y$, 或 $u = \pm\sqrt{2x}$, $x > 0$. $\qquad\qquad\qquad\qquad\qquad\qquad\qquad\qquad\qquad\qquad\qquad\qquad$ □

作业 5.1.1　*求解 Cauchy 问题*

$$\begin{cases} \dfrac{\partial u}{\partial x} + \dfrac{\partial u}{\partial y} = u^2, \\ u(x,0) = h(x), \end{cases}$$

其中 $h(x)$ 是一个已知函数.

作业 5.1.2　*求解 Cauchy 问题*

$$\begin{cases} x^2\dfrac{\partial u}{\partial x} + y^2\dfrac{\partial u}{\partial y} = u^2, \\ u(x,2x) = 1. \end{cases}$$

5.2　一阶完全非线性方程

本节考虑两个自变量的一阶完全非线性方程

$$F\left(x, y, u, \frac{\partial u}{\partial x}, \frac{\partial u}{\partial y}\right) = 0, \tag{5.2.1}$$

其中 $F \in C^2$. 这时没有拟线性方程那样清楚的几何直观, 但仍然可以给出类似的方法.

常微分方程组

$$\begin{cases} \dfrac{\mathrm{d}x}{\mathrm{d}t} = F_p(x,y,z,p,q), \\ \dfrac{\mathrm{d}y}{\mathrm{d}t} = F_q(x,y,z,p,q), \\ \dfrac{\mathrm{d}z}{\mathrm{d}t} = pF_p(x,y,z,p,q) + qF_q(x,y,z,p,q), \\ \dfrac{\mathrm{d}p}{\mathrm{d}t} = -F_x(x,y,z,p,q) - pF_z(x,y,z,p,q), \\ \dfrac{\mathrm{d}q}{\mathrm{d}t} = -F_y(x,y,z,p,q) - qF_z(x,y,z,p,q) \end{cases} \tag{5.2.2}$$

称为方程 (5.2.1) 的特征方程组, 它的解称为 (5.2.1) 的特征曲线. 为保证它有解, 需要 $F \in C^2$.

该定义是拟线性情形的自然推广. 在拟线性的情形

$$F(x, y, z, p, q) = a(x, y, z)p + b(x, y, z)q - c(x, y, z),$$

$$F_p = a(x, y), \quad F_q = b(x, y).$$

显然 (5.2.2) 中前两个方程

$$\frac{\mathrm{d}x}{\mathrm{d}t} = a, \quad \frac{\mathrm{d}y}{\mathrm{d}t} = b$$

与拟线性情形一致. 当 $F = 0$ 时,

$$pF_p + qF_q = ap + bq = c, \quad \frac{\mathrm{d}z}{\mathrm{d}t} = c.$$

这就是求拟线性的情形的第 3 个方程. 当 u 是 (5.2.1) 的解时,

$$F\left(x, y, u(x, y), \frac{\partial u}{\partial x}(x, y), \frac{\partial u}{\partial y}(x, y)\right) = 0,$$

两边关于 x 求导

$$F_x + F_z \frac{\partial u}{\partial x} + F_p \frac{\partial^2 u}{\partial x^2} + F_q \frac{\partial^2 u}{\partial x \partial y} = 0.$$

记 $p(t) = \dfrac{\partial u}{\partial x}(x(t), y(t))$, 由复合函数求导法则, 有

$$\begin{aligned}
\frac{\mathrm{d}p}{\mathrm{d}t} &= \frac{\mathrm{d}}{\mathrm{d}t}\left(\frac{\partial u}{\partial x}(x(t), y(t))\right) \\
&= u_{xx} \frac{\mathrm{d}x}{\mathrm{d}t} + u_{xy} \frac{\mathrm{d}y}{\mathrm{d}t} \\
&= \frac{\partial^2 u}{\partial x^2} F_p + \frac{\partial^2 u}{\partial x \partial y} F_q \\
&= -F_x - pF_z.
\end{aligned}$$

同理

$$\frac{\mathrm{d}q}{\mathrm{d}t} = -F_y - qF_z.$$

至此, 又验证了 (5.2.2) 中最后两个方程.

考虑 Cauchy 问题

$$\begin{cases}
F\left(x, y, u, \dfrac{\partial u}{\partial x}, \dfrac{\partial u}{\partial y}\right) = 0, \\
u(X(s), Y(s)) = Z(s), \quad s \in I,
\end{cases} \tag{5.2.3}$$

其中 $\Gamma: x = X(s), y = Y(s), z = Z(s)$ 是 $\mathbb{R}^3$ 中的一条曲线, 参数 $s \in I, I$ 是一个区间. 求解步骤如下:

(1) 写出 $X(s), Y(s), Z(s)$. 为获得 p 和 q 的初值, 求解二阶代数方程组

$$\begin{cases} F(X(s), Y(s), Z(s), P(s), Q(s)) = 0, \\ P(s)X'(s) + Q(s)Y'(s) = Z'(s) \end{cases} \tag{5.2.4}$$

中的 $P(s), Q(s)$. 若 (5.2.3) 有解 u, 则在 Γ 上总有

$$\begin{cases} F\left(X(s), Y(s), Z(s), \dfrac{\partial u}{\partial x}(X(s), Y(s)), \dfrac{\partial u}{\partial y}(X(s), Y(s))\right) = 0, \\ \dfrac{\partial u}{\partial x}(X(s), Y(s))X'(s) + \dfrac{\partial u}{\partial y}(X(s), Y(s))Y'(s) = Z'(s). \end{cases}$$

从而 (5.2.4) 有解 $P(s) = \dfrac{\partial u}{\partial x}(X(s), Y(s))$, $Q(s) = \dfrac{\partial u}{\partial y}(X(s), Y(s))$. 若 (5.2.4) 无解, 则 (5.2.3) 也无解. 下设 (5.2.4) 有解.

(2) 求解特征方程组的初值问题

$$\begin{cases} \dfrac{\mathrm{d}x}{\mathrm{d}t} = F_p(x, y, z, p, q), & x(0, s) = X(s), \\[2mm] \dfrac{\mathrm{d}y}{\mathrm{d}t} = F_q(x, y, z, p, q), & y(0, s) = Y(s), \\[2mm] \dfrac{\mathrm{d}z}{\mathrm{d}t} = pF_p(x, y, z, p, q) + qF_q(x, y, z, p, q), & z(0, s) = Z(s), \\[2mm] \dfrac{\mathrm{d}p}{\mathrm{d}t} = -F_x(x, y, z, p, q) - pF_z(x, y, z, p, q), & p(0, s) = P(s), \\[2mm] \dfrac{\mathrm{d}q}{\mathrm{d}t} = -F_y(x, y, z, p, q) - qF_z(x, y, z, p, q), & q(0, s) = Q(s), \end{cases}$$

得到解

$$\begin{cases} x = x(t, s), \\ y = y(t, s), \\ z = z(t, s), \\ p = p(t, s), \\ q = q(t, s). \end{cases}$$

(3) 从

$$\begin{cases} x = x(t, s), \\ y = y(t, s) \end{cases}$$

中求得

$$
\begin{cases}
t = t(x, y), \\
s = s(x, y).
\end{cases}
$$

由隐函数定理, 这时通常需要 $\dfrac{\partial(x, y)}{\partial(t, s)} = \begin{vmatrix} x_t & x_s \\ y_t & y_s \end{vmatrix}$ 在 $t = 0$ 时不为 0, 即

$$
\begin{aligned}
\Delta(s) := & \begin{vmatrix} F_p(x(t, s), y(t, s), z(t, s), p(t, s), q(t, s)) & x_s(t, s) \\ F_q(x(t, s), y(t, s), z(t, s), p(t, s), q(t, s)) & y_s(t, s) \end{vmatrix}_{t=0} \\
= & F_p(X(s), Y(s), Z(s), P(s), Q(s))Y'(s) \\
& - F_q(X(s), Y(s), Z(s), P(s), Q(s))X'(s) \\
\neq & 0.
\end{aligned}
$$

(4) 将 $t = t(x, y), s = s(x, y)$ 代入 $z = z(t, s)$, 写出解 $u(x, y) = z(t(x, y), s(x, y))$.

定理 5.2.1 若代数方程组 (5.2.4) 有解 $P(s), Q(s)$ 且 $\Delta(s) \neq 0$, 则 Cauchy 问题 (5.2.3) 在 Γ 的邻域有 C^2 解.

例题 5.2.1 求解 Cauchy 问题

$$
\begin{cases}
2\dfrac{\partial u}{\partial x}\dfrac{\partial u}{\partial y} = u, \\
u(0, y) = \dfrac{y^2}{2}.
\end{cases}
$$

解 容易看出

$$
X(s) = 0, \quad Y(s) = s, \quad Z(s) = \dfrac{s^2}{2},
$$

$$
F(x, y, z, p, q) = 2pq - z.
$$

(1) 求解代数方程组

$$
\begin{cases}
2PQ - \dfrac{s^2}{2} = 0, \\
s = P \cdot 0 + Q \cdot 1,
\end{cases}
$$

解之, 得

$$
\begin{cases}
P = \dfrac{s}{4}, \\
Q = s.
\end{cases}
$$

(2) 求解特征方程组的初值问题

$$\begin{cases} \dfrac{\mathrm{d}x}{\mathrm{d}t} = F_p = 2q, & x(0,s) = 0, \\[2mm] \dfrac{\mathrm{d}y}{\mathrm{d}t} = F_q = 2p, & y(0,s) = s, \\[2mm] \dfrac{\mathrm{d}z}{\mathrm{d}t} = (p,q) \cdot (F_p, F_q) = 4pq, & z(0,s) = \dfrac{s^2}{2}, \\[2mm] \dfrac{\mathrm{d}p}{\mathrm{d}t} = -F_x - pF_z = p, & p(0,s) = \dfrac{s}{4}, \\[2mm] \dfrac{\mathrm{d}q}{\mathrm{d}t} = -F_y - qF_z = q, & q(0,s) = s, \end{cases}$$

得

$$\begin{cases} x = 2s(\mathrm{e}^t - 1), \\[2mm] y = \dfrac{s}{2}(\mathrm{e}^t + 1), \\[2mm] z = \dfrac{s^2}{2}\mathrm{e}^{2t}, \\[2mm] p = \dfrac{s}{4}\mathrm{e}^t, \\[2mm] q = s\mathrm{e}^t. \end{cases}$$

(3) 从

$$\begin{cases} x = 2s\mathrm{e}^t - 2s, \\[2mm] y = \dfrac{s}{2} + \dfrac{s}{2}\mathrm{e}^t \end{cases}$$

解出

$$\begin{cases} \mathrm{e}^t = \dfrac{4y + x}{4y - x}, \\[2mm] s = \dfrac{4y - x}{4}. \end{cases}$$

(4) 所以原问题的解

$$\begin{aligned} u(x,y) &= z(t(x,y), s(x,y)) \\ &= \frac{1}{2}\left(\frac{4y - x}{4}\right)^2 \left(\frac{4y + x}{4y - x}\right)^2 \\ &= \frac{1}{32}(x + 4y)^2. \end{aligned} \qquad \square$$

作业 5.2.1 求解 Cauchy 问题

$$\begin{cases} \left(\dfrac{\partial u}{\partial x}\right)^2 + \left(\dfrac{\partial u}{\partial y}\right)^2 = u^2, \\[3mm] u(\cos s, \sin s) = 1. \end{cases}$$

作业 5.2.2　求解 Cauchy 问题

$$\begin{cases} \dfrac{\partial u}{\partial y} = \left(\dfrac{\partial u}{\partial x} \right)^3, \\ u(x,0) = 2x^{\frac{3}{2}}. \end{cases}$$

5.3　一阶方程的幂级数解

对于偏微分方程来说, 若求出了显式解, 则解的存在性不证自明. 求不出显式解时, 数学家们则需要证明解的存在. A. L. Cauchy 是讨论偏微分方程解的存在性的第一人. 他在 1848 年的一系列论文中将阶数大于 1 的偏微分方程化为一阶偏微分方程组, 然后讨论偏微分方程组解的存在性, 并给出了证明存在性的优函数方法.

Cauchy 的工作后来被 S.Kovalevskaya (1850—1891, 俄国) 独立地发展为包括拟线性方程和高阶方程组在内的非常一般的形式. 她的论文《偏微分方程理论》(*Zur theorie der partiellen differentialgleichung*) 在 1875 年发表 (图 5.4). 有关偏微分方程解的存在唯一性定理被称为 Cauchy–Kovalevskaya 定理, 其重要性相应于常微分方程中 $y' = f(x,y)$ 初值问题幂级数解的存在唯一性定理. Kovalevskaya 是俄国历史上第一个皇家圣彼得堡科学院女院士, 北欧第一位女教授, 也是世界上最早担任学术期刊编辑的女性之一.

图 5.4　Kovalevskaya 与她的论文

为简明起见, 本节考虑一阶方程的 Cauchy 问题

$$
\begin{cases}
\dfrac{\partial u}{\partial t} = f\left(x, t, u, \dfrac{\partial u}{\partial x}\right), \\[2mm]
u(x, 0) = 0,
\end{cases}
\tag{5.3.1}
$$

其中 $f(x, y, z, p)$ 是一个已知函数. 此时幂级数解的存在唯一性定理是如下定理.

定理 5.3.1 (Cauchy–Kovalevskaya) 若 $f(x, t, z, p)$ 在 $(0, 0, 0, 0) \in \mathbb{R}^4$ 附近有幂级数展开, 则问题 (5.3.1) 在 $(0, 0) \in \mathbb{R}^2$ 附近有唯一幂级数解.

例题 5.3.1 利用幂级数方法求解 Cauchy 问题

$$
\begin{cases}
\dfrac{\partial u}{\partial t} = \dfrac{\partial u}{\partial x} + (x - t)u - \mathrm{e}^{xt}, \\[2mm]
u(x, 0) = x.
\end{cases}
$$

解 首先齐次化初值, 设 $v(x, t) = u(x, t) - x$, 则

$$
\frac{\partial v}{\partial x} = \frac{\partial u}{\partial x} - 1, \quad \frac{\partial v}{\partial t} = \frac{\partial u}{\partial t}, \quad v(x, 0) = u(x, 0) - x = 0.
$$

从而 Cauchy 问题可化为

$$
\begin{cases}
\dfrac{\partial v}{\partial t} = \dfrac{\partial v}{\partial x} + 1 + (x - t)(v + x) - \mathrm{e}^{xt}, \\[2mm]
v(x, 0) = 0.
\end{cases}
$$

令

$$
v(x, t) = \sum_{i,j=0}^{\infty} C_{i,j} x^i t^j,
$$

逐项求导, 得到

$$
\frac{\partial v}{\partial x} = \sum_{i,j=0}^{\infty} i C_{i,j} x^{i-1} t^j, \quad \frac{\partial v}{\partial t} = \sum_{i,j=0}^{\infty} j C_{i,j} x^i t^{j-1}.
$$

代入方程, 有

$$
\sum_{i,j=0}^{\infty} j C_{i,j} x^i t^{j-1} = \sum_{i,j=0}^{\infty} i C_{i,j} x^{i-1} t^j + 1 + (x - t)\left(\sum_{i,j=0}^{\infty} C_{i,j} x^i t^j + x\right) - \sum_{i=0}^{\infty} \frac{(xt)^i}{i!}.
$$

即

$$
\sum_{i,j=0}^{\infty} \left[(j+1)C_{i,j+1} - (i+1)C_{i+1,j} - C_{i-1,j} + C_{i,j-1} + \frac{\delta_{ij}}{i!}\right] x^i t^j = 1 + x^2 - xt,
$$

$$
\tag{5.3.2}
$$

其中约定 $C_{-1,j} = C_{i,-1} = 0$.

由初始条件 $v(x,0) = 0$, 有

$$\sum_{i=0}^{\infty} C_{i,0} x^i = 0,$$

从而

$$C_{i,0} = 0, \quad i = 0, 1, 2, \cdots.$$

当 $j = 0$ 时, 比较方程 (5.3.2) 两边不含 t 的项,

$$\sum_{i=0}^{\infty} \left[C_{i,1} - (i+1)C_{i+1,0} - C_{i-1,0} + C_{i,-1} + \frac{\delta_{i_0}}{i!} \right] x^i = 1 + x^2,$$

$$C_{i,1} - (i+1)C_{i+1,0} - C_{i-1,0} + C_{i,-1} + \frac{\delta_{i_0}}{i!} = \begin{cases} 0, & i \neq 0, 2, \\ 1, & i = 0, 2, \end{cases}$$

即

$$C_{i,1} + \frac{\delta_{i0}}{i!} = \begin{cases} 0, & i \neq 0, 2, \\ 1, & i = 0, 2, \end{cases}$$

所以

$$C_{i,1} = \begin{cases} 0, & i \neq 2, \\ 1, & i = 2 \end{cases}$$
$$= \frac{\delta_{i2}}{1!}.$$

当 $j = 1$ 时, 比较方程 (5.3.2) 两边含 t 的项,

$$\sum_{i=0}^{\infty} \left[2C_{i,2} - (i+1)C_{i+2,1} - C_{i-1,1} + C_{i,0} + \frac{\delta_{i1}}{i!} \right] x^i = -x.$$

$$2C_{i,2} - (i+1)C_{i+1,1} - C_{i-1,1} + C_{i,0} + \frac{\delta_{i1}}{i!} = \begin{cases} 0, & i \neq 1, \\ -1, & i = 1, \end{cases}$$

即

$$C_{i,2} = \begin{cases} \dfrac{1}{2} \left[(i+1)\delta_{(i+1)2} + \delta_{(i-1)2} \right], & i \neq 1, \\ \dfrac{1}{2}(2\delta_{22} + \delta_{12} - 2) = 0, & i = 1. \end{cases}$$

所以

$$C_{i,2} = \begin{cases} 0, & i \neq 3, \\ \dfrac{1}{2}, & i = 3 \end{cases}$$
$$= \frac{\delta_{i3}}{2!}.$$

当 $j \geqslant 2$ 时,

$$(j+1)C_{i,j+1} - (i+1)C_{i+1,j} - C_{i-1,j} + C_{i,j-1} + \frac{\delta_{ij}}{i!} = 0.$$

设 $C_{ij} = \dfrac{\delta_{i(j+1)}}{j!}$, 则

$$
\begin{aligned}
C_{i(j+1)} &= \frac{1}{j+1}\left[(i+1)\frac{\delta_{(i+1)(j+1)}}{j!} + \frac{\delta_{(i-1)(j+1)}}{j!} - \frac{\delta_{ij}}{(j-1)!} - \frac{\delta_{ij}}{i!}\right] \\
&= \frac{1}{(j+1)!}\left[(i+1)\delta_{(i+1)(j+1)} + \delta_{(i-1)(j+1)} - (j+1)\delta_{ij}\right] \\
&= \frac{\delta_{i(j+2)}}{(j+1)!}.
\end{aligned}
$$

利用归纳法, 可知

$$C_{i0} = 0, \quad C_{i,j} = \frac{\delta_{i(j+1)}}{j!}, \quad i = 0,1,2,\cdots, j = 1,\ 2,\cdots,$$

$$v(x,t) = \sum_{i=0}^{\infty}\sum_{j=1}^{\infty}\frac{\delta_{i(j+1)}}{j!}x^i t^j = \sum_{i=2}^{\infty}\frac{x^i t^{i-1}}{(i-1)!} = x\sum_{i=1}^{\infty}\frac{(xt)^i}{i!} = x(\mathrm{e}^{xt}-1).$$

因此, 原问题的解是

$$u = x\mathrm{e}^{xt}. \qquad\qquad \square$$

5.4 拓展习题与课外阅读

5.4.1 拓展习题

习题 5.4.1 设 $B_1 = \{(x,y) \in \mathbb{R}^2 \mid x^2 + y^2 < 1\}$, $u \in C^1(\overline{B}_1)$ 是

$$a(x,y)u_x + b(x,y)u_y = -u, \quad x \in \overline{B}_1$$

的解. 证明: 若在 $\partial\Omega$ 上 $xa(x,y) + yb(x,y) > 0$, 则 u 在 $\overline{B}_1$ 上恒为零.

习题 5.4.2 设 $P,\ Q \in C^1$. 证明 $P(x,y)\,\mathrm{d}x + Q(x,y)\,\mathrm{d}y$ 有积分因子, 即存在函数 $\mu(x,y)$, 使得 $\mu(x,y)(P(x,y)\,\mathrm{d}x + Q(x,y)\,\mathrm{d}y)$ 是全微分.

习题 5.4.3 证明: 两个一阶偏微分方程

$$F(x,y,u,u_x,u_y) = 0, \quad G(x,y,u,u_x,u_y) = 0$$

有一个公共解, 当且仅当

$$\frac{\partial(F,G)}{\partial(x,p)} + p\frac{\partial(F,G)}{\partial(u,p)} + \frac{\partial(F,G)}{\partial(y,q)} + q\frac{\partial(F,G)}{\partial(u,q)} = 0$$

或者恒成立, 或者是 $F(x,y,u,p,q) = 0$ 和 $G(x,y,u,p,q) = 0$ 的一个推论.

习题 5.4.4 证明: 初值问题

$$\begin{cases} u_t = u_{xx}, \\ u(x,0) = \dfrac{1}{1-x} \end{cases}$$

没有在原点 $(0,0)$ 实解析的解.

习题 5.4.5 通过设 $v = u_t + au_x$ 将

$$\begin{cases} u_{tt} - a^2 u_{xx} = f(x,t), \\ u(x,0) = \varphi(x), \quad u_t(x,0) = \psi(x) \end{cases}$$

化为两个一阶偏微分方程的 Cauchy 问题, 进而求解上述非齐次弦振动方程的 Cauchy 问题.

习题 5.4.6 求解 Euler 方程的 Cauchy 问题

$$\begin{cases} \displaystyle\sum_{i=1}^{n} x_i u_{x_i} = 3u, \\ u(x_1, x_2, \cdots, x_{n-1}, 1) = h(x_1, x_2, \cdots, x_{n-1}). \end{cases}$$

习题 5.4.7 设 $u = \varphi(x,z)$ 是线性方程

$$\sum_{i=1}^{n} a_i(x,z) u_{x_i} + b(x,z) u_z = 0$$

的解. 证明: 若 $\varphi_z(x,z)$ 在满足 $\varphi(x,z) = 0$ 的点上不为零, 则 $\varphi(x,z) = 0$ 是方程

$$\sum_{i=1}^{n} a_i(x,v) v_{x_i} = b(x,v)$$

的一个隐式解 $z = v(x)$.

习题 5.4.8 阅读 A. H. Koblitz 著, 赵斌译的《旷世女杰——柯瓦列夫斯卡娅 (Kovalevskaya) 传》, 上海辞书出版社, 2011.

5.4.2   课外阅读

在第 5 章中, 我们给出了求解两个自变量的一阶偏微分方程的特征线方法和幂级数方法; 没有涉及 n 个自变量的情形、其他解法 (如, 包络方法) 和一般的一阶方程 (组) 理论等相关内容. 有兴趣的读者可按照标注分别参考下列文献:

[1] (n 个自变量) 保继光, 李海刚. 偏微分方程基础: 第六章. 北京: 高等教育出版社, 2018.

[2] (包络方法) 保继光, 朱汝金. 偏微分方程: 第六章. 北京: 北京师范大学出版社, 2011.

[3] (包络方法) 郇中丹, 黄海洋. 偏微分方程: 第三章. 2 版. 北京: 高等教育出版社, 2013.

[4] (各类解法) Kamke E. 一阶偏微分方程手册. 李鸿祥, 译. 北京: 科学出版社, 1983.

[5] (一般的一阶方程组理论) 谷超豪, 李大潜, 陈恕行, 等. 数学物理方程: 第二章. 3 版. 北京: 高等教育出版社, 2012.

[6] (一般的一阶方程理论) Evans L C. Partial Differential Equations: Chapter 3. 2nd ed. American Mathematical Society, 2010.

第5章作业答案

第6章

变量变换法

本章讨论一般的二阶线性偏微分方程的化简问题. 首先, 借助自变量变换将二阶线性方程化简, 并在此基础上分类; 然后, 介绍叠加原理和齐次化原理, 通过未知函数的变换, 对二阶线性方程的定解问题进行化简.

6.1 方程的化简

本节讨论二阶线性方程的化简. 为简单起见, 仅考虑两个自变量的二阶线性方程

$$a(x,y)u_{xx} + 2b(x,y)u_{xy} + c(x,y)u_{yy} + d(x,y)u_x + e(x,y)u_y + f(x,y)u = g(x,y),$$

$$(6.1.1)$$

其中 $(x,y) \in \Omega$, Ω 是 $\mathbb{R}^2$ 中的一个区域, a, b, c, d, e, f, g 是 Ω 上的已知光滑函数, 且 a, b, c 不同时为零. 下面通过自变量的局部可逆变换将 (6.1.1) 化简.

设 $(x_0, y_0) \in \Omega$. 在 (x_0, y_0) 附近做自变量变换

$$\xi = \xi(x,y), \quad \eta = \eta(x,y), \qquad (6.1.2)$$

且使其 Jacobi 行列式

$$J = \left| \frac{\partial(\xi, \eta)}{\partial(x, y)} \right| = \begin{vmatrix} \xi_x & \xi_y \\ \eta_x & \eta_y \end{vmatrix}$$

在 (x_0, y_0) 不为零. 由隐函数定理, (6.1.2) 在 $(\xi_0, \eta_0) := (\xi(x_0, y_0), \eta(x_0, y_0))$ 附近有逆变换

$$x = x(\xi, \eta), \quad y = y(\xi, \eta). \qquad (6.1.3)$$

记 $U(\xi, \eta) = u(x(\xi, \eta), y(\xi, \eta))$, 则

$$u(x,y) = U(\xi(x,y), \eta(x,y)).$$

直接计算, 有

$$u_x = U_\xi \xi_x + U_\eta \eta_x, \quad u_y = U_\xi \xi_y + U_\eta \eta_y,$$

以及

$$u_{xx} = (U_{\xi\xi}\xi_x + U_{\xi\eta}\eta_x)\xi_x + U_\xi\xi_{xx} + (U_{\eta\xi}\xi_x + U_{\eta\eta}\eta_x)\eta_x + U_\eta\eta_{xx},$$

$$u_{xy} = (U_{\xi\xi}\xi_y + U_{\xi\eta}\eta_y)\xi_x + U_\xi\xi_{xy} + (U_{\eta\xi}\xi_y + U_{\eta\eta}\eta_y)\eta_x + U_\eta\eta_{xy},$$

$$u_{yy} = (U_{\xi\xi}\xi_y + U_{\xi\eta}\eta_y)\xi_y + U_\xi\xi_{yy} + (U_{\eta\xi}\xi_y + U_{\eta\eta}\eta_y)\eta_y + U_\eta\eta_{yy}.$$

代入 (6.1.1), 得

$$A(\xi,\eta)U_{\xi\xi}+2B(\xi,\eta)U_{\xi\eta}+C(\xi,\eta)U_{\eta\eta}+D(\xi,\eta)U_\xi+E(\xi,\eta)U_\eta+F(\xi,\eta)U = G(\xi,\eta),$$
$$\tag{6.1.4}$$

其中

$$A(\xi,\eta) = \left(a\xi_x^2 + 2b\xi_x\xi_y + c\xi_y^2\right)\Big|_{x=x(\xi,\eta),\ y=y(\xi,\eta)},$$
$$B(\xi,\eta) = \left(a\xi_x\eta_x + b(\xi_x\eta_y + \xi_y\eta_x) + c\xi_y\eta_y\right)\Big|_{x=x(\xi,\eta),\ y=y(\xi,\eta)}, \tag{6.1.5}$$
$$C(\xi,\eta) = \left(a\eta_x^2 + 2b\eta_x\eta_y + c\eta_y^2\right)\Big|_{x=x(\xi,\eta),\ y=y(\xi,\eta)}.$$

(6.1.4) 是新的未知函数 U 关于新的自变量 (ξ,η) 满足的方程.

关于变换 (6.1.2), 有以下性质.

性质 6.1.1 在 (x_0,y_0) 附近,

$$\begin{vmatrix} \xi_x^2 & 2\xi_x\xi_y & \xi_y^2 \\ \xi_x\eta_x & \xi_x\eta_y + \xi_y\eta_x & \xi_y\eta_y \\ \eta_x^2 & 2\eta_x\eta_y & \eta_y^2 \end{vmatrix} = J^3.$$

从而 A, B, C 在 (ξ_0,η_0) 附近不同时为零, 即 (6.1.4) 仍是一个二阶方程.

证明 根据 Laplace 展开定理, 对行列式按第一列展开, 得

$$\xi_x^2 \begin{vmatrix} \xi_x\eta_y + \xi_y\eta_x & \xi_y\eta_y \\ 2\eta_x\eta_y & \eta_y^2 \end{vmatrix} - \xi_x\eta_x \begin{vmatrix} 2\xi_x\xi_y & \xi_y^2 \\ 2\eta_x\eta_y & \eta_y^2 \end{vmatrix} + \eta_x^2 \begin{vmatrix} 2\xi_x\xi_y & \xi_y^2 \\ \xi_x\eta_y + \xi_y\eta_x & \xi_y\eta_y \end{vmatrix}$$

$$= \xi_x^2 \left(\begin{vmatrix} \xi_x\eta_y & \xi_y\eta_y \\ \eta_x\eta_y & \eta_y^2 \end{vmatrix} + \begin{vmatrix} \xi_y\eta_x & \xi_y\eta_y \\ \eta_x\eta_y & \eta_y^2 \end{vmatrix} \right) - 2\xi_x\eta_x \begin{vmatrix} \xi_x\xi_y & \xi_y^2 \\ \eta_x\eta_y & \eta_y^2 \end{vmatrix}$$

$$\quad + \eta_x^2 \left(\begin{vmatrix} \xi_x\xi_y & \xi_y^2 \\ \xi_x\eta_y & \xi_y\eta_y \end{vmatrix} + \begin{vmatrix} \xi_x\xi_y & \xi_y^2 \\ \xi_y\eta_x & \xi_y\eta_y \end{vmatrix} \right)$$

$$= \xi_x^2 \cdot \eta_y^2 J - 2\xi_x\eta_x \cdot \xi_y\eta_y J + \eta_x^2 \cdot \xi_y^2 J$$

$$= J(\xi_x\eta_y - \eta_x\xi_y)^2$$

$$= J^3.$$

将 (6.1.5) 看成以 a, b, c 为未知数的三元一次代数方程组, 其系数矩阵的行列式为 $J^3 \neq 0$. 若 A, B, C 在 (ξ_0, η_0) 附近的某一点同时为零, 则由 Cramer 法则, a, b, c 在该点就同时为零, 与 (6.1.1) 中的假设矛盾. 故 A, B, C 在 (ξ_0, η_0) 附近不同时为零.   □

由 A, C 的表达式, 如果一阶方程

$$a\varphi_x^2 + 2b\varphi_x\varphi_y + c\varphi_y^2 = 0 \tag{6.1.6}$$

有两个解 $\varphi_1(x, y)$ 和 $\varphi_2(x, y)$, 且

$$\begin{vmatrix} \varphi_{1x} & \varphi_{1y} \\ \varphi_{2x} & \varphi_{2y} \end{vmatrix}(x_0, y_0) \neq 0,$$

那么取

$$\xi = \varphi_1(x, y), \quad \eta = \varphi_2(x, y),$$

从 (6.1.5), 就可使 $A = C = 0$, 方程 (6.1.1) 因此得以化简.

命题 6.1.2   若 $\varphi(x, y) = C$ 是一阶常微分方程

$$a\,\mathrm{d}y^2 - 2b\,\mathrm{d}y\mathrm{d}x + c\,\mathrm{d}x^2 = 0 \tag{6.1.7}$$

的隐式通解, 且 $\varphi_x^2 + \varphi_y^2 \neq 0$, 其中 C 是一个常数, 则 $\varphi(x, y)$ 是 (6.1.6) 的解. (6.1.7) 称为 (6.1.1) 的特征方程.

证明   不妨设 $\varphi_y \neq 0$. 将 y 看成 x 的函数, 在 $\varphi(x, y) = C$ 两边关于 x 求偏导数

$$\varphi_x + \varphi_y \frac{\mathrm{d}y}{\mathrm{d}x} = 0, \quad \frac{\mathrm{d}y}{\mathrm{d}x} = -\frac{\varphi_x}{\varphi_y},$$

代入 (6.1.7), 并注意 $\mathrm{d}x^2 = (\mathrm{d}x)^2$, $\mathrm{d}y^2 = (\mathrm{d}y)^2$, 得

$$a\left(-\frac{\varphi_x}{\varphi_y}\right)^2 - 2b\left(-\frac{\varphi_x}{\varphi_y}\right) + c = 0,$$

于是

$$a\varphi_x^2 + 2b\varphi_x\varphi_y + c\varphi_y^2 = 0.$$

即 $\varphi(x, y)$ 满足方程 (6.1.7).   □

现在来化简 (6.1.1), 即通过自变量的可逆变换 (6.1.2), 使 (6.1.4) 中 U 的二阶偏导数系数 A, B, C 尽可能多地为零. 由性质 6.1.1, A, B, C 不同时为零, 即在每一点 A, B, C 至少有一个不为零.

若 $a(x_0, y_0)$, $c(x_0, y_0)$ 都为零, 则 (6.1.1) 已不用化简. 若 $a(x_0, y_0)$, $c(x_0, y_0)$ 有一个不为零, 不妨设 $a(x_0, y_0) \neq 0$, 则在 (x_0, y_0) 附近 (6.1.7) 可化为

$$a \left(\frac{\mathrm{d}y}{\mathrm{d}x} \right)^2 - 2b \frac{\mathrm{d}y}{\mathrm{d}x} + c = 0. \tag{6.1.8}$$

这是一个 $\dfrac{\mathrm{d}y}{\mathrm{d}x}$ 的一元二次方程.

记 $\delta = b^2 - ac$.

情形 1 在 (x_0, y_0) 附近 $\delta > 0$.

这时, (6.1.8) 是两个方程

$$\frac{\mathrm{d}y}{\mathrm{d}x} = \frac{b \pm \sqrt{\delta}}{a}(x, y).$$

由命题 6.1.2, 需要求出它们的隐式通解.

根据常微分方程 Cauchy 问题解的存在定理, (6.1.8) 有唯一解 $y = y_1(x; C)$, 满足含参数 C 的初值问题

$$\begin{cases} \dfrac{\mathrm{d}y_1}{\mathrm{d}x} = \dfrac{b + \sqrt{\delta}}{a}(x, y_1), \\ y_1(x_0; C) = y_0 + C. \end{cases} \tag{6.1.9}$$

在 (6.1.9) 两边关于常数 C 求导, 有

$$\begin{cases} \dfrac{\mathrm{d}}{\mathrm{d}x} \left(\dfrac{\partial y_1}{\partial C} \right) = \dfrac{\partial}{\partial y} \left(\dfrac{b + \sqrt{\delta}}{a} \right) \dfrac{\partial y_1}{\partial C}, \\ \dfrac{\partial y_1}{\partial C}(x_0; C) = 1, \end{cases}$$

从而

$$\frac{\partial y_1}{\partial C}(x; C) = \mathrm{e}^{\int_{x_0}^{x} \frac{\partial}{\partial y} \left(\frac{b + \sqrt{\delta}}{a} \right)(t, y_1(t; C)) \mathrm{d}t} \neq 0.$$

由隐函数定理, 存在 $C = \varphi_1(x, y)$, 使得 $y = y_1(x, \varphi_1(x, y))$. 两边关于 x, y 分别求导,

$$0 = \frac{\partial y_1}{\partial x} + \frac{\partial y_1}{\partial C} \varphi_{1x}, \quad 1 = \frac{\partial y_1}{\partial C} \varphi_{1y}.$$

在 (x_0, y_0) 有

$$\varphi_{1x} = -\frac{\mathrm{d}y_1}{\mathrm{d}x}, \quad \varphi_{1y} = 1.$$

类似地, 对于方程

$$\frac{\mathrm{d}y_2}{\mathrm{d}x} = \frac{b - \sqrt{\delta}}{a}(x, y_2),$$

也存在隐式通解 $C = \varphi_2(x, y)$, 使得在 (x_0, y_0) 有

$$\varphi_{2x} = -\frac{\mathrm{d}y_2}{\mathrm{d}x}, \quad \varphi_{2y} = 1.$$

应用命题 6.1.2, $\varphi_1(x, y)$, $\varphi_2(x, y)$ 是 (6.1.6) 的解, 且在 (x_0, y_0)

$$\begin{vmatrix} \varphi_{1x} & \varphi_{1y} \\ \varphi_{2x} & \varphi_{2y} \end{vmatrix} = \begin{vmatrix} -y_1'(x_0) & 1 \\ -y_2'(x_0) & 1 \end{vmatrix} = y_2'(x_0) - y_1'(x_0)$$

$$= \frac{b - \sqrt{\delta}}{a}(x_0, y_0) - \frac{b + \sqrt{\delta}}{a}(x_0, y_0) = -2\frac{\sqrt{\delta}}{a}(x_0, y_0) \neq 0.$$

做变换

$$\xi = \varphi_1(x, y), \quad \eta = \varphi_2(x, y).$$

从 (6.1.5), 有 $A = C = 0$, $B \neq 0$, 因此 (6.1.4) 化为

$$2BU_{\xi\eta} + DU_\xi + EU_\eta + FU = G,$$

$$U_{\xi\eta} = \Phi(\xi, \eta, U, U_\xi, U_\eta), \quad \text{对某个函数 } \Phi. \tag{6.1.10}$$

下面以例题来体会这个化简的过程.

例题 6.1.1 化简并求解

$$4u_{xx} + 5u_{xy} + u_{yy} + u_x + u_y = 2.$$

解   它的特征方程是

$$4\left(\frac{\mathrm{d}y}{\mathrm{d}x}\right)^2 - 5\frac{\mathrm{d}y}{\mathrm{d}x} + 1 = 0,$$

其判别式 $\delta = \left(\frac{5}{2}\right)^2 - 4 = \frac{9}{4} > 0$. 分解因式, 得

$$\left(\frac{\mathrm{d}y}{\mathrm{d}x} - 1\right)\left(\frac{\mathrm{d}y}{\mathrm{d}x} - \frac{1}{4}\right) = 0.$$

所以

$$\frac{\mathrm{d}y}{\mathrm{d}x} = 1, \quad \frac{\mathrm{d}y}{\mathrm{d}x} = \frac{1}{4}.$$

对应的通解分别为 $y - x = C$ 和 $y - \dfrac{x}{4} = C$.

做变换

$$\xi = y - x, \quad \eta = y - \frac{x}{4},$$

即

$$x = -\frac{4}{3}(\xi - \eta), \quad y = -\frac{1}{3}(\xi - 4\eta).$$

令 $U(\xi, \eta) = u\left(-\frac{4}{3}(\xi - \eta), -\frac{1}{3}(\xi - 4\eta)\right)$, 则 $u(x, y) = U\left(y - x, y - \frac{x}{4}\right)$. 直接求导, 得

$$u_x = -U_\xi - \frac{1}{4}U_\eta, \quad u_y = U_\xi + U_\eta,$$

$$u_{xx} = -\left(-U_{\xi\xi} - \frac{1}{4}U_{\xi\eta}\right) - \frac{1}{4}\left(-U_{\eta\xi} - \frac{1}{4}U_{\eta\eta}\right) = U_{\xi\xi} + \frac{1}{2}U_{\xi\eta} + \frac{1}{16}U_{\eta\eta},$$

$$u_{xy} = -(U_{\xi\xi} + U_{\xi\eta}) - \frac{1}{4}(U_{\eta\xi} + U_{\eta\eta}) = -U_{\xi\xi} - \frac{5}{4}U_{\xi\eta} - \frac{1}{4}U_{\eta\eta},$$

$$u_{yy} = (U_{\xi\xi} + U_{\xi\eta}) + (U_{\eta\xi} + U_{\eta\eta}) = U_{\xi\xi} + 2U_{\xi\eta} + U_{\eta\eta}.$$

代入原方程, 有

$$4\left(U_{\xi\xi} + \frac{1}{2}U_{\xi\eta} + \frac{1}{16}U_{\eta\eta}\right) + 5\left(-U_{\xi\xi} - \frac{5}{4}U_{\xi\eta} - \frac{1}{4}U_{\eta\eta}\right)$$

$$+ U_{\xi\xi} + 2U_{\xi\eta} + U_{\eta\eta} + \left(-U_\xi - \frac{1}{4}U_\eta\right) + U_\xi + U_\eta = 2.$$

化简, 得

$$-\frac{9}{4}U_{\xi\eta} + \frac{3}{4}U_\eta = 2,$$

即

$$U_{\xi\eta} = \frac{1}{3}U_\eta - \frac{8}{9}.$$

将上面的方程变形为

$$\left(U_\eta \mathrm{e}^{-\frac{\xi}{3}}\right)_\xi = -\frac{8}{9}\mathrm{e}^{-\frac{\xi}{3}}.$$

两边关于 ξ 积分, 得

$$U_\eta \mathrm{e}^{-\frac{\xi}{3}} = \frac{8}{3}\mathrm{e}^{-\frac{\xi}{3}} + f(\eta),$$

$$U_\eta = \frac{8}{3} + \mathrm{e}^{\frac{\xi}{3}}f(\eta),$$

其中 f 是任意函数. 两边关于 η 积分, 得

$$U = \frac{8}{3}\eta + \mathrm{e}^{\frac{\xi}{3}}\int f(\eta)\mathrm{d}\eta + g(\xi) = \frac{8}{3}\eta + \mathrm{e}^{\frac{\xi}{3}}h(\eta) + g(\xi).$$

换回原来的变量, 有

$$u = \frac{8}{3}\left(y - \frac{x}{4}\right) + \mathrm{e}^{\frac{y-x}{3}}h\left(y - \frac{x}{4}\right) + g(y-x).$$

这里 h, g 是任意的 C^2 函数.   □

情形 2　在 (x_0, y_0) 附近 $\delta \equiv 0$. (注意: 在 δ 的零点附近未必能进行下面的化简!)

这时, (6.1.8) 是一个方程

$$\frac{\mathrm{d}y}{\mathrm{d}x} = \frac{b}{a}(x, y).$$

它存在隐式通解 $\varphi_1(x, y) = C$, 使得在 (x_0, y_0) 有

$$\varphi_{1x} = -\frac{\mathrm{d}y}{\mathrm{d}x}, \quad \varphi_{2y} = 1.$$

由命题 6.1.2, $\varphi_1(x, y)$ 是 (6.1.6) 的解. 取 $\varphi_2(x, y) = x$, 在 (x_0, y_0)

$$\begin{vmatrix} \varphi_{1x} & \varphi_{1y} \\ \varphi_{2x} & \varphi_{2y} \end{vmatrix} = \begin{vmatrix} -y'(x_0) & 1 \\ 1 & 0 \end{vmatrix} = -1 \neq 0.$$

做变换

$$\xi = \varphi_1(x, y), \quad \eta = \varphi_2(x, y),$$

从 (6.1.5), 有 $A = 0$. 注意到 $\eta_x = 1$, $\eta_y = 0$, 得

$$B = a\varphi_{1x} + b\varphi_{1y} = -ay'(x) + b = 0, \quad C \neq 0.$$

因此, (6.1.4) 化为

$$CU_{\eta\eta} + DU_\xi + EU_\eta + FU = G,$$

$$U_{\eta\eta} = \Psi(\xi, \eta, U, U_\xi, U_\eta), \quad \text{对某个函数 } \Psi. \tag{6.1.11}$$

情形 3　在 (x_0, y_0) 附近 $\delta < 0$.

这时, (6.1.8) 是一对共轭方程

$$\frac{\mathrm{d}y}{\mathrm{d}x} = \frac{b \pm \mathrm{i}\sqrt{-\delta}}{a}(x, y).$$

假设

$$\frac{\mathrm{d}y}{\mathrm{d}x} = \frac{b + \mathrm{i}\sqrt{-\delta}}{a}(x, y)$$

有一个复通解 $\varphi_1(x,y) + \mathrm{i}\varphi_2(x,y) = C$, 其中 C 是复常数, $\varphi_1(x,y)$, $\varphi_2(x,y)$ 是实函数, 且 $\varphi_{1y}^2(x,y) + \varphi_{2y}^2(x,y) \neq 0$. 那么

$$-\frac{\varphi_{1x}(x,y) + \mathrm{i}\varphi_{2x}(x,y)}{\varphi_{1y}(x,y) + \mathrm{i}\varphi_{2y}(x,y)} = \frac{b + \mathrm{i}\sqrt{-\delta}}{a}(x,y),$$

即

$$-a\varphi_{1x} = b\varphi_{1y} - \sqrt{-\delta}\,\varphi_{2y}, \quad -a\varphi_{2x} = b\varphi_{2y} + \sqrt{-\delta}\,\varphi_{1y},$$

其 Jacobi 行列式

$$\begin{vmatrix} \varphi_{1x} & \varphi_{1y} \\ \varphi_{2x} & \varphi_{2y} \end{vmatrix} = -\frac{1}{a}\begin{vmatrix} b\varphi_{1y} - \sqrt{-\delta}\,\varphi_{2y} & \varphi_{1y} \\ b\varphi_{2y} + \sqrt{-\delta}\,\varphi_{1y} & \varphi_{2y} \end{vmatrix} = \frac{\sqrt{-\delta}}{a}(\varphi_{1y}^2 + \varphi_{2y}^2) \neq 0.$$

做实变换

$$\xi = \varphi_1(x,y), \quad \eta = \varphi_2(x,y).$$

由命题 6.1.2, $\varphi_1 + \mathrm{i}\varphi_2 = \xi + \mathrm{i}\eta$ 是 (6.1.6) 的解. 所以

$$a(\xi_x + \mathrm{i}\eta_x)^2 + 2b(\xi_x + \mathrm{i}\eta_x)(\xi_y + \mathrm{i}\eta_y) + c(\xi_y + \mathrm{i}\eta_y)^2 = 0,$$

比较其实部和虚部, 得

$$a\xi_x^2 + 2b\xi_x\xi_y + c\xi_y^2 = a\eta_x^2 + 2b\eta_x\eta_y + c\eta_y^2,$$

$$a\xi_x\eta_x + b(\xi_x\eta_y + \xi_y\eta_x) + c\xi_y\eta_y = 0,$$

从 (6.1.5), 有 $B = 0$, $A = C \neq 0$. 因此, 方程 (6.1.4) 化为

$$A(U_{\xi\xi} + U_{\eta\eta}) + DU_\xi + EU_\eta + FU = G,$$

$$U_{\xi\xi} + U_{\eta\eta} = \Upsilon(\xi, \eta, U, U_\xi, U_\eta), \quad \text{对某个函数 } \Upsilon. \tag{6.1.12}$$

作业 6.1.1 化简下列方程.

(1) $u_{xx} - 2\cos x \cdot u_{xy} - (3 + \sin^2 x)u_{yy} - yu_y = 0$;

(2) $x^2 u_{xx} + 2xy u_{xy} + y^2 u_{yy} = 0$;

(3) $u_{xx} + 2u_{xy} + 3u_{yy} + 5u_x + 2u_y + u = 0$.

作业 6.1.2 求方程

$$3u_{xx} + 10u_{xy} + 3u_{yy} = 0$$

的通解.

6.2　方程的分类

本节在上节方程化简的基础上给出 (6.1.1) 的分类.

性质 6.2.1　设 $\delta = b^2 - ac$, $\Delta = B^2 - AC$, 则 $\Delta = \delta J^2$, 从而当 $J \neq 0$ 时 δ 和 Δ 的符号不变.

证明　由 (6.1.3), δ 和 Δ 的定义, 直接计算有

$$\Delta = [a\xi_x\eta_x + b(\xi_x\eta_y + \xi_y\eta_x) + c\xi_y\eta_y]^2 - (a\xi_x^2 + 2b\xi_x\xi_y + c\xi_y^2)(a\eta_x^2 + 2b\eta_x\eta_y + c\eta_y^2)$$
$$= a^2\xi_x^2\eta_x^2 + b^2(\xi_x\eta_y + \xi_y\eta_x)^2 + c^2\xi_y^2\eta_y^2 + 2ab\xi_x\eta_x(\xi_x\eta_y + \xi_y\eta_x)$$
$$\quad + 2bc\xi_y\eta_y(\xi_x\eta_y + \xi_y\eta_x) + 2ca\xi_y\eta_y\xi_x\eta_x - a^2\xi_x^2\eta_x^2 - 2ab\xi_x^2\eta_x\eta_y - ac\xi_x^2\eta_y^2$$
$$\quad - 2ab\xi_x\xi_y\eta_x^2 - 4b^2\xi_x\xi_y\eta_x\eta_y - 2bc\xi_x\xi_y\eta_y^2 - ac\xi_y^2\eta_x^2 - 2bc\xi_y^2\eta_x\eta_y - c^2\xi_y^2\eta_y^2$$
$$= b^2(\xi_x\eta_y - \xi_y\eta_x)^2 - ac(\xi_x\eta_y - \xi_y\eta_x)^2$$
$$= \delta J^2. \qquad \qquad \square$$

相应于平面二次曲线

$$ax^2 + 2bxy + cy^2 + dx + ey + f = 0$$

的几何形状, 对方程 (6.1.1) 做如下分类.

定义 6.2.2　若 $\delta(x_0, y_0) > 0$ ($= 0$ 或 < 0), 则称方程 (6.1.1) 在点 (x_0, y_0) 是双曲型 (抛物型或椭圆型) 的.

若方程 (6.1.1) 在 Ω 中的每一点都是双曲型 (抛物型或椭圆型) 的, 则称 (6.1.1) 在 Ω 中是双曲型 (抛物型或椭圆型) 的.

定义 6.2.3　称 (6.1.10)—(6.1.12) 分别为双曲型、抛物型和椭圆型方程的标准型.

例题 6.2.1　根据上面的定义有

弦振动方程 $u_{tt} - a^2 u_{xx} = 0$ 是双曲型的 ($\delta = 0^2 - 1 \cdot (-a^2) = a^2 > 0$).

热传导方程 $u_t - a^2 u_{xx} = 0$ 是抛物型的 ($\delta = 0^2 - 0 \cdot (-a^2) = 0$).

调和方程 $u_{xx} + u_{yy} = 0$ 是椭圆型的 ($\delta = 0^2 - 1 \cdot 1 = -1 < 0$).

例题 6.2.2　判断 Tricomi 方程 $y u_{xx} + u_{yy} = 0$ 类型, 并将其化简.

解　方程的系数 $a = y$, $b = 0$, $c = 1$, 从而

$$\delta(x, y) = 0^2 - y \cdot 1 = -y.$$

方程当 $y < 0$ 时是双曲型的, 当 $y = 0$ 时是抛物型的, 当 $y > 0$ 时是椭圆型的.

下面在 $y < 0$ 和 $y > 0$ 两个情形分别化简方程 (在 $y = 0$ 上不能化简!).

1° 当 $y < 0$ 时, 特征方程是

$$\frac{\mathrm{d}y}{\mathrm{d}x} = \frac{0 \pm \sqrt{-y}}{y}, \quad \frac{\mathrm{d}x}{\mathrm{d}y} = \mp\sqrt{-y}.$$

通解为

$$x \pm \frac{2}{3}(-y)^{\frac{3}{2}} = C.$$

做变换

$$\xi = x + \frac{2}{3}(-y)^{\frac{3}{2}}, \quad \eta = x - \frac{2}{3}(-y)^{\frac{3}{2}}.$$

令 $U(\xi, \eta) = u(x, y)$, 则

$$u_x = U_\xi + U_\eta,$$
$$u_y = U_\xi \cdot \frac{2}{3} \cdot \frac{3}{2} \cdot (-y)^{\frac{1}{2}}(-1) + U_\eta \cdot \left(-\frac{2}{3}\right) \cdot \frac{3}{2} \cdot (-y)^{\frac{1}{2}}(-1)$$
$$= -(-y)^{\frac{1}{2}}(U_\xi - U_\eta),$$
$$u_{xx} = (U_\xi + U_\eta)_\xi + (U_\xi + U_\eta)_\eta$$
$$= U_{\xi\xi} + 2U_{\xi\eta} + U_{\eta\eta},$$
$$u_{yy} = -(-y)^{\frac{1}{2}}\left[(U_\xi - U_\eta)_\xi(-(-y)^{\frac{1}{2}}) + (U_\xi - U_\eta)_\eta(-y)^{\frac{1}{2}}\right] + \frac{1}{2}(-y)^{-\frac{1}{2}}(U_\xi - U_\eta)$$
$$= -y(U_{\xi\xi} - 2U_{\xi\eta} + U_{\eta\eta}) + \frac{1}{2}(-y)^{-\frac{1}{2}}(U_\xi - U_\eta).$$

代入原方程, 化为

$$4yU_{\xi\eta} + \frac{1}{2}(-y)^{-\frac{1}{2}}(U_\xi - U_\eta) = 0.$$

注意到 $\xi - \eta = \frac{4}{3}(-y)^{\frac{3}{2}}$, 有

$$U_{\xi\eta} = \frac{U_\xi - U_\eta}{6(\xi - \eta)}.$$

2° 当 $y > 0$ 时, 一个特征方程是

$$\frac{\mathrm{d}y}{\mathrm{d}x} = \frac{0 + \mathrm{i}\sqrt{y}}{y} = \frac{\mathrm{i}}{\sqrt{y}}.$$

复通解是

$$x + \mathrm{i} \cdot \frac{2}{3}y^{\frac{3}{2}} = C.$$

做变换

$$\xi = x, \quad \eta = \frac{2}{3}y^{\frac{3}{2}}.$$

方程化为

$$U_{\xi\xi} + U_{\eta\eta} = -\frac{U_\eta}{3\eta}.$$ □

作业 6.2.1　判断下列方程的类型, 并将它们化成标准型.

(1) $u_{xx} + xyu_{yy} = 0$;

(2) $y^2 u_{xx} - e^{2x}u_{yy} + u_x = 0$.

6.3　定解问题的简化

本节以一个空间变量的热传导方程初边值问题为例, 介绍将二阶线性偏微分方程定解问题化简的方法. 这里既包括将复杂问题分解为若干个简单问题的叠加原理, 也包括齐次化边界条件和方程的方法.

考虑初边值问题

$$\begin{cases} u_t - a^2 u_{xx} = f(x,t), & 0 < x < l,\ t > 0, \\ u(x,0) = \varphi(x), & 0 \leqslant x \leqslant l, \\ u(0,t) = \mu_0(t), \quad u(l,t) = \mu_1(t), & t \geqslant 0, \end{cases} \tag{6.3.1}$$

其中 l 是正常数, 而 f,φ,μ_0,μ_1 都是已知函数 (图 6.1). 它描述了一根长为 l 的均匀细杆上的热传导问题.

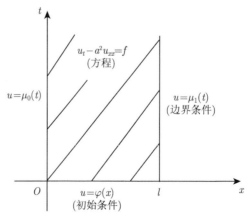

图 6.1　初边值问题 (6.3.1) 的区域

第一步　齐次化边界条件 (将 (6.3.1) 中的 $\mu_0(t)$ 和 $\mu_1(t)$ 化为零).

一个最朴素和最简单的想法就是取定函数 $v(x,t)$, 使得 $v(0,t) = \mu_0(t)$, $v(l,t)$

$= \mu_1(t)$. 设 $\overline{u}(x,t) = u(x,t) - v(x,t)$, 则

$$\begin{cases} \overline{u}_t - a^2 \overline{u}_{xx} = f(x,t) - v_t + a^2 v_{xx} := \overline{f}(x,t), & 0 < x < l, \ t > 0, \\ \overline{u}(x,0) = \varphi(x) - v(x,0) := \overline{\varphi}(x), & 0 \leqslant x \leqslant l, \\ \overline{u}(0,t) = \overline{u}(l,t) = 0, & t \geqslant 0. \end{cases} \quad (6.3.2)$$

于是, 问题 (6.3.1) 中的边界条件被变成了零边值.

取 v 为 x 的线性函数 (图 6.2)

$$v(x,t) = \left(1 - \frac{x}{l}\right) \mu_0(t) + \frac{x}{l} \mu_1(t).$$

显然它可以将边界条件齐次化, 但同时也很可能将方程右边复杂化 (如将 $f \equiv 0$ 变成 $\overline{f} \not\equiv 0$). 最好能取到函数 $v(x,t)$, 使得它不仅满足边界条件, 而且也满足方程

$$v_t - a^2 v_{xx} = f(x,t).$$

这样, 由 $\overline{f}(x,t)$ 的表达式, 在将 $\mu_0(t)$ 和 $\mu_1(t)$ 化为零的同时, 也将 $f(x,t)$ 化为零.

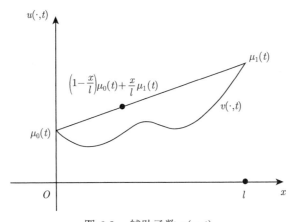

图 6.2 辅助函数 $v(x,t)$

当然, 如果能取到函数 v, 它既满足边界条件, 也满足方程, 还满足初始条件, 那么 v 就是初边值问题 (6.3.1) 的解.

第二步 分解成更简单的问题 (将 (6.3.2) 中的 $\overline{f}(x,t)$ 或 $\overline{\varphi}(x)$ 化为零).

现将问题 (6.3.2) 的解分解为两部分

$$\overline{u} = \overline{u}_1 + \overline{u}_2,$$

其中 $\overline{u}_1$ 满足齐次方程的初边值问题

$$\begin{cases} \overline{u}_{1t} - a^2\overline{u}_{1xx} = 0, & 0 < x < l,\ t > 0, \\ \overline{u}_1(x,0) = \overline{\varphi}(x), & 0 \leqslant x \leqslant l, \\ \overline{u}_1(0,t) = \overline{u}_1(l,t) = 0, & t \geqslant 0, \end{cases} \tag{6.3.3}$$

$\overline{u}_2$ 满足具有齐次初始条件的初边值问题

$$\begin{cases} \overline{u}_{2t} - a^2\overline{u}_{2xx} = \overline{f}(x,t), & 0 < x < l,\ t > 0, \\ \overline{u}_2(x,0) = 0, & 0 \leqslant x \leqslant l, \\ \overline{u}_2(0,t) = \overline{u}_2(l,t) = 0, & t \geqslant 0. \end{cases} \tag{6.3.4}$$

这就叫做线性叠加原理. 对于任何的线性问题, 类似的线性叠加原理都成立.

第三步　齐次化方程 (将 (6.3.4) 中的 $\overline{f}$ 化为零).

定理 6.3.1 (齐次化原理或 Duhamel 原理)　设 $\tau > 0$, $w(x,t;\tau)$ 满足初边值问题

$$\begin{cases} w_t - a^2 w_{xx} = 0, & 0 < x < l,\ t > \tau, \\ w(x,\tau;\tau) = \overline{f}(x,\tau), & 0 \leqslant x \leqslant l, \\ w(0,t;\tau) = w(l,t;\tau) = 0, & t \geqslant \tau, \end{cases} \tag{6.3.5}$$

则

$$\overline{u}_2(x,t) = \int_0^t w(x,t;\tau)\,\mathrm{d}\tau$$

是问题 (6.3.4) 的解.

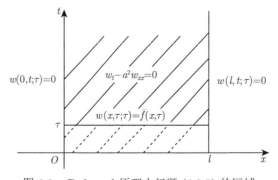

图 6.3　Duhamel 原理中问题 (6.3.5) 的区域

证明 由含参量积分的求导公式, 有

$$\overline{u}_{2t} - a^2\overline{u}_{2xx} = w(x,t;t) + \int_0^t w_t(x,t;\tau)\,\mathrm{d}\tau - a^2\int_0^t w_{xx}(x,t;\tau)\,\mathrm{d}\tau$$

$$= \overline{f}(x,t), \quad 0 < x < l,\ t > 0,$$

并且满足初始条件

$$\overline{u}_2(x,0) = 0, \quad 0 \leqslant x \leqslant l$$

和边界条件

$$\overline{u}_2(0,t) = \int_0^t w(0,t;\tau)\,\mathrm{d}\tau = 0, \quad \overline{u}_2(l,t) = \int_0^t w(l,t;\tau)\,\mathrm{d}\tau = 0, \quad t \geqslant 0.$$

定理得证. □

在非齐次线性方程情形, 对齐次边界条件的初边值问题或 Cauchy 问题, 类似的齐次化原理一般也是成立的. 特别需要注意的是, 不同的问题对应着不同的齐次化原理.

这样, 求解 (6.3.4) 的问题就转化为求解 (6.3.5), 而 (6.3.5) 和 (6.3.3) 是同一个类型的问题 (即: 带有零边值的齐次方程的初边值问题). 因此, 经过齐次化边界条件、分解问题和齐次化方程这三步, 为了求解 (6.3.1), 只需求解 (6.3.3). 它是求解热传导方程的 "核心" 问题 (图 6.4).

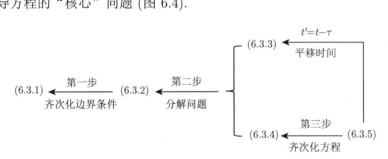

图 6.4 问题的简化

作业 6.3.1 对于非齐次二阶线性常微分方程的 Cauchy 问题

$$\begin{cases} \dfrac{\mathrm{d}^2 y}{\mathrm{d}t^2} + p(t)\dfrac{\mathrm{d}y}{\mathrm{d}t} + q(t)y = f(t), \\ y(0) = \dfrac{\mathrm{d}y}{\mathrm{d}t}(0) = 0, \end{cases} \tag{6.3.6}$$

证明它的齐次化原理:

$$y(t) = \int_0^t x(t,\tau)\,\mathrm{d}\tau,$$

其中

$$
\begin{cases}
\dfrac{\mathrm{d}^2 x}{\mathrm{d}t^2} + p(t)\dfrac{\mathrm{d}x}{\mathrm{d}t} + q(t)x = 0, \\[2mm]
x(\tau,\tau) = 0, \\[2mm]
\dfrac{\mathrm{d}x}{\mathrm{d}t}(\tau,\tau) = f(\tau).
\end{cases}
$$

作业 6.3.2   叙述并证明非齐次一阶线性偏微分方程 Cauchy 问题

$$
\begin{cases}
u_t + u_x = f(x,t), & -\infty < x < +\infty,\ t > 0, \\
u(x,0) = 0, & -\infty < x < +\infty
\end{cases}
$$

的齐次化原理.

6.4   拓展习题与课外阅读

6.4.1   拓展习题

习题 6.4.1   设 $u(x,y)$ 是二阶拟线性方程

$$
a(u_x, u_y)u_{xx} + 2b(u_x, u_y)u_{xy} + c(u_x, u_y)u_{yy} = 0
$$

的解. 引入 Legendre 变换

$$
\xi = u_x(x,y), \quad \eta = u_y(x,y),
$$

$$
\varphi = xu_x(x,y) + yu_y(x,y) - u(x,y).
$$

证明: φ 作为 (ξ,η) 的函数有

(1) $x = \varphi_\xi, \quad y = \varphi_\eta$;

(2) $a(\xi,\eta)\varphi_{\eta\eta} - 2b(\xi,\eta)\varphi_{\xi\eta} + c(\xi,\eta)\varphi_{\xi\xi} = 0$.

习题 6.4.2   设 u 是热传导方程 $u_t - a^2 u_{xx} = 0$ 的解. 如果 u 只是复合变量 $\xi = \dfrac{x}{\sqrt{t}}$ 的函数, 即 $u(x,t) = \tilde{u}(\xi)$, 试写出 $\tilde{u}(\xi)$ 所满足的微分方程, 并由此求解热传导问题

$$
\begin{cases}
u_t - a^2 u_{xx} = 0, & 0 < x < +\infty,\ t > 0, \\
u(0,t) = 0, & t \geqslant 0, \\
u(x,0) = u_0, & 0 \leqslant x \leqslant +\infty.
\end{cases}
$$

其中 u_0 是一个常数.

习题 6.4.3   求解

$$\begin{cases} xu_{xx} - x^3 u_{yy} - u_x = 0, & x \neq 0, \\ u(x,y) = f(y), & (x,y) \in C_1: y + \dfrac{x^2}{2} = 0, \\ u(x,y) = g(y), & (x,y) \in C_2: y - \dfrac{x^2}{2} = 0, \end{cases}$$

其中 $f(y), g(y)$ 是已知函数, 且 $f(0) = g(0)$.

习题 6.4.4 求出所有这样的 α, 对它存在线性变换 $(x,y) \mapsto (t,r)$, 使得方程 $u_{xx} + 4u_{xy} - \alpha u_{yy} = 0$ 分别变为弦振动方程 $u_{tt} = u_{rr}$ 和热传导方程 $u_t = u_{rr}$.

习题 6.4.5 叙述并证明热传导方程 Cauchy 问题

$$\begin{cases} u_t - \Delta u = f(\boldsymbol{x}, t), & \boldsymbol{x} \in \mathbb{R}^n, \ t > 0, \\ u(\boldsymbol{x}, 0) = 0, & \boldsymbol{x} \in \mathbb{R}^n \end{cases}$$

的齐次化原理.

习题 6.4.6 将 Burgers 方程 Cauchy 问题

$$\begin{cases} u_t - a^2 u_{xx} + uu_x = 0, & x \in \mathbb{R}^1, t > 0, \\ u(x,0) = \varphi(x), x \in \mathbb{R}^1 \end{cases}$$

化为热传导方程的 Cauchy 问题.

6.4.2 课外阅读

在本章中, 我们给出了两个自变量的二阶线性方程的化简与分类, 没有涉及 n 个自变量的情形及其特征理论. 有兴趣的读者可按照标注分别参考下列文献:

[1] (n 元方程) 保继光, 朱汝金. 偏微分方程: 第二章. 北京: 北京师范大学出版社, 2011.

[2] (n 元方程) 郇中丹, 黄海洋. 偏微分方程: 第二章. 2 版. 北京: 高等教育出版社, 2013.

[3] (n 元方程和特征理论) 姜礼尚, 陈亚浙, 刘西垣, 等. 数学物理方程讲义: 第五章. 3 版. 北京: 高等教育出版社, 2007.

[4] (n 元方程和特征理论) 谷超豪, 李大潜, 陈恕行, 等. 数学物理方程: 第二章. 3 版. 北京: 高等教育出版社, 2012.

第6章作业答案

第7章

积分变换法

积分变换无论在数学理论或其应用中都是一种非常有用的工具. 以一个变量 x 的函数 $f(x)$ 为例, 它经过一个积分变换 T 得到 $Tf(y)$:

$$Tf(y) = \int_{x_1}^{x_2} K(x,y)\, f(x)\, \mathrm{d}x,$$

其中 K 是一个确定的二元函数, 称为此积分变换的核函数. 当选取不同的积分区间和变换核时, 就得到不同名称的积分变换. $f(x)$ 称为原象函数, $Tf(y)$ 称为 $f(x)$ 的象函数. 在一定条件下, 积分变换是可逆的.

积分变换常常将一个方程变成另一个更易于操作和求解的方程. 求解新的方程, 再使用积分变换的逆变换将解映射回原方程的解, 见图 7.1. 常见的有 Fourier 变换、Laplace 变换、Mellin 变换和 Hankel 变换等. 本章介绍 Fourier 变换和 Laplace 变换, 并应用到求解偏微分方程的定解问题, 从而将问题简化为常微分方程的初值问题.

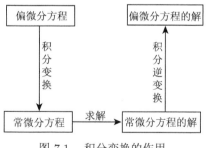

图 7.1　积分变换的作用

7.1　Fourier 变换及其应用

7.1.1　Fourier 变换

Fourier 变换是一种线性积分变换, 用于信号在时域 (或空域) 和频域之间的变换, 在物理学和工程学中有许多应用. 与 Fourier 变换有很强的关联性的 Radon 变换可用于计算机断层扫描 (CAT)、条形码扫描仪、大分子装配体 (如病毒和蛋白质复合物) 的电子显微镜等. 因其基本思想在 1807 年首先由法国学者 J. Fourier 系统地提出, 所以以其名字来命名以示纪念 (见图 7.2). Fourier 变换其实是 Fourier 级数的推广, 由它表示的函数的周期趋近于无穷.

图 7.2   Fourier 和他的《热的解析理论》

Fourier 变换的理论基础是下面的 Fourier 积分定理.

定理 7.1.1 (Fourier 积分定理)   若 $f \in C^1(-\infty, +\infty)$ 在 $(-\infty, +\infty)$ 上绝对可积, 则

$$f(x) = \frac{1}{\pi} \int_0^{+\infty} \mathrm{d}\mu \int_{-\infty}^{+\infty} f(y) \cos \mu (x - y) \, \mathrm{d}y, \quad x \in (-\infty, +\infty).$$

证明   设 $a > 0$,

$$g(y) = \begin{cases} \dfrac{f(x+y) - f(x)}{y}, & y \neq 0, \\ f'(x), & y = 0. \end{cases}$$

显然 $g \in C^0[-a, a]$. 应用 Riemann 引理, 有

$$\lim_{m \to \infty} \int_{-a}^{a} \frac{f(x+y) - f(x)}{y} \sin my \, \mathrm{d}y = 0.$$

所以

$$\begin{aligned}
\lim_{m \to \infty} \int_{-a}^{a} f(x+y) \frac{\sin my}{y} \, \mathrm{d}y &= \lim_{m \to \infty} \int_{-a}^{a} f(x) \frac{\sin my}{y} \, \mathrm{d}y \\
&= f(x) \lim_{m \to \infty} \int_{-ma}^{ma} \frac{\sin z}{z} \, \mathrm{d}z \\
&= f(x) \int_{-\infty}^{\infty} \frac{\sin z}{z} \, \mathrm{d}z \\
&= \pi f(x).
\end{aligned}$$

交换积分顺序, 得

$$\pi f(x) = \lim_{m \to \infty} \int_{-a}^{a} f(x+y) \frac{\sin my}{y} \, \mathrm{d}y$$

$$= \lim_{m \to \infty} \int_{-a}^{a} \mathrm{d}y \int_{0}^{m} f(x+y) \cos \mu y \, \mathrm{d}\mu$$

$$= \lim_{m \to \infty} \int_{0}^{m} \mathrm{d}\mu \int_{-a}^{a} f(x+y) \cos \mu y \, \mathrm{d}y$$

$$= \int_{0}^{\infty} \mathrm{d}\mu \int_{-a}^{a} f(x+y) \cos \mu y \, \mathrm{d}y.$$

于是

$$\int_{0}^{m} \mathrm{d}\mu \int_{-\infty}^{+\infty} f(x+y) \cos \mu y \, \mathrm{d}y - \int_{0}^{m} \mathrm{d}\mu \int_{-a}^{a} f(x+y) \cos \mu y \, \mathrm{d}y$$

$$= \int_{0}^{m} \mathrm{d}\mu \int_{|y| \geqslant a} f(x+y) \cos \mu y \, \mathrm{d}y$$

$$= \int_{|y| \geqslant a} \mathrm{d}y \int_{0}^{m} f(x+y) \cos \mu y \, \mathrm{d}\mu$$

$$= \int_{|y| \geqslant a} f(x+y) \frac{\sin my}{y} \, \mathrm{d}y$$

$$\leqslant \frac{1}{a} \int_{|y| \geqslant a} |f(x+y)| \, \mathrm{d}y$$

$$\leqslant \frac{1}{a} \int_{-\infty}^{+\infty} |f(y)| \, \mathrm{d}y.$$

令 $m \to \infty$, 可得

$$\left| \int_{0}^{+\infty} \mathrm{d}\mu \int_{-\infty}^{+\infty} f(x+y) \cos \mu y \, \mathrm{d}y - \pi f(x) \right| \leqslant \frac{1}{a} \int_{-\infty}^{+\infty} |f(y)| \, \mathrm{d}y.$$

再令 $a \to \infty$, 就得到

$$f(x) = \frac{1}{\pi} \int_{0}^{+\infty} \mathrm{d}\mu \int_{-\infty}^{+\infty} f(x+y) \cos \mu y \, \mathrm{d}y$$

$$= \frac{1}{\pi} \int_{0}^{+\infty} \mathrm{d}\mu \int_{-\infty}^{+\infty} f(y) \cos \mu (x-y) \, \mathrm{d}y.$$

定理证毕.   □

推论 7.1.2 (Fourier 积分定理的复形式)   设 $f \in C^1(-\infty, +\infty)$ 在 $(-\infty, +\infty)$ 上绝对可积, 则

$$f(x) = \frac{1}{2\pi} \int_{-\infty}^{+\infty} \mathrm{e}^{\mathrm{i}\mu x} \mathrm{d}\mu \int_{-\infty}^{+\infty} f(y) \mathrm{e}^{-\mathrm{i}\mu y} \, \mathrm{d}y.$$

证明   由 Euler 公式, 有

$$
\begin{aligned}
f(x) &= \frac{1}{2\pi} \int_0^{+\infty} \mathrm{d}\mu \int_{-\infty}^{+\infty} f(y) \left(\mathrm{e}^{\mathrm{i}\mu(x-y)} + \mathrm{e}^{-\mathrm{i}\mu(x-y)} \right) \mathrm{d}y \\
&= \frac{1}{2\pi} \int_{-\infty}^{+\infty} \mathrm{d}\mu \int_{-\infty}^{+\infty} f(y) \mathrm{e}^{\mathrm{i}\mu(x-y)} \mathrm{d}y \\
&= \frac{1}{2\pi} \int_{-\infty}^{+\infty} \mathrm{e}^{\mathrm{i}\mu x} \mathrm{d}\mu \int_{-\infty}^{+\infty} f(y) \mathrm{e}^{-\mathrm{i}\mu y} \mathrm{d}y.
\end{aligned}
$$
□

基于 Fourier 积分定理, 可自然地引入 Fourier 变换.

定义 7.1.3   设 f, g 在 $(-\infty, +\infty)$ 上绝对可积, 则称

$$
\mathcal{F}[f](y) = \int_{-\infty}^{+\infty} f(x) \mathrm{e}^{-\mathrm{i}xy} \mathrm{d}x
$$

为 $f(x)$ 的 Fourier 变换, 而称

$$
\mathcal{F}^{-1}[g](x) = \frac{1}{2\pi} \int_{-\infty}^{+\infty} g(y) \mathrm{e}^{\mathrm{i}xy} \mathrm{d}y
$$

为 $g(y)$ 的 Fourier 逆变换.

为了说明 Fourier 逆变换的合理性, 我们需要证明下面的命题.

性质 7.1.4 (合理性)   设 $f \in C^1(-\infty, +\infty)$ 在 $(-\infty, +\infty)$ 上绝对可积, 则

$$
\mathcal{F}^{-1}\mathcal{F}[f] = f, \quad \mathcal{F}\mathcal{F}^{-1}[f] = f.
$$

证明   由 Fourier 积分定理 (推论 7.1.2), 第一个式子是显然的. 对第二个式子, 有

$$
\begin{aligned}
\mathcal{F}\mathcal{F}^{-1}[f](y) &= \int_{-\infty}^{+\infty} \left(\frac{1}{2\pi} \int_{-\infty}^{+\infty} f(z) \mathrm{e}^{\mathrm{i}xz} \mathrm{d}z \right) \mathrm{e}^{-\mathrm{i}xy} \mathrm{d}x \\
&= \frac{1}{2\pi} \int_{-\infty}^{+\infty} \mathrm{e}^{-\mathrm{i}xy} \mathrm{d}x \int_{-\infty}^{+\infty} f(z) \mathrm{e}^{\mathrm{i}xz} \mathrm{d}z \\
&= \frac{1}{2\pi} \int_{-\infty}^{+\infty} \mathrm{e}^{\mathrm{i}x(-y)} \mathrm{d}x \int_{-\infty}^{+\infty} f(-z) \mathrm{e}^{-\mathrm{i}xz} \mathrm{d}z \\
&= f(-(-y)) \\
&= f(y).
\end{aligned}
$$

这里对 $f(-\cdot)$ 在 $-y$ 处使用了推论 7.1.2.   □

由积分的线性性质, 易得 Fourier 变换是线性的.

性质 7.1.5 (线性性质)　设 $a, b \in (-\infty, +\infty)$, f, g 在 $(-\infty, +\infty)$ 上绝对可积, 则

$$\mathcal{F}[af + bg] = a\mathcal{F}[f] + b\mathcal{F}[g].$$

Fourier 变换的生命力在于下面的性质.

性质 7.1.6 (导数性质)　设 $f \in C^1(-\infty, +\infty)$, f, f' 在 $(-\infty, +\infty)$ 上绝对可积, 且 $f(\infty) = 0$, 则

$$\mathcal{F}[f'](y) = \mathrm{i}y \cdot \mathcal{F}[f](y).$$

一般地, 在某些条件下

$$\mathcal{F}[f^{(k)}](y) = (\mathrm{i}y)^k \, \mathcal{F}[f](y), \quad k = 1,\ 2, \cdots.$$

证明　由定义, 知

$$\begin{aligned}
\mathcal{F}[f'](y) &= \int_{-\infty}^{+\infty} f'(x)\mathrm{e}^{-\mathrm{i}xy}\,\mathrm{d}x \\
&= f(x)\mathrm{e}^{-\mathrm{i}xy}\Big|_{x=-\infty}^{+\infty} - \int_{-\infty}^{+\infty} f(x)\,(-\mathrm{i}y)\,\mathrm{e}^{-\mathrm{i}xy}\,\mathrm{d}x \\
&= \mathrm{i}y\,\mathcal{F}[f](y).
\end{aligned}$$

将此性质应用于高阶导数, 则有

$$\mathcal{F}[f^{(k)}](y) = (\mathrm{i}y)^k \, \mathcal{F}[f](y), \quad k = 1,\ 2, \cdots.$$

这里需要假设 $f \in C^k(-\infty, +\infty)$, f, $f', \cdots,\ f^{(k)}$ 在 $(-\infty, +\infty)$ 上绝对可积. $\square$

Fourier 变换的这个性质将函数的微分运算转化为乘积运算. 因此, 通过 Fourier 变换可以把常微分方程化为函数方程, 把二元偏微分方程化为常微分方程.

当求出解的 Fourier 变换之后, 还需要通过 Fourier 逆变换求出解本身. 这时经常用到下面的卷积概念及相应的 Fourier 变换性质.

定义 7.1.7 (卷积)　设 f, g 在 $(-\infty, +\infty)$ 上绝对可积. 若对任意的 $x \in (-\infty, +\infty)$,

$$(f * g)(x) = \int_{-\infty}^{+\infty} f(x - z)g(z)\,\mathrm{d}z$$

都存在, 则称 $f * g$ 为 f 与 g 的卷积.

性质 7.1.8 (卷积性质)　设 f, g 在 $(-\infty, +\infty)$ 上绝对可积, 则

$$\mathcal{F}[f * g] = \mathcal{F}[f] \cdot \mathcal{F}[g].$$

证明 由定义,

$$\mathcal{F}[f * g](y) = \int_{-\infty}^{+\infty} \left(\int_{-\infty}^{+\infty} f(x - z) g(z) \, \mathrm{d}z \right) \mathrm{e}^{-\mathrm{i}xy} \, \mathrm{d}x$$

$$= \int_{-\infty}^{+\infty} \int_{-\infty}^{+\infty} f(x - z) \mathrm{e}^{-\mathrm{i}y(x-z)} g(z) \mathrm{e}^{-\mathrm{i}yz} \, \mathrm{d}z \, \mathrm{d}x.$$

应用 Fubini 定理, 可以交换积分顺序, 有

$$\mathcal{F}[f * g](y) = \int_{-\infty}^{+\infty} \int_{-\infty}^{+\infty} f(x - z) \mathrm{e}^{-\mathrm{i}y(x-z)} g(z) \mathrm{e}^{-\mathrm{i}yz} \, \mathrm{d}x \, \mathrm{d}z$$

$$= \int_{-\infty}^{+\infty} f(x) \mathrm{e}^{-\mathrm{i}yx} \, \mathrm{d}x \cdot \int_{-\infty}^{+\infty} g(z) \mathrm{e}^{-\mathrm{i}yz} \, \mathrm{d}z$$

$$= \mathcal{F}[f](y) \cdot \mathcal{F}[g](y).$$

性质得证. □

另外, Fourier 变换还有滞后性质和相似性质:

$$\mathcal{F}[f(x - c)](y) = \mathrm{e}^{\mathrm{i}cy} \cdot \mathcal{F}[f](y),$$

$$\mathcal{F}[f(cx)](y) = \frac{1}{|c|} \cdot \mathcal{F}[f]\left(\frac{y}{c}\right),$$

其中 c 是非零常数.

在应用 Fourier 变换时, 常常会遇到下面的积分计算.

$$\left(\int_{-\infty}^{+\infty} \mathrm{e}^{-x^2} \, \mathrm{d}x \right)^2 = \int_{-\infty}^{+\infty} \mathrm{e}^{-x^2} \, \mathrm{d}x \cdot \int_{-\infty}^{+\infty} \mathrm{e}^{-y^2} \, \mathrm{d}y$$

$$= \int_{-\infty}^{+\infty} \int_{-\infty}^{+\infty} \mathrm{e}^{-(x^2+y^2)} \, \mathrm{d}x\mathrm{d}y$$

$$= \int_{0}^{2\pi} \mathrm{d}\theta \int_{0}^{+\infty} r\mathrm{e}^{-r^2} \, \mathrm{d}r$$

$$= 2\pi \cdot \left(-\frac{1}{2}\mathrm{e}^{-r^2} \right) \Big|_{r=0}^{+\infty}$$

$$= \pi.$$

所以, 我们有

$$\int_{-\infty}^{+\infty} \mathrm{e}^{-x^2} \, \mathrm{d}x = \sqrt{\pi}.$$

应用 Cauchy 积分定理和上面这个结果,

$$\int_{-\infty}^{+\infty} \mathrm{e}^{-\mathrm{i}x^2} \, \mathrm{d}x = \sqrt{-\mathrm{i}} \int_{-\infty}^{+\infty} \mathrm{e}^{-y^2} \, \mathrm{d}y = \mathrm{e}^{-\frac{\mathrm{i}\pi}{4}} \sqrt{\pi}.$$

从而

$$\int_{-\infty}^{+\infty} \cos x^2 \, \mathrm{d}x = \int_{-\infty}^{+\infty} \sin x^2 \, \mathrm{d}x = \sqrt{\frac{\pi}{2}}.$$

例题 7.1.1　求 $\mathcal{F}^{-1}[\mathrm{e}^{-b^2 y^2}]$, $b > 0$.

解　由定义,

$$\mathcal{F}^{-1}[\mathrm{e}^{-b^2 y^2}](x) = \frac{1}{2\pi} \int_{-\infty}^{+\infty} \mathrm{e}^{-b^2 y^2} \mathrm{e}^{\mathrm{i}xy} \, \mathrm{d}y = \frac{1}{2\pi} \int_{-\infty}^{+\infty} \mathrm{e}^{-b^2 y^2} \cos xy \, \mathrm{d}y := I(x).$$

这是一个含参量的广义积分. 对参量 x 求导, 并分部积分, 得

$$
\begin{aligned}
I'(x) &= \frac{1}{2\pi} \int_{-\infty}^{+\infty} \mathrm{e}^{-b^2 y^2} \sin xy \cdot (-y) \, \mathrm{d}y \\
&= \frac{1}{4\pi b^2} \int_{-\infty}^{+\infty} \sin xy \, \mathrm{d}\mathrm{e}^{-b^2 y^2} \\
&= \frac{1}{4\pi b^2} \left(\mathrm{e}^{-b^2 y^2} \sin xy \, \Big|_{y=-\infty}^{+\infty} - \int_{-\infty}^{+\infty} \mathrm{e}^{-b^2 y^2} \cos xy \cdot x \, \mathrm{d}y \right) \\
&= -\frac{x}{2b^2} I(x).
\end{aligned}
$$

通过求解关于 $I(x)$ 的一阶线性常微分方程, 可知

$$I(x) = I(0) \mathrm{e}^{-\frac{x^2}{4b^2}},$$

其中

$$I(0) = \frac{1}{2\pi} \int_{-\infty}^{+\infty} \mathrm{e}^{-b^2 y^2} \, \mathrm{d}y = \frac{1}{2\pi b} \int_{-\infty}^{+\infty} \mathrm{e}^{-y^2} \, \mathrm{d}y = \frac{1}{2b\sqrt{\pi}}.$$

因此

$$\mathcal{F}^{-1}[\mathrm{e}^{-b^2 y^2}](x) = \frac{\mathrm{e}^{-\frac{x^2}{4b^2}}}{2b\sqrt{\pi}}. \qquad \qquad \square$$

作业 7.1.1　求函数 $f(x) = \cos ax^2$ 的 Fourier 变换, 其中 a 是非零常数. 并比较 Fourier 变换前后的图像.

作业 7.1.2　求函数 $g(y) = \mathrm{e}^{-b|y|}$ 的 Fourier 逆变换, 其中 b 是正常数.

7.1.2　Fourier 变换在求解微分方程上的应用

由于 Fourier 变换是关于全实轴上函数的线性变换, 所以常常用来求解线性的定解问题, 并且变换相应的变量一定是定义在全实轴上的. 导数性质和卷积性质分别用在 Fourier 变换和 Fourier 逆变换的过程中.

例题 7.1.2 求解常微分方程

$$y'' - y' - xy = 0, \quad -\infty < x < +\infty.$$

解 记 $y(x)$ 的 Fourier 变换为 $\mathcal{F}[y](\xi)$. 关于方程两边做 Fourier 变换, 由线性性质

$$\mathcal{F}[y''](\xi) - \mathcal{F}[y'](\xi) - \mathcal{F}[xy](\xi) = 0.$$

由导数性质

$$\mathcal{F}[y''](\xi) = (\mathrm{i}\xi)^2 \mathcal{F}[y](\xi), \quad \mathcal{F}[y'](\xi) = \mathrm{i}\xi \mathcal{F}[y](\xi).$$

由定义

$$\mathcal{F}[xy](\xi) = \int_{-\infty}^{+\infty} x \cdot y(x)\mathrm{e}^{-\mathrm{i}x\xi}\,\mathrm{d}x = \mathrm{i}\frac{\mathrm{d}}{\mathrm{d}\xi}\int_{-\infty}^{+\infty} y(x)\mathrm{e}^{-\mathrm{i}x\xi}\,\mathrm{d}x = \mathrm{i}\frac{\mathrm{d}}{\mathrm{d}\xi}\mathcal{F}[y](\xi).$$

将上面三项代入方程, 得到

$$(\mathrm{i}\xi)^2 \mathcal{F}[y](\xi) - (\mathrm{i}\xi)\mathcal{F}[y](\xi) - \mathrm{i}\frac{\mathrm{d}}{\mathrm{d}\xi}\mathcal{F}[y](\xi) = 0,$$

即

$$\frac{\mathrm{d}}{\mathrm{d}\xi}\mathcal{F}[y](\xi) - (-\xi + \mathrm{i}\xi^2)\mathcal{F}[y](\xi) = 0.$$

这是一个自变量为 ξ, 未知函数为 $\mathcal{F}[y]$ 的一阶线性常微分方程. 它的解是

$$\mathcal{F}[y](\xi) = c\mathrm{e}^{-\frac{\xi^2}{2}+\mathrm{i}\frac{\xi^3}{3}},$$

其中 c 是任意的复常数. 所以, 两边求 Fourier 逆变换, 有

$$y(x) = \frac{1}{2\pi}\int_{-\infty}^{+\infty} c\mathrm{e}^{-\frac{\xi^2}{2}+\mathrm{i}\frac{\xi^3}{3}} \cdot \mathrm{e}^{\mathrm{i}x\xi}\,\mathrm{d}\xi = \frac{c}{2\pi}\int_{-\infty}^{+\infty} \mathrm{e}^{-\frac{\xi^2}{2}+\mathrm{i}\left(\frac{\xi^3}{3}+x\xi\right)}\,\mathrm{d}\xi.$$

这说明其实部和虚部均是原实方程的解, 且线性无关, 所以原方程的通解是

$$y(x) = c_1\int_{-\infty}^{+\infty} \mathrm{e}^{-\frac{\xi^2}{2}}\cos\left(\frac{\xi^3}{3}+x\xi\right)\mathrm{d}\xi + c_2\int_{-\infty}^{+\infty} \mathrm{e}^{-\frac{\xi^2}{2}}\sin\left(\frac{\xi^3}{3}+x\xi\right)\mathrm{d}\xi,$$

其中 c_1, c_2 是任意常数. □

现在利用 Fourier 变换求解热传导方程的 Cauchy 问题

$$\begin{cases} u_t - a^2 u_{xx} = 0, & -\infty < x < +\infty, \quad t > 0, \\ u(x,0) = \varphi(x), & -\infty < x < +\infty. \end{cases} \tag{7.1.1}$$

记 $u(x,t)$ 关于 x 的 Fourier 变换为

$$\mathcal{F}[u](y,t) = \int_{-\infty}^{+\infty} u(x,t)\,\mathrm{e}^{-\mathrm{i}xy}\,\mathrm{d}x.$$

下面依次计算 Cauchy 问题中各项的 Fourier 变换.

由含参量积分的求导, 有

$$\mathcal{F}[u_t](y,t) = \int_{-\infty}^{+\infty} u_t(x,t)\,\mathrm{e}^{-\mathrm{i}xy}\,\mathrm{d}x = \frac{\mathrm{d}}{\mathrm{d}t}\mathcal{F}[u](y,t).$$

应用性质 7.1.6, 有

$$\mathcal{F}[u_{xx}](y,t) = (\mathrm{i}y)^2\,\mathcal{F}[u](y,t) = -y^2\mathcal{F}[u](y,t).$$

直接计算, 有

$$\mathcal{F}[\varphi](y) = \int_{-\infty}^{+\infty} \varphi(x)\mathrm{e}^{-\mathrm{i}xy}\,\mathrm{d}x = \int_{-\infty}^{+\infty} u(x,0)\,\mathrm{e}^{-\mathrm{i}xy}\,\mathrm{d}x = \mathcal{F}[u](y,0).$$

对问题 (7.1.1) 中的方程和初始条件的两边分别做 Fourier 变换, 并应用线性性质得

$$\begin{cases} \dfrac{\mathrm{d}}{\mathrm{d}t}\mathcal{F}[u] + a^2y^2\mathcal{F}[u] = 0, & t > 0, \\[2mm] \mathcal{F}[u](y,0) = \mathcal{F}[\varphi](y), \end{cases}$$

这是一个以 y 为参数、t 为自变量、$\mathcal{F}[u]$ 为未知函数的一阶线性常系数常微分方程的 Cauchy 问题, 其解为

$$\mathcal{F}[u](y,t) = \mathcal{F}[\varphi](y)\,\mathrm{e}^{-a^2y^2t}.$$

由例题 7.1.1 和性质 7.1.8, 知

$$\mathcal{F}[u](y,t) = \mathcal{F}[\varphi](y)\cdot\mathcal{F}\left[\frac{\mathrm{e}^{-\frac{x^2}{4a^2t}}}{2a\sqrt{\pi t}}\right](y,t) = \mathcal{F}\left[\varphi * \frac{\mathrm{e}^{-\frac{x^2}{4a^2t}}}{2a\sqrt{\pi t}}\right](y,t),$$

其中的卷积是关于空间变量 x 的. 所以, 对于 $x \in (-\infty, +\infty)$ 和 $t > 0$,

$$\begin{aligned} u(x,t) &= \varphi(x) * \frac{\mathrm{e}^{-\frac{x^2}{4a^2t}}}{2a\sqrt{\pi t}} \\ &= \frac{1}{2a\sqrt{\pi t}}\int_{-\infty}^{+\infty} \varphi(z)\,\mathrm{e}^{-\frac{(x-z)^2}{4a^2t}}\,\mathrm{d}z \\ &= \frac{1}{\sqrt{\pi}}\int_{-\infty}^{+\infty} \varphi(x+2a\sqrt{t}\xi)\mathrm{e}^{-\xi^2}\,\mathrm{d}\xi. \end{aligned} \tag{7.1.2}$$

这就是 Cauchy 问题 (7.1.1) 的形式解.

作业 7.1.3 应用 Fourier 变换求出 Cauchy 问题

$$\begin{cases} u_t - a^2 u_{xx} - b u_x - c u = f(x, t), & -\infty < x < +\infty, \quad t > 0, \\ u(x, 0) = \varphi(x), & -\infty < x < +\infty \end{cases}$$

的形式解, 其中 a, b, c 是常数.

定理 7.1.9 若 $\varphi \in C^0(-\infty, +\infty)$ 在 $(-\infty, +\infty)$ 上有界, 则 (7.1.2) 给出的 $u \in C^\infty((-\infty, +\infty) \times (0, +\infty)) \cap C^0((-\infty, +\infty) \times [0, +\infty))$ 是问题 (7.1.1) 的解.

注 由公式 (7.1.2) 可以看出: 热传导方程的解具有明显的无限传播性, 即假设初值 $\varphi(x)$ 只在杆上某一小段区间 $(x_0 - \delta, x_0 + \delta)$ 上不为零, 不妨设 $\varphi(x) > 0$, 于是, 只要 $t > 0$, 杆上每一点处的温度 $u(x, t)$ 均为正. 也就是说, 顷刻之间, 热量就传到了杆上的每一点. 这一点与后面要讲的波动方程有本质的不同.

例题 7.1.3 求解热传导方程的 Cauchy 问题

$$\begin{cases} u_t - u_{xx} = 0, & -\infty < x < +\infty, \quad t > 0, \\ u(x, 0) = \cos x, & -\infty < x < +\infty. \end{cases}$$

解 由求解公式 (7.1.2), 得

$$\begin{aligned} u(x, t) &= \frac{1}{\sqrt{\pi}} \int_{-\infty}^{+\infty} e^{-\xi^2} \cos(x + 2\sqrt{t}\xi) \, d\xi \\ &= \frac{1}{\sqrt{\pi}} \int_{-\infty}^{+\infty} e^{-\xi^2} \left[\cos x \cos(2\sqrt{t}\xi) - \sin x \sin(2\sqrt{t}\xi) \right] d\xi \\ &= \frac{\cos x}{\sqrt{\pi}} \int_{-\infty}^{+\infty} e^{-\xi^2} \cos(2\sqrt{t}\xi) \, d\xi \\ &= \frac{\cos x}{\sqrt{\pi}} J(\sqrt{t}), \end{aligned}$$

其中

$$J(t) := \int_{-\infty}^{+\infty} e^{-\xi^2} \cos(2t\xi) \, d\xi = \sqrt{\pi} e^{-t^2}.$$

上面的最后一个等式借用了例 7.1.1 中的结果. 因此

$$u(x, t) = \frac{\cos x}{\sqrt{\pi}} \cdot \sqrt{\pi} e^{-t} = e^{-t} \cos x. \qquad \square$$

例题 7.1.4 求解弦振动方程的 Cauchy 问题

$$\begin{cases} u_{tt} - a^2 u_{xx} = 0, & -\infty < x < +\infty, t > 0, \\ u(x, 0) = \varphi(x), \ u_t(x, 0) = \psi(x), & -\infty < x < +\infty. \end{cases}$$

解　记 $u(x,t)$ 关于 x 的 Fourier 变换为 $\mathcal{F}[u](y,t)$. 关于 x 做 Fourier 变换, 得到常微分方程的初值问题

$$\begin{cases} \dfrac{\mathrm{d}^2}{\mathrm{d}t^2}\mathcal{F}[u] + a^2y^2\mathcal{F}[u] = 0, \quad t > 0, \\ \mathcal{F}[u](y,0) = \mathcal{F}[\varphi](y), \quad \dfrac{\mathrm{d}}{\mathrm{d}t}\mathcal{F}[u](y,0) = \mathcal{F}[\psi](y). \end{cases}$$

所以,

$$\mathcal{F}[u](y,t) = \mathcal{F}[\varphi](y)\cos ayt + \mathcal{F}[\psi](y)\frac{\sin ayt}{ay}.$$

为了获得解 u 的表达式, 需要在上式两边做逆变换. 对右边第一项, 有

$$\begin{aligned} \mathcal{F}[\varphi](y)\cos ayt &= \int_{-\infty}^{+\infty}\varphi(x)\mathrm{e}^{-\mathrm{i}xy}\,\mathrm{d}x \cdot \frac{1}{2}(\mathrm{e}^{\mathrm{i}aty} + \mathrm{e}^{-\mathrm{i}aty}) \\ &= \frac{1}{2}\left(\int_{-\infty}^{+\infty}\varphi(x)\mathrm{e}^{-\mathrm{i}(x-at)y}\,\mathrm{d}x + \int_{-\infty}^{+\infty}\varphi(x)\mathrm{e}^{-\mathrm{i}(x+at)y}\,\mathrm{d}x\right) \\ &= \frac{1}{2}\left(\int_{-\infty}^{+\infty}\varphi(\xi+at)\mathrm{e}^{-\mathrm{i}\xi y}\,\mathrm{d}\xi + \int_{-\infty}^{+\infty}\varphi(\xi-at)\mathrm{e}^{-\mathrm{i}\xi y}\,\mathrm{d}\xi\right) \\ &= \frac{1}{2}\mathcal{F}[\varphi(x+at) + \varphi(x-at)](y,t). \end{aligned}$$

对右边第二项, 有

$$\frac{\sin ayt}{ay} = \frac{1}{2ay\mathrm{i}}(\mathrm{e}^{\mathrm{i}aty} - \mathrm{e}^{-\mathrm{i}aty}) = \frac{1}{2a}\int_{-at}^{at}\mathrm{e}^{-\mathrm{i}xy}\,\mathrm{d}x = \frac{1}{2a}\mathcal{F}[\chi_{[-at,at]}](y,t),$$

其中指示函数

$$\chi_{[-at,at]}(x) = \begin{cases} 1, & x \in [-at, at], \\ 0, & x \notin [-at, at]. \end{cases}$$

从而由卷积性质, 得

$$\begin{aligned} \mathcal{F}[\psi](y)\frac{\sin ayt}{ay} &= \frac{1}{2a}\mathcal{F}[\psi * \chi_{[-at,at]}](y,t) \\ &= \frac{1}{2a}\mathcal{F}\left[\int_{-\infty}^{+\infty}\psi(x-z)\chi_{[-at,at]}(z)\,\mathrm{d}z\right] \\ &= \frac{1}{2a}\mathcal{F}\left[\int_{x-at}^{x+at}\psi(\xi)\,\mathrm{d}\xi\right](y,t). \end{aligned}$$

所以, 问题的解是

$$u(x,t) = \frac{1}{2}[\varphi(x+at) + \varphi(x-at)] + \frac{1}{2a}\int_{x-at}^{x+at}\psi(\xi)\,\mathrm{d}\xi.$$

它就是 d'Alembert 公式.　　　　　　　　　　　　　　　　　　　　　　　□

例题 7.1.5 求解调和方程的边值问题

$$\begin{cases} u_{xx} + u_{yy} = 0, & -\infty < x < +\infty, \ y > 0, \\ u(x,0) = \varphi(x), & -\infty < x < +\infty, \\ \lim_{y \to +\infty} u(x,y) = 0, & -\infty < x < +\infty. \end{cases}$$

解 记 $u(x,y)$ 关于 x 的 Fourier 变换为

$$\mathcal{F}[u](z,y) = \int_{-\infty}^{+\infty} u(x,y) \mathrm{e}^{-\mathrm{i}xz} \, \mathrm{d}x.$$

关于 x 做 Fourier 变换, 得到常微分方程的边值问题

$$\begin{cases} -z^2 \mathcal{F}[u] + \dfrac{\mathrm{d}^2}{\mathrm{d}y^2} \mathcal{F}[u] = 0, & y > 0, \\ \mathcal{F}[u](z,0) = \mathcal{F}[\varphi](z), & \lim_{y \to +\infty} \mathcal{F}[u](z,y) = 0. \end{cases}$$

所以

$$\mathcal{F}[u](z,y) = \mathcal{F}[\varphi](z) \cdot \mathrm{e}^{-|z|y}.$$

为将第二个因子写成 Fourier 变换的形式,

$$\begin{aligned}
\mathcal{F}^{-1}[\mathrm{e}^{-|z|y}](x) &= \frac{1}{2\pi} \int_{-\infty}^{+\infty} \mathrm{e}^{-|z|y} \mathrm{e}^{\mathrm{i}xz} \, \mathrm{d}z \\
&= \frac{1}{2\pi} \int_{0}^{+\infty} \mathrm{e}^{(\mathrm{i}x-y)z} \, \mathrm{d}z + \frac{1}{2\pi} \int_{-\infty}^{0} \mathrm{e}^{(\mathrm{i}x+y)z} \, \mathrm{d}z \\
&= \frac{1}{2\pi} \left(\frac{\mathrm{e}^{(\mathrm{i}x-y)z}}{\mathrm{i}x - y} \Big|_{z=0}^{+\infty} + \frac{\mathrm{e}^{(\mathrm{i}x+y)z}}{\mathrm{i}x + y} \Big|_{z=-\infty}^{0} \right) \\
&= \frac{1}{2\pi} \left(\frac{-1}{\mathrm{i}x - y} + \frac{1}{\mathrm{i}x + y} \right) \\
&= \frac{y}{\pi(x^2 + y^2)}.
\end{aligned}$$

由卷积性质, 有

$$\mathcal{F}[u](z,y) = \mathcal{F}[\varphi] \mathcal{F}\left[\frac{y}{\pi(x^2 + y^2)} \right] = \mathcal{F}\left[\varphi * \frac{y}{\pi(x^2 + y^2)} \right].$$

因此, 问题的解是

$$u(x, y) = \varphi * \frac{y}{\pi(x^2 + y^2)}$$

$$= \int_{-\infty}^{+\infty} \varphi(\xi) \cdot \frac{y}{\pi[(x - \xi)^2 + y^2]} \,\mathrm{d}\xi$$

$$= \frac{y}{\pi} \int_{-\infty}^{+\infty} \frac{\varphi(\xi)}{(x - \xi)^2 + y^2} \,\mathrm{d}\xi. \qquad \square$$

作业 7.1.4　应用 Fourier 变换求出 Cauchy 问题

$$\begin{cases} u_t + a u_x = f(x, t), & -\infty < x < +\infty, \ t > 0, \\ u(x, 0) = \varphi(x), & -\infty < x < +\infty \end{cases}$$

的形式解, 其中 a 是常数.

　　下表中的 Fourier 变换, 性质选自匈牙利数学家 A. Erdélyi (英国皇家学会院士) 的 *Tables of Integral Transforms*.

序号	函数	Fourier 变换
100	$f(x)$	$\hat{f}(y) = \int_{-\infty}^{+\infty} f(x)\mathrm{e}^{-\mathrm{i}yx}\,\mathrm{d}x$
101	$a \cdot f(x) + b \cdot g(x)$	$a \cdot \hat{f}(y) + b \cdot \hat{g}(y)$
102	$f(x - a)$	$\mathrm{e}^{-\mathrm{i}ay}\hat{f}(y)$
103	$\mathrm{e}^{2\pi \mathrm{i}ax} f(x)$	$\hat{f}(y - 2\pi a)$
104	$f(ax)$	$\dfrac{1}{|a|}\hat{f}\left(\dfrac{y}{a}\right)$
105	$\hat{f}(x)$	$2\pi f(-y)$
106	$f^{(k)}(x)$	$(\mathrm{i}y)^k \hat{f}(y)$
107	$x^k f(x)$	$\mathrm{i}^k \hat{f}^{(k)}(y)$
108	$(f * g)(x)$	$\hat{f}(y)\hat{g}(y)$
109	$f(x)g(x)$	$\dfrac{1}{2\pi}(\hat{f} * \hat{g})(y)$
110	$\overline{f(x)}$	$\overline{\hat{f}(-y)}$

表中的 $a, b \in \mathbb{R}$, $k = 1, 2, \cdots$.

　　最后还给出了一部分函数的 Fourier 变换. 它们选自美国发明家、电报和电话的先驱 G. A. Campbell 和 R. Foster 的 *Fourier Integrals for Practical Applications* .

序号	函数	Fourier 变换
200	$f(x)$	$\hat{f}(y) = \displaystyle\int_{-\infty}^{+\infty} f(x)\mathrm{e}^{-\mathrm{i}yx}\,\mathrm{d}x$
201	$\mathrm{rect}\,ax$	$\dfrac{1}{\mid a\mid} \cdot \mathrm{sinc}\,\dfrac{y}{2\pi a}$
202	$\mathrm{sinc}\,ax$	$\dfrac{1}{\mid a\mid} \cdot \mathrm{rect}\,\dfrac{y}{2\pi a}$
203	$\mathrm{sinc}^2\,ax$	$\dfrac{1}{\mid a\mid} \cdot \mathrm{tri}\,\dfrac{y}{2\pi a}$
204	$\mathrm{tri}\,ax$	$\dfrac{1}{\mid a\mid} \cdot \mathrm{sinc}^2\,\dfrac{y}{2\pi a}$
205	$\mathrm{e}^{ax}u(x)$	$\dfrac{1}{a + \mathrm{i}y}$
206	$\mathrm{e}^{-\alpha x^2}$	$\sqrt{\dfrac{\pi}{\alpha}}\mathrm{e}^{-\frac{y^2}{4\alpha}}$
207	$\mathrm{e}^{-a\mid x\mid}$	$\dfrac{2a}{a^2 + y^2}$
208	$\mathrm{sech}\,ax$	$\dfrac{\pi}{a}\,\mathrm{sech}\,\dfrac{\pi}{2a}y$
209	$\cos ax^2$	$\sqrt{\dfrac{\pi}{a}}\cos\left(\dfrac{y^2}{4a} - \dfrac{\pi}{4}\right)$
210	$\sin ax^2$	$-\sqrt{\dfrac{\pi}{a}}\sin\left(\dfrac{y^2}{4a} - \dfrac{\pi}{4}\right)$
211	$\dfrac{1}{x}$	$-\mathrm{i}\pi\,\mathrm{sgn}\,y$
212	$\dfrac{1}{x^k}$	$-\mathrm{i}\pi\dfrac{(-\mathrm{i}y)^{k-1}}{(k-1)!}\,\mathrm{sgn}\,y$
213	$\dfrac{1}{\sqrt{\mid x\mid}}$	$\sqrt{\dfrac{2\pi}{\mid y\mid}}$
214	$\mathrm{sgn}\,x$	$\dfrac{2}{\mathrm{i}y}$

表中的 a 是非零常数, k 是正整数. 表中出现的函数分别定义如下:

矩形函数

$$\mathrm{rect}\,t = \begin{cases} 0, & \mid t\mid > \dfrac{1}{2}, \\ \dfrac{1}{2}, & \mid t\mid = \dfrac{1}{2}, \\ 1, & \mid t\mid < \dfrac{1}{2}. \end{cases}$$

辛格函数 (图 7.3)

$$\mathrm{sinc}\,x = \frac{\sin \pi x}{\pi x}.$$

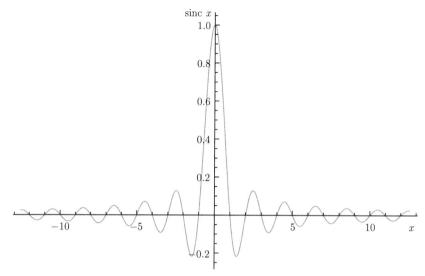

图 7.3 sinc 函数的图像

三角形函数

$$\operatorname{tri} t = \begin{cases} 1 - \mid t \mid, & \mid t \mid < 1, \\ 0, & \mid t \mid \geqslant 1. \end{cases}$$

单位阶跃函数

$$u(x) = \begin{cases} 1, & x > 0, \\ \dfrac{1}{2}, & x = 0, \\ 0, & x < 0. \end{cases}$$

双曲余割函数

$$\operatorname{sech} x = \frac{2}{\mathrm{e}^x + \mathrm{e}^{-x}}.$$

7.2   Laplace 变换及其应用

Laplace 变换是 1812 年由法国数学家和天文学家 P.S. Laplace 提出的 (图 7.4), 由英国物理学家 O. Heaviside (1850—1925) 化简并用于求解微分方程. 这个数学工具今天已经在数学物理的各个分支领域得到了广泛的应用.

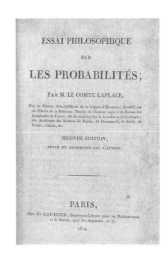

图 7.4 Laplace 和他的《概率哲学随笔》

Fourier 变换虽有很优越的性质, 但在应用中会遇到许多困难, 不太方便. 在 Fourier 变换讨论中, f 在 $(-\infty, +\infty)$ 上绝对可积是一个基本要求, 这个限制将许多常见的简单函数 (如: 常数函数、多项式函数、指数函数、三角函数等) 排除在外. 另一方面, Fourier 变换必须在整个实轴上进行, 因此对时间变量和初边值问题中的空间变量都不能做 Fourier 变换.

7.2.1 Laplace 变换

在 Laplace 变换中, 只需要求函数 "指数增长".

定义 7.2.1 设 $f(t)$ 定义在 $[0, +\infty)$ 上, 若存在非负常数 M 和 r_0, 使得

$$|f(t)| \leqslant Me^{r_0 t}, \quad t \geqslant 0,$$

则称 $f(t)$ 是指数增长.

Laplace 变换将一个半实轴上的函数转换为一个复数变量的函数.

定义 7.2.2 设 $f(t)$ 定义在 $[0, +\infty)$ 上, 且是指数增长的, 则称

$$\mathcal{L}[f](s) = \int_0^{+\infty} f(t)e^{-st}\,dt, \quad s \in \mathbb{C}$$

为 $f(t)$ 的 Laplace 变换.

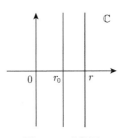

图 7.5 示意图

设 $g(s)$ 定义在 $\{\, s \in \mathbb{C} \mid \operatorname{Re} s > r_0 \,\}$ 上, 则称复积分

$$\mathcal{L}^{-1}[g](t) = \frac{1}{2\pi i} \int_{r-i\infty}^{r+i\infty} g(s)e^{st}\,ds, \quad t \geqslant 0$$

为 $g(s)$ 的 Laplace 逆变换, 其中积分是在复平面上沿着直线 $\operatorname{Re} s = r$ 进行的, $r > r_0$. 由复变函数的 Cauchy 积分定理, 这个复积分的值与 r 无关.

Laplace 变换的理论基础是下面的 Laplace 变换基本定理.

定理 7.2.3 (Laplace 变换基本定理) 若 $f(t)$ 在 $[0, +\infty)$ 上连续分段光滑, 且是指数增长的, 则对任意的 $r > r_0$ 有

$$f(t) = \frac{1}{2\pi i} \int_{r-i\infty}^{r+i\infty} \left(\int_0^{+\infty} f(\tau) e^{-s\tau} \,d\tau \right) e^{st} \,ds, \quad t \geqslant 0.$$

证明 固定 $r > r_0$, 记

$$f_1(t) = \begin{cases} f(t) e^{-rt}, & t \geqslant 0, \\ 0, & t < 0. \end{cases}$$

则 $f_1 \in L^1(-\infty, +\infty)$ 且分段光滑, 至多在 $t = 0$ 处不连续. 由 Fourier 积分定理的推广形式

$$f_1(t) = \frac{1}{2\pi} \int_{-\infty}^{+\infty} \left(\int_{-\infty}^{+\infty} f_1(\tau) e^{-iy\tau} \,d\tau \right) e^{iyt} \,dy.$$

当 $t \geqslant 0$ 时,

$$f(t) e^{-rt} = \frac{1}{2\pi} \int_{-\infty}^{+\infty} \left(\int_0^{+\infty} f(\tau) e^{-r\tau} e^{-iy\tau} \,d\tau \right) e^{iyt} \,dy.$$

令 $s = r + iy$,

$$f(t) = \frac{1}{2\pi i} \int_{r-i\infty}^{r+i\infty} \left(\int_0^{+\infty} f(\tau) e^{-s\tau} \,d\tau \right) e^{st} \,ds. \qquad \square$$

由此马上得到以下性质.

性质 7.2.4

$$\mathcal{L}^{-1}[\mathcal{L}[f]] = f, \quad \mathcal{L}[\mathcal{L}^{-1}[f]] = f.$$

可以看出, Laplace 变换与 Fourier 变换既有区别, 也有联系. 下面的性质是类似的, 其中并没有列出应有的条件.

性质 7.2.5 (线性性质) 设 a, b 是实数, 则

$$\mathcal{L}[af + bg] = a\mathcal{L}[f] + b\mathcal{L}[g].$$

性质 7.2.6 (原函数的导数性质)

$$\mathcal{L}[f'](s) = s\mathcal{L}[f](s) - f(0).$$

进一步地有

$$\mathcal{L}[f''](s) = s^2 \mathcal{L}[f](s) - sf(0) - f'(0),$$

$$\mathcal{L}[f^{(k)}](s) = s^k \mathcal{L}[f](s) - \sum_{j=1}^{k} s^{j-1} f^{(k-j)}(0), \quad k = 2,\ 3,\ \cdots.$$

证明 由 Laplace 变换的定义和分部积分公式, 有

$$\begin{aligned}
\mathcal{L}[f'](s) &= \int_0^{+\infty} f'(t) \mathrm{e}^{-st}\,\mathrm{d}t \\
&= -\int_0^{+\infty} f(t)\cdot(-s)\mathrm{e}^{-st}\,\mathrm{d}t + f(t)\mathrm{e}^{-st}\Big|_{t=0}^{+\infty} \\
&= s\mathcal{L}[f](s) - f(0).
\end{aligned}$$

$\square$

性质 7.2.7 (象函数的导数性质)

$$\frac{\mathrm{d}}{\mathrm{d}s}\mathcal{L}[f](s) = -\mathcal{L}[tf(t)](s).$$

进一步有

$$\frac{\mathrm{d}^k}{\mathrm{d}s^k}\mathcal{L}[f](s) = (-1)^k \mathcal{L}[t^k f(t)](s), \quad k = 2,\ 3,\ \cdots.$$

证明 由 Laplace 变换的定义和积分号下求导, 有

$$\begin{aligned}
\frac{\mathrm{d}}{\mathrm{d}s}\mathcal{L}[f](s) &= \frac{\mathrm{d}}{\mathrm{d}s}\int_0^{+\infty} f(t)\mathrm{e}^{-st}\,\mathrm{d}t \\
&= \int_0^{+\infty} f(t)\cdot(-t)\mathrm{e}^{-st}\,\mathrm{d}t \\
&= -\mathcal{L}[tf(t)](s).
\end{aligned}$$

$\square$

性质 7.2.8 (卷积性质)

$$\mathcal{L}[f*g] = \mathcal{L}[f]\mathcal{L}[g],$$

其中 f 与 g 的卷积 (与 Fourier 变换时不同)

$$(f*g)(t) = \int_0^t f(t-\tau)g(\tau)\,\mathrm{d}\tau.$$

下面计算一些函数的 Laplace 变换.

例题 7.2.1 求 $\cos\omega t$ 的 Laplace 变换, 其中 ω 是实数.

解　由 Laplace 变换的定义

$$\mathcal{L}[\cos \omega t](s) = \int_0^{+\infty} e^{-st} \cos \omega t \, dt$$

$$= \frac{e^{-st}(\omega \sin \omega t - s \cos \omega t)}{s^2 + \omega^2}\bigg|_{t=0}^{+\infty}$$

$$= \frac{s}{s^2 + \omega^2}, \quad \text{Re } s > 0.$$

这里当 $t = +\infty$ 代入上限时需要 Re $s > 0$.

这个例题也可以使用 Euler 公式求解.

$$\mathcal{L}[\cos \omega t](s) = \int_0^{+\infty} e^{-st} \cos \omega t \, dt$$

$$= \int_0^{+\infty} e^{-st} \cdot \frac{1}{2}(e^{i\omega t} + e^{-i\omega t}) \, dt$$

$$= \frac{1}{2} \int_0^{+\infty} (e^{(-s+i\omega)t} + e^{(-s-i\omega)t}) \, dt$$

$$= \frac{1}{2} \left(\frac{1}{-s+i\omega} e^{(-s+i\omega)t} + \frac{1}{-s-i\omega} e^{(-s-i\omega)t} \right)\bigg|_{t=0}^{+\infty}$$

$$= \frac{1}{2} \left(-\frac{1}{-s+i\omega} - \frac{1}{-s-i\omega} \right)$$

$$= \frac{s}{s^2 + \omega^2}, \quad \text{Re } s > 0. \qquad \square$$

类似地,

$$\mathcal{L}[e^{\omega t}](s) = \frac{1}{s - \omega}, \quad \text{Re } s > \omega.$$

例题 7.2.2　*求 t^2 的 Laplace 变换.*

解　由 Laplace 变换的定义和两次的分部积分,

$$\mathcal{L}[t^2](s) = \int_0^{+\infty} e^{-st} t^2 \, dt$$

$$= -\frac{1}{s} \int_0^{+\infty} t^2 \, de^{-st} = \frac{2}{s} \int_0^{+\infty} e^{-st} t \, dt$$

$$= -\frac{2}{s^2} \int_0^{+\infty} t \, de^{-st} = \frac{2}{s^2} \int_0^{+\infty} e^{-st} \, dt$$

$$= -\frac{2}{s^3} e^{-st}\bigg|_{t=0}^{+\infty} = \frac{2}{s^3}, \quad \text{Re } s > 0. \qquad \square$$

此例题结论可推广为

$$\mathcal{L}[t^k](s) = \frac{k!}{s^{k+1}}, \quad k = 0, 1, 2, \cdots,$$

$$\mathcal{L}[t^k \mathrm{e}^{\omega t}](s) = \frac{k!}{(s-\omega)^{k+1}}, \quad k = 1, 2, \cdots, \quad \mathrm{Re}\, s > \omega.$$

例题 7.2.3 设 $c > 0$,

$$f_c(t) = \begin{cases} 0, & 0 \leqslant t \leqslant c, \\ t - c, & t > c, \end{cases}$$

求 $\mathcal{L}[f_c]$.

解 由 Laplace 变换和 $f_c(t)$ 的定义,

$$\mathcal{L}[f_c](s) = \int_0^{+\infty} \mathrm{e}^{-st} f_c(t)\, \mathrm{d}t = \int_c^{+\infty} (t-c)\mathrm{e}^{-st}\, \mathrm{d}t.$$

分部积分, 得

$$\mathcal{L}[f_c](s) = -\frac{1}{s} \int_c^{+\infty} (t-c)\, \mathrm{d}\mathrm{e}^{-st}$$

$$= -\frac{1}{s} \left[(t-c)\mathrm{e}^{-st} \Big|_{t=c}^{+\infty} - \int_c^{+\infty} \mathrm{e}^{-st}\, \mathrm{d}t \right]$$

$$= -\frac{1}{s^2} \mathrm{e}^{-st} \Big|_{t=c}^{+\infty}$$

$$= \frac{\mathrm{e}^{-cs}}{s^2}, \quad \mathrm{Re}\, s > 0. \qquad \square$$

作业 7.2.1 求 $\mathrm{e}^{at} \cos bt$ 的 Laplace 变换, 其中 a, b 为实数.

7.2.2 Laplace 变换在求解微分方程上的应用

例题 7.2.4 求解常微分方程的初值问题

$$\begin{cases} y'' - 3y' + 2y = 2\mathrm{e}^{-t}, & t > 0, \\ y(0) = 2, \quad y'(0) = -1. \end{cases}$$

解 在方程两边做 Laplace 变换, 并应用线性性质,

$$\mathcal{L}[y''] - 3\mathcal{L}[y'] + 2\mathcal{L}[y] = 2\mathcal{L}[\mathrm{e}^{-t}].$$

由导数性质和初始条件, 有

$$(s^2\mathcal{L}[y] - sy(0) - y'(0)) - 3(s\mathcal{L}[y] - y(0)) + 2\mathcal{L}[y] = 2 \cdot \frac{1}{s+1},$$

$$(s^2\mathcal{L}[y] - 2s + 1) - 3(s\mathcal{L}[y] - 2) + 2\mathcal{L}[y] = \frac{2}{s+1},$$

即

$$(s^2 - 3s + 2)\mathcal{L}[y] = \frac{2}{s+1} + 2s - 7.$$

这个一阶线性代数方程的解是

$$\mathcal{L}[y] = \frac{2s^2 - 5s - 5}{(s+1)(s^2 - 3s + 2)} = \frac{\frac{1}{3}}{s+1} + \frac{4}{s-1} - \frac{\frac{7}{3}}{s-2}.$$

其中的第二步使用了分解部分分式的方法. 取 Laplace 逆变换, 得到

$$y(t) = \frac{1}{3}\mathcal{L}^{-1}\left[\frac{1}{s+1}\right] + 4\mathcal{L}^{-1}\left[\frac{1}{s-1}\right] - \frac{7}{3}\mathcal{L}^{-1}\left[\frac{1}{s-2}\right] = \frac{1}{3}\mathrm{e}^{-t} + 4\mathrm{e}^t - \frac{7}{3}\mathrm{e}^{2t}. \quad \square$$

例题 7.2.5 *求解常微分方程组的初值问题*

$$\begin{cases} x' = 2x + y, & t > 0, \quad x(0) = 0, \\ y' = -x + 4y, & t > 0, \quad y(0) = 1. \end{cases}$$

解 由线性性质和导数性质, 有

$$\begin{cases} s\mathcal{L}[x](s) - x(0) = 2\mathcal{L}[x](s) + \mathcal{L}[y](s), \\ s\mathcal{L}[y](s) - y(0) = -\mathcal{L}[x](s) + 4\mathcal{L}[y](s), \end{cases}$$

即

$$\begin{cases} (s-2)\mathcal{L}[x](s) - \mathcal{L}[y](s) = 0, \\ \mathcal{L}[x](s) + (s-4)\mathcal{L}[y](s) = 1. \end{cases}$$

这是一个以 s 为参数、$\mathcal{L}[x]$ 和 $\mathcal{L}[y]$ 为未知量的二阶线性代数方程组, 其解为

$$\begin{cases} \mathcal{L}[x](s) = \dfrac{1}{(s-3)^2}, \\ \mathcal{L}[y](s) = \dfrac{s-2}{(s-3)^2} = \dfrac{1}{s-3} + \dfrac{1}{(s-3)^2}. \end{cases}$$

由例题, 可知

$$\mathcal{L}[\mathrm{e}^{3t}](s) = \frac{1}{s-3}, \quad \mathcal{L}[t\mathrm{e}^{3t}](s) = \frac{1}{(s-3)^2}.$$

所以, 取 Laplace 逆变换, 得到

$$\begin{cases} x(t) = te^{3t}, \\ y(t) = e^{3t} + te^{3t}. \end{cases}$$ □

例题 7.2.6 求解常微分方程的初值问题

$$\begin{cases} ty'' + 2(t-1)y' + (t-2)y = 0, \quad t > 0, \\ y(0) = 0. \end{cases}$$

解 由导数性质和初始条件, 有

$$\mathcal{L}[ty''] = -\frac{\mathrm{d}}{\mathrm{d}s}\mathcal{L}[y''] = -\frac{\mathrm{d}}{\mathrm{d}s}(s^2\mathcal{L}[y] - sy(0) - y'(0)) = -s^2\frac{\mathrm{d}}{\mathrm{d}s}\mathcal{L}[y] - 2s\mathcal{L}[y],$$

$$\mathcal{L}[(t-1)y'] = \mathcal{L}[ty'] - \mathcal{L}[y'] = -\frac{\mathrm{d}}{\mathrm{d}s}\mathcal{L}[y'] - \mathcal{L}[y']$$

$$= -\frac{\mathrm{d}}{\mathrm{d}s}\left(s\mathcal{L}[y] - y(0)\right) - (s\mathcal{L}[y] - y(0)) = -s\frac{\mathrm{d}}{\mathrm{d}s}\mathcal{L}[y] - (s+1)\mathcal{L}[y],$$

$$\mathcal{L}[(t-2)y] = \mathcal{L}[ty] - 2\mathcal{L}[y] = -\frac{\mathrm{d}}{\mathrm{d}s}\mathcal{L}[y] - 2\mathcal{L}[y].$$

在方程两边做 Laplace 变换, 由线性性质, 有

$$(s+1)^2\frac{\mathrm{d}}{\mathrm{d}s}\mathcal{L}[y] + 4(s+1)\mathcal{L}[y] = 0.$$

所以

$$\mathcal{L}[y] = \frac{c}{(s+1)^4},$$

c 是任意常数. 取 Laplace 逆变换, 则有

$$y(t) = ct^3 e^{-t}.$$ □

例题 7.2.7 求解偏微分方程的定解问题

$$\begin{cases} u_{xy} = x^2 y, \quad x > 0, \ y > 0, \\ u(x,0) = x^2, \quad u(0,y) = 3y. \end{cases}$$

解 设 u 关于 x 的 Laplace 变换是

$$\mathcal{L}[u](s,y) = \int_0^{+\infty} u(x,y)e^{-sx}\,\mathrm{d}x.$$

由导数性质, 有

$$\mathcal{L}[u_{xy}](s, y) = \frac{\partial}{\partial y}\mathcal{L}[u_x](s, y) = \frac{\partial}{\partial y}\left(s\mathcal{L}[u](s, y) - 3y\right) = s\frac{\mathrm{d}}{\mathrm{d}y}\mathcal{L}[u](s, y) - 3.$$

由 Laplace 变换的定义,

$$\mathcal{L}[x^2 y] = y\mathcal{L}[x^2] = y\frac{2}{s^3},$$

$$\mathcal{L}[u](s, 0) = \mathcal{L}[u(x, 0)](s) = \mathcal{L}[x^2] = \frac{2}{s^3}.$$

在方程两边做 Laplace 变换,

$$\begin{cases} s\dfrac{\mathrm{d}}{\mathrm{d}y}\mathcal{L}[u] - 3 = y\dfrac{2}{s^3}, & y > 0, \\ \mathcal{L}[u](s, 0) = \dfrac{2}{s^3}. \end{cases}$$

这是一个以 s 为参数、y 为自变量、$\mathcal{L}[u]$ 为未知函数的一阶线性常系数常微分方程的初值问题, 其解为

$$\mathcal{L}[u](s, y) = \frac{y^2}{s^4} + \frac{3y}{s} + \frac{2}{s^3}.$$

最后做 Laplace 逆变换, 得到

$$u(x, y) = \frac{1}{6}x^3 y^2 + 3y + x^2. \qquad\qquad \square$$

例题 7.2.8 *求解偏微分方程的初边值问题*

$$\begin{cases} u_{tt} = u_{xx} + 1, & x > 0,\ t > 0, \\ u(x, 0) = u_t(x, 0) = 0, & x \geqslant 0, \\ u(0, t) = u_x(+\infty, t) = 0, & t \geqslant 0. \end{cases}$$

解 设 u 关于 t 的 Laplace 变换是

$$\mathcal{L}[u](x, s) = \int_0^{+\infty} u(x, t)\mathrm{e}^{-st}\,\mathrm{d}t.$$

由导数性质和初始条件, 有

$$\mathcal{L}[u_{tt}](x, s) = s^2\mathcal{L}[u](x, s) - su(x, 0) - u_t(x, 0) = s^2\mathcal{L}[u](x, s).$$

由 Laplace 变换的定义和含参量积分的求导公式,

$$\mathcal{L}[u_{xx}](x,s) = \int_0^{+\infty} u_{xx}(x,t)\mathrm{e}^{-st}\,\mathrm{d}t = \frac{\mathrm{d}^2}{\mathrm{d}x^2}\mathcal{L}[u](x,s).$$

在方程和边界条件两边做 Laplace 变换, 得到

$$\begin{cases} \dfrac{\mathrm{d}^2}{\mathrm{d}x^2}\mathcal{L}[u] - s^2\mathcal{L}[u] = -\dfrac{1}{s}, & x > 0, \\[3mm] \mathcal{L}[u](0,s) = \dfrac{\mathrm{d}}{\mathrm{d}x}\mathcal{L}[u](+\infty,s) = 0, \end{cases}$$

这是一个以 s 为参数、x 为自变量、$\mathcal{L}[u]$ 为未知函数的二阶线性常系数常微分方程的边值问题, 其解为

$$\mathcal{L}[u](x,s) = \frac{1}{s^3}(1 - \mathrm{e}^{-sx}) = \frac{1}{s^3} - \frac{1}{s}\cdot\frac{\mathrm{e}^{-sx}}{s^2}.$$

由例题, 可得

$$\mathcal{L}^{-1}\left[\frac{1}{s^3}\right](t) = \frac{t^2}{2}, \quad \mathcal{L}^{-1}\left[\frac{1}{s}\right](t) = 1, \quad \mathcal{L}^{-1}\left[\frac{\mathrm{e}^{-sx}}{s^2}\right](t) = f_x(t).$$

故

$$\mathcal{L}[u] = \mathcal{L}\left[\frac{t^2}{2}\right] - \mathcal{L}[1]\cdot\mathcal{L}[f_x].$$

由线性性质和卷积性质,

$$u(x,t) = \frac{t^2}{2} - 1 * f_x(t) = \frac{t^2}{2} - \int_0^t f_x(t-\tau)\mathrm{d}\tau = \frac{t^2}{2} - \int_0^t f_x(\tau)\,\mathrm{d}\tau,$$

即

$$u(x,t) = \begin{cases} \dfrac{t^2}{2} - 0, & t \leqslant x, \\[3mm] \dfrac{t^2}{2} - \dfrac{1}{2}(t-x)^2, & t > x, \end{cases} = \begin{cases} \dfrac{t^2}{2}, & t \leqslant x, \\[3mm] xt - \dfrac{x^2}{2}, & t > x. \end{cases} \qquad \square$$

下表给出一些函数的 Laplace 变换.

$f(x)$	$\mathcal{L}[f]$
$\delta(t) = \begin{cases} 0, & t \neq 0 \\ \infty, & t = 0 \end{cases}$	1
$\delta(t - c), \quad c > 0$	e^{-cs}
1	$\dfrac{1}{s}$
t	$\dfrac{1}{s^2}$
$t^n, \quad n = 0, 1, 2, \cdots$	$\dfrac{n!}{s^{n+1}}$
$t^{n-\frac{1}{2}}, \quad n = 1, 2, \cdots$	$\dfrac{\sqrt{\pi}(2n-1)!!}{2^n} \cdot \dfrac{1}{s^{n+\frac{1}{2}}}$
$t^v, \quad \mathrm{Re}\, v > -1$	$\dfrac{\Gamma(v+1)}{s^{v+1}}$
$\sqrt{t}$	$\dfrac{\sqrt{\pi}}{2s^{\frac{3}{2}}}$
$\dfrac{1}{\sqrt{t}}$	$\sqrt{\dfrac{\pi}{s}}$
$\begin{cases} 1, & t > a \\ 0, & 0 < t < a,\, a > 0 \end{cases}$	$\dfrac{\mathrm{e}^{-as}}{s}$
$\begin{cases} 0, & 0 < t < a \\ 1, & a < t < b \\ 0, & b < t < \infty,\, 0 \leqslant a < b \end{cases}$	$\dfrac{\mathrm{e}^{-as} - \mathrm{e}^{-bs}}{s}, \quad \sigma > -\infty$
$\begin{cases} t - a, & t > a \\ 0, & 0 < t < a \end{cases}$	$\dfrac{\mathrm{e}^{-as}}{s^2}$
$\begin{cases} (t-a)^v, & t > a,\, \mathrm{Re}\, v > -1 \\ 0, & 0 < t < a \end{cases}$	$\dfrac{\Gamma(v+1)}{s^{v+1}} \mathrm{e}^{-as}$
$\left[\dfrac{t}{a} \right], \quad a > 0$	$\dfrac{1}{s(\mathrm{e}^{as} - 1)}$

作业 7.2.2　用 Laplace 变换求解初边值问题

$$\begin{cases} xu_t + u_x = x, & x > 0,\ t > 0, \\ u(x, 0) = 0, & x \geqslant 0, \\ u(0, t) = 0, & t \geqslant 0. \end{cases}$$

7.3 拓展习题与课外阅读

7.3.1 拓展习题

习题 7.3.1 证明 $\mathcal{L}\left[\dfrac{1}{\sqrt{\pi t}}e^{-\frac{a^2}{4t}}\right](s) = \dfrac{1}{\sqrt{s}}e^{-a\sqrt{s}}$, $a \geqslant 0$.

习题 7.3.2 设 $f(x)$ 在 $(-\infty, +\infty)$ 上分段连续, 绝对可积, 且

$$g(x) = \int_{-\infty}^{x} f(\xi)\,\mathrm{d}\xi$$

在 $(-\infty, +\infty)$ 上绝对可积, 证明

$$\mathcal{F}[g](y) = \frac{1}{\mathrm{i}y}\mathcal{F}[f](y).$$

习题 7.3.3 假设 $\varphi(x) \in C_0^\infty(\mathbb{R})$, $u(\boldsymbol{x}) \in C_0^\infty(\mathbb{R}^3)$, 利用 Fourier 变换证明

$$\frac{1}{4\pi r^2}\int_{\partial B_r(\boldsymbol{x})} u(\boldsymbol{\xi})\mathrm{d}S = \sum_{n=0}^{\infty}\frac{r^{2n}}{(2n+1)!}\Delta^n u(\boldsymbol{x}).$$

习题 7.3.4 利用 Fourier 变换求解量子力学中的 Schrödinger 方程的初值问题

$$\begin{cases} u_t - \mathrm{i}a^2\Delta u = f(\boldsymbol{x},t), & \boldsymbol{x} \in \mathbb{R}^n, t > 0, \\ u(\boldsymbol{x},0) = \varphi(\boldsymbol{x}), & \boldsymbol{x} \in \mathbb{R}^n, \end{cases}$$

这里 u, φ, f 都是复值函数.

习题 7.3.5 设 $h > 0$, $u(x,t;h)$ 是 Cauchy 问题

$$\begin{cases} u_t - a^2 u_{xx} = 0, & -\infty < x < +\infty,\ t > 0, \\ u(x,0) = \begin{cases} \dfrac{1}{h}, & |x| \leqslant h, \\ 0, & |x| > h \end{cases} \end{cases}$$

由 Poisson 公式给出的形式解. 证明

$$\lim_{h \to 0^+} u(x,t;h) = \frac{1}{a\sqrt{\pi t}}e^{-\frac{x^2}{4a^2 t}}, \quad -\infty < x < +\infty,\ t > 0.$$

习题 7.3.6 在半平面 $x < y$ 上求解定解问题

$$\begin{cases} u_{xx} + 2u_{xy} + u_{yy} + u_y = 0, \\ u(x,x) = \varphi(x). \end{cases}$$

习题 7.3.7　求解拟线性方程的初值问题

$$\begin{cases} u_t - u_{xx} + f(u)u_x^2 = 0, x \in \mathbb{R}^1, t > 0, \\ u(x,0) = \varphi(x), x \in \mathbb{R}^1, \end{cases}$$

其中 f, φ 是已知的光滑函数.

习题 7.3.8　利用热传导方程 Cauchy 问题解的 Poisson 公式证明 Weier-strass 逼近定理: 对于 $f \in C^0[a,b]$, 存在一个多项式列 $\{P_n(x)\}$, 使得 $\{P_n(x)\}$ 在 $[a,b]$ 上一致收敛到 $f(x)$.

习题 7.3.9　阅读郭敦仁和孙小礼的《傅里叶传记》, 见吴文俊主编的《世界著名数学家传记》, 科学出版社, 1995.

习题 7.3.10　阅读 A. Bhatia 的《傅里叶变换: MP3, JPEG 和 Siri 背后的数学》, 伯乐在线, 2013–11–12.

7.3.2　课外阅读

在本章中, 我们分别给出了求解两个自变量的偏微分方程初边值问题和 Cauchy 问题的重要方法: 一元 Fourier 变换和 Laplace 变换. 我们没有涉及多元 Fourier 变换和 Laplace 变换、一般的抛物方程理论等相关内容. 有兴趣的读者可按照标注分别参考下列文献:

[1] (多元积分变换) 保继光, 朱汝金. 偏微分方程: 第三章. 北京: 北京师范大学出版社, 2011.

[2] (其他边值问题) 姜礼尚, 陈亚浙, 刘西垣, 等. 数学物理方程讲义：第三章. 3 版. 北京: 高等教育出版社, 2007.

[3] (一般的抛物方程理论) Lieberman G M. Second Order Parabolic Differential Equations: Chapters 2-5. World Scientific Publishing Co. Pte. Ltd., 1996.

[4] (金融偏微分方程) 姜礼尚. 期权定价的数学模型和方法: 第七章. 2 版. 北京: 高等教育出版社, 2008.

第7章作业答案

第 8 章
行波法与延拓法

常微分方程的求解一般是先得到方程的通解, 再利用初始条件确定通解中的任意常数而得到特解. 这个方法有时也适用于偏微分方程的求解. 我们可以先求出偏微分方程的通解, 再利用定解条件确定通解中的任意函数. 然而, 这种思路只对少数偏微分方程可行.

本章首先介绍行波法, 导出弦振动方程 Cauchy 问题的求解公式—— d'Alembert 公式, 建立解的存在性, 见图 8.1 和图 8.2; 然后给出求解半无界区间上初边值问题的延拓法, 将其转化成 Cauchy 问题.

图 8.1　Jean le Rond D'Alembert　　　图 8.2　d'Alembert 公式 (1747)

8.1　全实轴上双曲型方程的行波法

考虑描述双侧无界弦自由振动的定解问题, 即齐次弦振动方程的 Cauchy 问题

$$\begin{cases} u_{tt} - a^2 u_{xx} = 0, & -\infty < x < +\infty, t > 0, \quad (8.1.1) \\ u(x,0) = \varphi(x), u_t(x,0) = \psi(x), & -\infty < x < +\infty. \quad (8.1.2) \end{cases}$$

由第 1 章的例题, (8.1.1), (8.1.2) 的通解可写成

$$u(x,t) = F(x+at) + G(x-at), \tag{8.1.3}$$

其中 F, G 是任意的 C^2 函数. 由

$$u_t(x,t) = aF'(x+at) - aG'(x-at),$$

以及初始条件 (8.1.2), 有

$$\begin{cases} F(x) + G(x) = \varphi(x), \\ aF'(x) - aG'(x) = \psi(x), \end{cases} \tag{8.1.4}$$

即

$$\begin{cases} F'(x) + G'(x) = \varphi'(x), \\ F'(x) - G'(x) = \dfrac{1}{a}\psi(x). \end{cases}$$

解这个线性代数方程组, 得

$$\begin{cases} F'(x) = \dfrac{1}{2a}(a\varphi'(x) + \psi(x)), \\ G'(x) = \dfrac{1}{2a}(a\varphi'(x) - \psi(x)). \end{cases}$$

两边积分

$$\begin{cases} F(x) = \dfrac{1}{2a}\displaystyle\int_0^x (a\varphi'(\xi) + \psi(\xi))\,\mathrm{d}\xi + F(0), \\ G(x) = \dfrac{1}{2a}\displaystyle\int_0^x (a\varphi'(\xi) - \psi(\xi))\,\mathrm{d}\xi + G(0). \end{cases}$$

代入通解表达式 (8.1.3), 并利用 $F(0) + G(0) = \varphi(0)$, 有

$$\begin{aligned} u(x,t) &= \frac{1}{2a}\int_0^{x+at} (a\varphi'(\xi) + \psi(\xi))\,\mathrm{d}\xi + F(0) \\ &\quad + \frac{1}{2a}\int_0^{x-at} (a\varphi'(\xi) - \psi(\xi))\,\mathrm{d}\xi + G(0) \\ &= \frac{1}{2}\left(\int_0^{x+at} \varphi'(\xi)\,\mathrm{d}\xi + \int_0^{x-at} \varphi'(\xi)\,\mathrm{d}\xi \right) \\ &\quad + \frac{1}{2a}\left(\int_0^{x+at} \psi(\xi)\,\mathrm{d}\xi - \int_0^{x-at} \psi(\xi)\,\mathrm{d}\xi \right) + \varphi(0) \\ &= \frac{1}{2}(\varphi(x+at) + \varphi(x-at)) + \frac{1}{2a}\int_{x-at}^{x+at} \psi(\xi)\,\mathrm{d}\xi. \end{aligned} \tag{8.1.5}$$

至此, 我们得到了 Cauchy 问题 (8.1.1), (8.1.2) 解的表达式. (8.1.5) 称为 d'Alembert 公式.

通过直接验证, 可以证明以下定理.

定理 8.1.1　若 $\varphi \in C^2(-\infty, +\infty)$, $\psi \in C^1(-\infty, +\infty)$, 则由 (8.1.5) 给出的 $u \in C^2((-\infty, +\infty) \times [0, +\infty))$ 是 (8.1.1), (8.1.2) 的解.

通解 (8.1.3) 表示弦上各点在振动过程中的位移 u 的变化规律. 先考虑 $G(x-at)$, 当 $t = 0$ 时, $G(x-at) = G(x)$, 表示弦在 $t = 0$ 时的波形 (位移). 初始时刻的状态经过时间 t_0 后, $G(x-at) = G(x-at_0)$, 表示 $t = 0$ 时刻的波形向 x 轴的正方向平移了 at_0 的距离, 即这种波的传播形式是保持波形 (函数 $G(x)$) 不变地以速度 a 向右进行传播, 故 $G(x-at)$ 所描述的振动规律, 称为右行波 (或正行波); 同理, $F(x+at)$ 表示保持波形不变地向左传播, 称为左行波 (或逆行波). 故弦振动方程的通解是左右行波的叠加, 由初始扰动所引起的振动将会向两个方向一往无前地传播下去, 形成行进的波, 简称行波. 求解上述问题的方法称为行波法 (图 8.3).

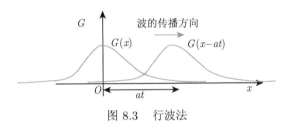

图 8.3　行波法

在 d'Alembert 公式 (8.1.5) 中, $\dfrac{1}{2}(\varphi(x+at) + \varphi(x-at))$ 表示初始位移 $\varphi(x)$ 引起的波动左右行波的叠加, $t = 0$ 时刻的波形 $\varphi(x)$ 分成两部分以独立的速度 a 向左、向右传播. $\dfrac{1}{2a} \displaystyle\int_{x-at}^{x+at} \psi(\xi) \, \mathrm{d}\xi$ 表示由初始速度引起的波动.

$$\int_{x-at}^{x+at} \psi(\xi) \, \mathrm{d}\xi = \int_{0}^{x+at} \psi(\xi) \, \mathrm{d}\xi - \int_{0}^{x-at} \psi(\xi) \, \mathrm{d}\xi$$

表示左右行波叠加, 由初始速度激发的行波 $\displaystyle\int_{0}^{x} \psi(\xi) \, \mathrm{d}\xi$ 在 t 时刻左右对称地扩展到 $[x-at, x+at]$.

由此可知, 在 (x,t) 平面中的两族直线 $x \pm at = C$ (常数) 对一维波动方程的研究起着重要的作用, 称这两族直线为一维波动方程的特征线, 所以行波法也称作特征线法.

平面上一点 (x,t) 的位移 $u(x,t)$ 到底与 x 轴上哪些初始激发有关? 由 d'Alembert 公式 (8.1.5) 知, u 在 (x,t) 的值被 φ 在 $x \pm at$ 的值和 ψ 在 $[x-at, x+at]$ 上的值所确定. 因此, 我们给出如下定义.

定义 8.1.2　x 轴上的区间 $[x_0 - at_0, x_0 + at_0]$ 称为解在 (x_0, t_0) 的依赖区间 (图 8.4); 即对于平面上的任意一点 (x_0, t_0), 其位移仅依赖于 x 轴上区间 $[x_0 -$

$at_0, x_0+at_0]$ 中的点的初始激发. 设 $x_1 < x_2$, 由 x 轴和 $x = x_1+at, x = x_2-at$ 所围成的区域 $\{ (x,t)|x_1 + at \leqslant x \leqslant x_2 - at, \ t \geqslant 0 \}$ 称为初值在 $[x_1, x_2]$ 的决定区域 (图 8.5); 即该区域内任意一点的位移一定由区间 $[x_1, x_2]$ 上的初始激发完全决定. 而区域 $\{ (x,t)|x_1 - at \leqslant x \leqslant x_2 + at, \ t \geqslant 0 \}$ 称为初值在 $[x_1, x_2]$ 的影响区域 (图 8.6).

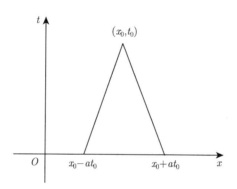

图 8.4　依赖区间

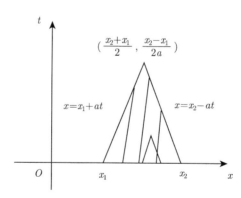

图 8.5　决定区域

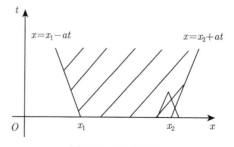

图 8.6　影响区域

在推导 d'Alembert 公式时, 特征线

$$\xi = x - at = C_1, \quad \eta = x + at = C_2$$

起到了重要作用. 因为沿特征线 $\eta = C_2$, 弦振动方程解的偏导数 $\dfrac{\partial u}{\partial \eta}$ 满足以 ξ 为自变量的常微分方程, 从而容易求得解的表达式.

双曲型方程连同在特征线上给出定解条件称为 Gaursat 问题. 这类问题常常出现在研究波的干扰, 气体的吸收和干燥等过程中, 在理论和应用上都很重要.

例题 8.1.1 求解 Gaursat 问题

$$\begin{cases} u_{tt} - a^2 u_{xx} = 0, & -\infty < x < +\infty,\ t > 0, \\ u\big|_{x=at} = \varphi(x), \quad u\big|_{x=-at} = \psi(x), & -\infty < x < +\infty, \end{cases}$$

其中 $\varphi(0) = \psi(0)$.

解 方程的通解为

$$u(x,t) = F(x+at) + G(x-at).$$

由定解条件, 得

$$\begin{cases} F(2x) + G(0) = \varphi(x), \\ F(0) + G(2x) = \psi(x), \end{cases} \tag{8.1.6}$$

即

$$\begin{cases} F(x) = \varphi\left(\dfrac{x}{2}\right) - G(0), \\ G(x) = \psi\left(\dfrac{x}{2}\right) - F(0). \end{cases}$$

所以,

$$u(x,t) = \varphi\left(\frac{x+at}{2}\right) - G(0) + \psi\left(\frac{x-at}{2}\right) - F(0).$$

又由 (8.1.6) 得

$$F(0) + G(0) = \frac{1}{2}(\varphi(0) + \psi(0)) = \varphi(0).$$

因此, 原定解问题的解为

$$u(x,t) = \varphi\left(\frac{x+at}{2}\right) + \psi\left(\frac{x-at}{2}\right) - \varphi(0). \qquad\square$$

例题 8.1.2 求解问题

$$\begin{cases} u_{xx} + 2u_{xy} - 3u_{yy} = 0, & -\infty < x < +\infty,\ y > 0, \\ u(x,0) = \sin x, \quad u_y(x,0) = x^2, & -\infty < x < +\infty. \end{cases}$$

解　首先化简方程. 它的特征方程是

$$\left(\frac{\mathrm{d}y}{\mathrm{d}x}\right)^2 - 2\frac{\mathrm{d}y}{\mathrm{d}x} - 3 = 0,$$

其判别式 $\delta = 1^2 - 1 \cdot (-3) = 4 > 0$. 分解因式, 得

$$\left(\frac{\mathrm{d}y}{\mathrm{d}x} + 1\right)\left(\frac{\mathrm{d}y}{\mathrm{d}x} - 3\right) = 0.$$

所以

$$\frac{\mathrm{d}y}{\mathrm{d}x} = -1, \quad \frac{\mathrm{d}y}{\mathrm{d}x} = 3.$$

对应的通解分别为 $y = -x + C$ 和 $y = 3x + C$. 做自变量变换

$$\xi = y + x, \quad \eta = y - 3x,$$

和未知函数变换 $u(x,y) = U(y + x, y - 3x)$. 直接计算, 得 $U_{\xi\eta} = 0$. 从而通解为 $U(\xi, \eta) = F(\xi) + G(\eta)$, 其中 F, G 是任意的函数.

现在由初始条件确定 F, G. 代回原来的变量, 原方程的通解为

$$u(x,t) = F(y + x) + G(y - 3x).$$

由定解条件, 得

$$\begin{cases} F(x) + G(-3x) = \sin x, \\ F'(x) + G'(-3x) = x^2, \end{cases}$$

即

$$\begin{cases} F'(x) - 3G'(-3x) = \cos x, \\ F'(x) + G'(-3x) = x^2, \end{cases}$$

所以,

$$\begin{cases} F'(x) = \dfrac{1}{4}(\cos x + 3x^2), \\ G'(-3x) = \dfrac{1}{4}(x^2 - \cos x), \end{cases}$$

$$\begin{cases} F'(x) = \dfrac{1}{4}(\cos x + 3x^2), \\ G'(x) = \dfrac{1}{4}\left(\dfrac{x^2}{9} - \cos \dfrac{x}{3}\right). \end{cases}$$

两边积分, 有

$$\begin{cases} F(x) = \dfrac{1}{4}(\sin x + x^3) + F(0), \\ G(x) = \dfrac{1}{4}\left(\dfrac{1}{27}x^3 - 3\sin \dfrac{x}{3}\right) + G(0). \end{cases}$$

因此, 由 $F(0) + G(0) = 0$, 原定解问题的解为

$$u(x,t) = \frac{1}{4}\left[\sin(y+x) + (y+x)^3\right] + \frac{1}{4}\left[\frac{1}{27}(y-3x)^3 - 3\sin\frac{y-3x}{3}\right]$$
$$= \frac{1}{4}\sin(x+y) + \frac{1}{4}(x+y)^3 - \frac{1}{4}\left(x - \frac{y}{3}\right)^3 + \frac{3}{4}\sin\left(x - \frac{y}{3}\right). \qquad \Box$$

Cauchy 问题 (8.1.1), (8.1.2) **的另一种解法**.

注意到

$$\frac{\partial^2}{\partial t^2} - a^2\frac{\partial^2}{\partial x^2} = \left(\frac{\partial}{\partial t} - a\frac{\partial}{\partial x}\right)\left(\frac{\partial}{\partial t} + a\frac{\partial}{\partial x}\right),$$

设 $v = au_x + u_t$, 则 v 满足一阶方程的 Cauchy 问题

$$\begin{cases} av_x - v_t = 0, & -\infty < x < +\infty, \ t > 0, \\ v(x,0) = a\varphi'(x) + \psi(x), & -\infty < x < +\infty. \end{cases}$$

它的特征方程组初值问题是

$$\begin{cases} \dfrac{\mathrm{d}x}{\mathrm{d}\xi} = a, & x(0,s) = s, \\[2mm] \dfrac{\mathrm{d}t}{\mathrm{d}\xi} = -1, & t(0,s) = 0, \\[2mm] \dfrac{\mathrm{d}z}{\mathrm{d}\xi} = 0, & z(0,s) = a\varphi'(s) + \psi(s), \end{cases}$$

所以

$$\begin{cases} x = a\xi + s, \\ t = -\xi, \\ z = a\varphi'(s) + \psi(s). \end{cases}$$

于是, 由前两个方程, 有 $\xi = -t, s = x + at$. 从而

$$v(x,t) = a\varphi'(x + at) + \psi(x + at).$$

由 v 的定义, u 满足一阶方程的 Cauchy 问题

$$\begin{cases} au_x + u_t = a\varphi'(x+at) + \psi(x+at), & -\infty < x < +\infty, \ t > 0, \\ u(x,0) = \varphi(x), & -\infty < x < +\infty. \end{cases}$$

它的特征方程组初值问题是

$$
\begin{cases}
\dfrac{\mathrm{d}x}{\mathrm{d}\xi} = a, & x(0,s) = s, \\[2mm]
\dfrac{\mathrm{d}t}{\mathrm{d}\xi} = 1, & t(0,s) = 0, \\[2mm]
\dfrac{\mathrm{d}z}{\mathrm{d}\xi} = a\varphi'(x+at) + \psi(x+at), & z(0,s) = \varphi(s),
\end{cases}
$$

所以

$$
\begin{cases}
x = a\xi + s, \\[1mm]
t = \xi, \\[1mm]
z = \dfrac{1}{2}\left(\varphi(2a\xi + s) + \varphi(s)\right) + \displaystyle\int_0^\xi \psi(2a\eta + s)\,\mathrm{d}\eta.
\end{cases}
$$

于是, 由前两个方程, 有 $\xi = t, s = x - at$. 从而

$$
\begin{cases}
u(x,t) = \dfrac{1}{2}\left(\varphi(2at + x - at) + \varphi(x - at)\right) + \displaystyle\int_0^t \psi(2a\eta + x - at)\,\mathrm{d}\eta \\[3mm]
\qquad\quad = \dfrac{1}{2}(\varphi(x+at) + \varphi(x-at)) + \dfrac{1}{2a}\displaystyle\int_{x-at}^{x+at} \psi(\xi)\,\mathrm{d}\xi.
\end{cases}
$$

作业 8.1.1　求解非齐次弦振动方程的 Cauchy 问题

$$
\begin{cases}
u_{tt} - a^2 u_{xx} = \dfrac{xt}{(1+x^2)^2}, & -\infty < x < +\infty,\ t > 0, \\[3mm]
u(x,0) = 0, \quad u_t(x,0) = \dfrac{1}{1+x^2}, & -\infty < x < +\infty.
\end{cases}
$$

作业 8.1.2　求解定解问题

$$
\begin{cases}
u_{xy} = x^2 y, \\[1mm]
u(x,0) = x^2, u(1,y) = \cos y.
\end{cases}
$$

作业 8.1.3　求解定解问题

$$
\begin{cases}
u_{xx} + y u_{yy} + \dfrac{1}{2} u_y = 0, y < 0, \\[3mm]
u|_{x - 2\sqrt{-y}} = \dfrac{1}{2} = \varphi_1(x), 0 \leqslant x < \dfrac{1}{2}, \\[3mm]
u|_{x + 2\sqrt{-y}} = \dfrac{1}{2} = \varphi_2(x), \dfrac{1}{2} \leqslant x \leqslant 1.
\end{cases}
$$

其中 $\varphi_1\left(\dfrac{1}{2}\right) = \varphi_2\left(\dfrac{1}{2}\right)$.

8.2 半实轴上初边值问题的延拓法

现在考虑半有界弦自由振动方程的初边值问题

$$\begin{cases} u_{tt} = a^2 u_{xx}, & x > 0,\ t > 0, \\ u(x,0) = \varphi(x), & u_t(x,0) = \psi(x),\ x \geqslant 0, \\ u(0,t) = 0, & t \geqslant 0. \end{cases}$$

将 φ, ψ 从 $[0,+\infty)$ 延拓到 $(-\infty,+\infty)$, 记为 Φ, Ψ. 设 $U(x,t)$ 是 Cauchy 问题

$$\begin{cases} U_{tt} = a^2 U_{xx}, & -\infty < x < +\infty,\ t > 0, \\ U(x,0) = \Phi(x),\ U_t(x,0) = \Psi(x), & -\infty < x < +\infty \end{cases}$$

的解,则

$$U = \frac{1}{2}\left(\Phi(x+at) + \Phi(x-at)\right) + \frac{1}{2a}\int_{x-at}^{x+at} \Psi(\xi)\,\mathrm{d}\xi.$$

从而有

$$U(x,0) = \frac{1}{2}(\Phi(x) + \Phi(x)) + \frac{1}{2a}\int_x^x \Psi(\xi)\,\mathrm{d}\xi = \Phi(x) = \varphi(x), \quad x \geqslant 0,$$

$$U_t(x,t) = \frac{a}{2}(\Phi'(x+at) - \Phi'(x-at)) + \frac{1}{2}(\Psi(x+at) + \Psi(x-at)),$$

$$U_t(x,0) = \frac{a}{2}(\Phi'(x) - \Phi'(x)) + \frac{1}{2}(\Psi(x) + \Psi(x)) = \Psi(x) = \psi(x), \quad x \geqslant 0.$$

为了使 U 满足边界条件 $U(0,t) = 0$, 只需

$$\frac{1}{2}(\Phi(at) + \Phi(-at)) + \frac{1}{2a}\int_{-at}^{at} \Psi(\xi)\,\mathrm{d}\xi = 0$$

对任意的 $t \geqslant 0$ 成立.

因此我们取 $\Phi(x)$, $\Psi(x)$ 分别为 $\varphi(x)$, $\psi(x)$ 的奇延拓, 即

$$\Phi(x) = \begin{cases} \varphi(x), & x \geqslant 0, \\ -\varphi(-x), & x < 0, \end{cases}$$

$$\Psi(x) = \begin{cases} \psi(x), & x \geqslant 0, \\ -\psi(-x), & x < 0. \end{cases}$$

从而当 $x \geqslant at > 0$ 时,

$$u(x,t) = \frac{1}{2}\left(\varphi(x+at) + \varphi(x-at)\right) + \frac{1}{2a}\int_{x-at}^{x+at} \psi(\xi)\,\mathrm{d}\xi;$$

当 $0 \leqslant x < at$ 时,

$$u(x,t) = \frac{1}{2}\left(\varphi(x+at) - \varphi(-x+at)\right) + \frac{1}{2a}\left(\int_0^{x+at}\psi(\xi)\,\mathrm{d}\xi + \int_{x-at}^0 -\psi(-\xi)\,\mathrm{d}\xi\right)$$

$$= \frac{1}{2}\left(\varphi(at+x) - \varphi(at-x)\right) + \frac{1}{2a}\int_{at-x}^{at+x}\psi(\xi)\,\mathrm{d}\xi.$$

例题 8.2.1　证明球面波问题

$$\begin{cases} u_{tt} - a^2\Delta u = 0, & \boldsymbol{x} \in \mathbb{R}^3, \ t > 0, \\ u(\boldsymbol{x},0) = \varphi(r), \quad u_t(\boldsymbol{x},0) = \psi(r), & \boldsymbol{x} \in \mathbb{R}^3 \end{cases}$$

的解为

$$u(r,t) = \begin{cases} \dfrac{1}{2r}[(r+at)\varphi(r+at) + (r-at)\varphi(r-at)] + \dfrac{1}{2ar}\displaystyle\int_{r-at}^{r+at}\rho\psi(\rho)\,\mathrm{d}\rho, & r > at, \\[3mm] \dfrac{1}{2r}[(r+at)\varphi(r+at) - (r-at)\varphi(at-r)] + \dfrac{1}{2ar}\displaystyle\int_{at-r}^{at+r}\rho\psi(\rho)\,\mathrm{d}\rho, & r < at, \end{cases}$$

其中 $r = |\boldsymbol{x}|$.

证明　记 $\boldsymbol{x} = (x_1, x_2, x_3)$, 由于

$$u_{x_i} = u_r\frac{x_i}{r}, \quad u_{x_ix_i} = \frac{1}{r}u_r + \left(\frac{x_i}{r}\right)^2 u_{rr} - \frac{x_i^2}{r^3}u_r,$$

所以

$$\Delta u = u_{rr} + \frac{2}{r}u_r.$$

设 $v(r,t) = ru(r,t)$, 则

$$\begin{cases} v_{tt} - a^2 v_{rr} = 0, & r > 0, \ t > 0, \\ v(r,0) = r\varphi(r), \quad v_t(r,0) = r\psi(r), & r \geqslant 0, \\ v(0,t) = 0, & t \geqslant 0. \end{cases}$$

由前面的求解公式, 有

$$v(r,t) = \frac{1}{2}(\Phi(r+at) + \Phi(r-at)) + \frac{1}{2a}\int_{r-at}^{r+at}\Psi(s)\,\mathrm{d}s$$

$$= \begin{cases} \dfrac{1}{2}[(r+at)\varphi(r+at) + (r-at)\varphi(r-at)] + \dfrac{1}{2a}\displaystyle\int_{r-at}^{r+at}s\psi(s)\,\mathrm{d}s, & r > at, \\[3mm] \dfrac{1}{2}[(r+at)\varphi(r+at) - (r-at)\varphi(at-r)] + \dfrac{1}{2a}\displaystyle\int_{at-r}^{at+r}s\psi(s)\,\mathrm{d}s, & r < at. \end{cases}$$

即结论成立.　　　　　　　　　　　　　　　　　　　　　　　　　　　　□

例题 8.2.2　*求解热传导方程的初边值问题*

$$\begin{cases} u_t - a^2 u_{xx} = 0, & x > 0,\ t > 0, \\ u(x,0) = \varphi(x), & x \geqslant 0, \\ u_x(0,t) - cu(0,t) = 0, & t \geqslant 0, \end{cases}$$

其中 a, c 都是正常数.

解　将 φ 从 $[0, +\infty)$ 延拓到 $(-\infty, +\infty)$, 记为 Φ, 设 $U(x,t)$ 是 Cauchy 问题

$$\begin{cases} U_t - a^2 U_{xx} = 0, & -\infty < x < +\infty,\ t > 0, \\ U(x,0) = \Phi(x), & -\infty < x < +\infty \end{cases}$$

的解, 则由求解公式 (7.1.2),

$$U(x,t) = \frac{1}{\sqrt{\pi}} \int_{-\infty}^{+\infty} \Phi(x + 2a\sqrt{t}\xi) \mathrm{e}^{-\xi^2}\, \mathrm{d}\xi.$$

显然, 为了使 U 是原来初边值问题的解, 只需 U 满足边界条件 $U_x(0,t) - cU(0,t) = 0$, 即

$$\frac{1}{\sqrt{\pi}} \int_{-\infty}^{+\infty} \Phi'(2a\sqrt{t}\xi) \mathrm{e}^{-\xi^2}\, \mathrm{d}\xi - \frac{c}{\sqrt{\pi}} \int_{-\infty}^{+\infty} \Phi(2a\sqrt{t}\xi) \mathrm{e}^{-\xi^2}\, \mathrm{d}\xi = 0,$$

$$\int_{-\infty}^{+\infty} [\Phi'(2a\sqrt{t}\xi) - c\Phi(2a\sqrt{t}\xi)] \mathrm{e}^{-\xi^2}\, \mathrm{d}\xi = 0$$

对任意的 $t \geqslant 0$ 成立.

由于奇函数在对称区间上积分恒为零, 因此我们取 $\Phi' - c\Phi$ 为 $\varphi' - c\varphi$ 的奇延拓, 即

$$\Phi'(\eta) - c\Phi(\eta) = -\varphi'(-\eta) + c\varphi(-\eta), \quad \eta < 0.$$

这是一个关于 $\Phi(\eta)$ 的一阶线性常微分方程, 等号右边的项是已知的. 求解并化简, 得到

$$\Phi(\eta) = \varphi(-\eta) + 2c\mathrm{e}^{c\eta} \int_0^{-\eta} \mathrm{e}^{c\zeta} \varphi(\zeta)\, \mathrm{d}\zeta, \quad \eta < 0.$$

所以原问题的解

$$
\begin{aligned}
u(x,t) &= \frac{1}{2a\sqrt{\pi t}} \int_{-\infty}^{+\infty} \Phi(z) e^{-\frac{(x-z)^2}{4a^2 t}} \, \mathrm{d}z \\
&= \frac{1}{2a\sqrt{\pi t}} \int_{0}^{+\infty} \varphi(z) e^{-\frac{(x-z)^2}{4a^2 t}} \, \mathrm{d}z \\
&\quad + \frac{1}{2a\sqrt{\pi t}} \int_{-\infty}^{0} \left(\varphi(-z) + 2ce^{cz} \int_{0}^{-z} e^{c\zeta}\varphi(\zeta)\,\mathrm{d}\zeta \right) e^{-\frac{(x-z)^2}{4a^2 t}} \, \mathrm{d}z \\
&= \frac{1}{2a\sqrt{\pi t}} \int_{0}^{+\infty} \varphi(z) \left(e^{-\frac{(x-z)^2}{4a^2 t}} + e^{-\frac{(x+z)^2}{4a^2 t}} \right) \, \mathrm{d}z \\
&\quad + \frac{c}{a\sqrt{\pi t}} \int_{0}^{+\infty} \mathrm{d}z \int_{0}^{z} \varphi(z) e^{-\frac{(x+z)^2}{4a^2 t} - c(z-\zeta)} \, \mathrm{d}\zeta.
\end{aligned}
$$
□

作业 8.2.1　求解调和方程的边值问题

$$
\begin{cases}
u_{xx} + u_{yy} = 0, & x > 0,\ y > 0, \\
u(x,0) = \varphi(x), & x \geqslant 0, \\
\lim\limits_{y \to +\infty} u(x,y) = 0, & x \geqslant 0, \\
u_x(0,y) = 0, & y \geqslant 0.
\end{cases}
$$

8.3　拓展习题与课外阅读

8.3.1　拓展习题

习题 8.3.1　设 u 是弦振动方程

$$
u_{tt} - a^2 u_{xx} = 0
$$

的古典解. 直线

$$
x + at = c_i, \quad x - at = d_i, \quad i = 1,\ 2
$$

构成一个平行四边形. 若 P_1, P_2, P_3, P_4 是平行四边形按逆时针排序的顶点, 求证

$$
u(P_1) + u(P_3) = u(P_2) + u(P_4).
$$

习题 8.3.2　求解半有界弦振动方程的定解问题

$$
\begin{cases}
u_{tt} - a^2 u_{xx} = 0, & x > 0,\ t > 0, \\
u(x,0) = u_t(x,0) = 0, & x \geqslant 0, \\
u(0,t) = \sin t, & t \geqslant 0.
\end{cases}
$$

习题 8.3.3 设 h 是一个正常数. 证明方程

$$\frac{\partial}{\partial x}\left[\left(1-\frac{x}{h}\right)^2 u_x\right] = \frac{1}{a^2}\left(1-\frac{x}{h}\right)^2 u_{tt}$$

的通解可以写成

$$u(x,t) = \frac{F(x-at) + G(x+at)}{h-x},$$

其中 F, G 是任意的可微函数.

习题 8.3.4 求弦振动方程初边值问题

$$\begin{cases} u_{tt} - a^2 u_{xx} = 0, x > 0, t > 0, \\ u(x,0) = \varphi(x), u_t(x,0) = \psi(x), x \geqslant 0, \\ u_x(0,t) + bu(0,t) = 0, t \geqslant 0 \end{cases}$$

的形式解.

习题 8.3.5 求解四阶方程的 Cauchy 问题

$$\begin{cases} (\partial_{tt} - a^2\partial_{xx})(\partial_{tt} - b^2\partial_{xx})u = 0, & x \in \mathbb{R}, \ t > 0, \\ u(x,0) = \varphi_0(x), \ u_t(x,0) = \varphi_1(x), & x \in \mathbb{R}, \\ u_{tt}(x,0) = \varphi_2(x), \ u_{ttt}(x,0) = \varphi_3(x), & x \in \mathbb{R}. \end{cases}$$

其中 a, b 是正常数, $\varphi_0, \varphi_1, \varphi_2, \varphi_3$ 是已知函数.

习题 8.3.6 通过未知函数的变换

$$v(x,t) = e^{\frac{c}{a}x_3}u(x',t),$$

试求解 Cauchy 问题

$$\begin{cases} u_{tt} - (a^2\Delta_{x'}u + c^2 u) = 0, & x' \in \mathbb{R}^2, \ t > 0, \\ u(x',0) = \varphi(x'), \quad u_t(x',0) = \psi(x'), & x' \in \mathbb{R}^2, \end{cases}$$

其中 $\Delta_{x'} = \partial_{x_1 x_1} + \partial_{x_2 x_2}$, $x' = (x_1, x_2)$, $x = (x', x_3)$.

习题 8.3.7 阅读关于 d'Alembert 的传记. 见吴文俊主编的《世界著名数学家传记》, 科学出版社, 1995.

习题 8.3.8 阅读杨健的《走进琴弦的世界》, 自然杂志, 26 (3), 2004, 177–183.

8.3.2 课外阅读

在本章中, 我们给出了求解两个自变量双曲型偏微分方程 Cauchy 问题的行波法, 求解各类半平面上定解问题的延拓法, 并没有涉及高维情形. 有兴趣的读者可按照标注分别参考下列文献:

[1] (其他边值问题) 保继光, 朱汝金. 偏微分方程: 第四章. 北京: 北京师范大学出版社, 2011.

[2] (高维情形) 保继光, 李海刚. 偏微分方程基础: 第四章. 北京: 高等教育出版社, 2018.

[3] (一般的双曲方程理论) John F. Partial Differential Equations: Chapter 5. 5th ed. New York: Springer, 1982.

第8章作业答案

分离变量法

分离变量法是求解偏微分方程的一种重要方法. 这种方法的基本思想是, 把方程中未知的多元函数分解成若干个一元函数的乘积, 从而将求解偏微分方程的问题转化为求解若干个常微分方程的问题. 分离变量法的理论基础是 Sturm–Liouville 理论 (图 9.1), 由 J. Sturm (1803—1855, 法国) 和 J. Liouville (1809—1882, 法国) 在 1836 年创立, 是矩阵特征值理论在无穷维的推广.

在数学及其应用中, 以雅克·夏尔·弗朗索瓦·施图姆 (1803-1855) 和约瑟夫·刘维尔 (1809-1882) 的名字命名的施图姆-刘维尔方程是指二阶线性实微分方程:

$$\frac{\mathrm{d}}{\mathrm{d}x}\left[p(x)\frac{\mathrm{d}y(x)}{\mathrm{d}x}\right] + \lambda w(x)y(x) - q(x)y(x) = 0$$

其中函数 $p(x)$, $w(x)$, $q(x)$ 均为已知函数; $y(x)$ 为待求解函数, 称为解; λ 是一个未定常数, $w(x)$ 又记为 $\rho(x)$, 称为权函数.

在一个正则的施图姆-刘维尔 (S-L) 本征值问题中, 在有界闭区间 $[a, b]$ 上, 三个系数函数 $p(x)$, $w(x)$, $q(x)$ 应满足以下性质:

- $p(x) > 0, w(x) > 0$;
- $p(x), p'(x), w(x), q(x)$ 均连续;
- $y(x)$ 满足边界条件 $\alpha_1 y(a) + \alpha_2 y'(a) = 0$ 且 $\beta_1 y(b) + \beta_2 y'(b) = 0$ $(\alpha_1^2 + \alpha_2^2 > 0, \beta_1^2 + \beta_2^2 > 0)$.

只有一些恰当的 λ 值才能使得上述方程拥有满足上述条件的非平凡解 (非零解), 这些 λ 称为方程的特征值, 而特征值的集合则称为特征函数族. 史, 刘二人在一些由边界条件确定的函数空间中, 引入埃尔米特算子, 形成了施图姆-刘维尔理论, 这个理论提出了特征值的存在性和渐近性, 以及特征函数族的正交完备性. 这个理论在应用数学中十分重要, 尤其是在使用分离变量法求解偏微分方程的时候.

施图姆-刘维尔理论提出:

- 施图姆-刘维尔特征值问题, 存在无限多个实数特征值, 而且可以排序为:
$$\lambda_1 < \lambda_2 < \lambda_3 < \cdots < \lambda_n < \cdots, \lim_{n\to\infty} \lambda_n = \infty;$$
- 对于每一个特征值 λ_n 都有唯一的 (已被归一化的) 特征函数 $y_n(x)$, 且 $y_n(x)$ 在开区间 (a, b) 上有且仅有 $n-1$ 个零点, 其中 $y_n(x)$ 称为满足上述施图姆-刘维尔特征值问题的第 n 个基本解;
- 已归一化的特征函数族在希尔伯特空间 $L^2([a, b], w(x)\mathrm{d}x)$ 上有正交性和完备性, 形成一组正交基:
$$\int_a^b y_n(x)y_m(x)w(x)\,\mathrm{d}x = \delta_{mn}$$

其中 δ_{mn} 是克罗内克内积函数.

图 9.1　Sturm–Liouville 理论

本章利用分离变量法对几类经典的偏微分方程初边值问题推导其形式解. 与积分变换法一样, 此方法的目的是将偏微分方程的定解问题化为常微分方程的定解问题; 不一样的是, 分离变量法通常需要未知函数的一个变量只在有界区间上变化.

9.1　热传导方程的初边值问题

首先考虑将使用分离变量法求解热传导方程的初边值问题

$$\begin{cases} u_t - a^2 u_{xx} = 0, & 0 < x < l,\ t > 0, \\ u(x, 0) = \varphi(x), & 0 \leqslant x \leqslant l, \\ u(0, t) = u(l, t) = 0, & t \geqslant 0. \end{cases} \tag{9.1.1}$$

第一步　分离变量. 设 $u(x,t) = X(x)T(t)$ 是满足 (9.1.1) 中方程与齐次边界条件的非零解, 则

$$\begin{cases} XT' - a^2 X''T = 0, \\ X(0)T(t) = X(l)T(t) = 0. \end{cases} \tag{9.1.2}$$

将 (9.1.2) 中方程分离变量, 有

$$\frac{T'(t)}{a^2 T(t)} = \frac{X''(x)}{X(x)}.$$

由于等式两边分别是 t 和 x 的函数, 它们只可能等于一个共同的常数, 通常记为 $-\lambda$. 从而, 得

$$T' + \lambda a^2 T = 0, \quad t > 0, \tag{9.1.3}$$

$$X'' + \lambda X = 0, \quad 0 < x < l. \tag{9.1.4}$$

由 (9.1.2) 中的边界条件和 $T \equiv v0$, 又有

$$X(0) = X(l) = 0. \tag{9.1.5}$$

定义 9.1.1　使问题 (9.1.4), (9.1.5) 有非零解的 λ 称为特征值, 相应的非零解称为特征函数. 问题 (9.1.4), (9.1.5) 称为特征值问题.

第二步　求解特征值问题, 得到变量分离形式的特解.

现在求解特征值问题 (9.1.4), (9.1.5). 我们对 λ 分情况讨论.

(1) 若 $\lambda < 0$, 则 (9.1.4) 的通解是

$$X(x) = C_1 \mathrm{e}^{\sqrt{-\lambda}x} + C_2 \mathrm{e}^{-\sqrt{-\lambda}x}.$$

由 (9.1.5), 得到关于 C_1 和 C_2 的线性代数方程组

$$\begin{cases} C_1 + C_2 = 0, \\ C_1 \mathrm{e}^{\sqrt{-\lambda}l} + C_2 \mathrm{e}^{-\sqrt{-\lambda}l} = 0. \end{cases}$$

从而 $C_1 = C_2 = 0$, $X \equiv 0$, 即 $\lambda < 0$ 不是特征值.

(2) 若 $\lambda = 0$, 则 (9.1.4) 的通解是

$$X(x) = C_1 + C_2 x.$$

由 (9.1.5), 得到

$$\begin{cases} C_1 = 0, \\ C_1 + C_2 l = 0. \end{cases}$$

从而 $C_1 = C_2 = 0$, $X \equiv 0$, 即 $\lambda = 0$ 也不是特征值.

(3) 若 $\lambda > 0$, 则 (9.1.4) 的通解是

$$X(x) = C_1 \cos \sqrt{\lambda} x + C_2 \sin \sqrt{\lambda} x.$$

由 (9.1.5), 得到

$$\begin{cases} C_1 = 0, \\ C_1 \cos \sqrt{\lambda} l + C_2 \sin \sqrt{\lambda} l = 0. \end{cases}$$

从而 $C_1 = C_2 \sin \sqrt{\lambda} l = 0$. 要使 $X \not\equiv 0$, 必须 $C_2 \neq 0$, 从而 $\sin \sqrt{\lambda} l = 0$, 解得

$$\lambda = \lambda_k = \left(\frac{k\pi}{l} \right)^2, \quad X_k = \sin \frac{k\pi}{l} x, \quad k = 1, \, 2, \, \cdots.$$

这就是特征值问题 (9.1.4), (9.1.5) 的解. 这里 k 的取值是不重不漏的, 略去了 X_k 前的任意常数 C_2.

将 $\lambda = \lambda_k$ 代入 (9.1.3), 可得

$$T_k = A_k \mathrm{e}^{-\left(\frac{k\pi a}{l} \right)^2 t}, \quad A_k \text{ 是任意非零常数}, \quad k = 1, \, 2, \, \cdots.$$

至此, 我们得到了所有的

$$u_k(x, t) = X_k(x) T_k(t) = A_k \mathrm{e}^{-\left(\frac{k\pi a}{l} \right)^2 t} \sin \frac{k\pi}{l} x, \quad k = 1, \, 2, \, \cdots.$$

它满足 (9.1.1) 中的方程与边界条件. 有时, 称 u_k 为基本解.

第三步 叠加所有的变量分离形式的特解, 确定系数.

令所有 u_k 的和

$$u(x, t) = \sum_{k=1}^{\infty} u_k(x, t) = \sum_{k=1}^{\infty} A_k \mathrm{e}^{-\left(\frac{k\pi a}{l} \right)^2 t} \sin \frac{k\pi}{l} x \tag{9.1.6}$$

是问题 (9.1.1) 的形式解. 只需令 u 满足 (9.1.1) 中初始条件, 即

$$\varphi(x) = \sum_{k=1}^{\infty} A_k \sin \frac{k\pi}{l} x.$$

由 $\left\{ \sin \frac{k\pi}{l} x \right\}_{k=1}^{\infty}$ 在 L^2 中的正交性, 即

$$\int_0^l \sin \frac{k\pi}{l} \xi \sin \frac{k'\pi}{l} \xi \, \mathrm{d}\xi = \begin{cases} \dfrac{l}{2}, & k = k', \\ 0, & k \neq k', \end{cases}$$

有

$$A_k = \frac{2}{l} \int_0^l \varphi(\xi) \sin \frac{k\pi}{l} \xi \, \mathrm{d}\xi, \quad k = 1, 2, \cdots. \tag{9.1.7}$$

所以, (9.1.6), (9.1.7) 给出了问题 (9.1.1) 的形式解.

分离变量法的步骤如图 9.2 所示.

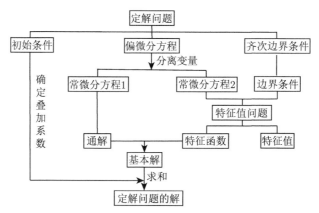

图 9.2　分离变量法的步骤

现在, 我们可以总结分离变量法的使用条件有:

(1) 问题 (包括方程、边界条件) 必须是线性的, 它保证了叠加原理的正确应用;

(2) 边界条件必须是齐次的, 它保证了分离变量过程中出现独立的常微分方程的定解问题.

最后, 验证形式解 (9.1.6), (9.1.7) 确实是问题 (9.1.1) 的解.

定理 9.1.2　设 $\varphi \in C^1[0,l]$, $\varphi(0) = \varphi(l) = 0$, 则由 (9.1.6), (9.1.7) 给出的表达式 $u \in C^\infty([0,l] \times (0,+\infty)) \cap C^0([0,l] \times [0,+\infty))$ 确实是问题 (9.1.1) 的解.

证明　对于 $k = 1, 2, \cdots$, 显然 $u_k \in C^\infty([0,l] \times [0,+\infty))$, 且满足边界条件 $u_k(0,t) = u_k(l,t) = 0$. 因此, 需要在 $[0,l] \times [0,+\infty)$ 上研究函数项级数 $\sum\limits_{k=1}^{\infty} u_k(x,t)$ 的一致收敛性.

(1) 先证 $u \in C^0([0,l] \times [0,+\infty))$, 且满足边界条件 $u(0,t) = u(l,0) = 0$ 和初始条件 $u(x,0) = \varphi(x)$.

由分部积分公式

$$\begin{aligned}
A_k &= \frac{2}{l} \int_0^l \varphi(\xi) \left(-\frac{l}{k\pi} \right) \mathrm{d} \cos \frac{k\pi}{l} \xi \\
&= -\frac{2}{k\pi} \left(\varphi(\xi) \cos \frac{k\pi}{l} \xi \bigg|_{\xi=0}^{l} - \int_0^l \varphi'(\xi) \cos \frac{k\pi}{l} \xi \, \mathrm{d}\xi \right)
\end{aligned}$$

$$= \frac{2}{k\pi} \int_0^l \varphi'(\xi) \cos \frac{k\pi}{l} \xi \,\mathrm{d}\xi$$

$$:= \frac{l}{k\pi} a_k,$$

其中 a_k 是函数 φ' 的 Fourier 系数

$$a_k = \frac{2}{l} \int_0^l \varphi'(\xi) \cos \frac{k\pi}{l} \xi \,\mathrm{d}\xi, \quad k = 0,\ 1,\ 2,\ \cdots.$$

应用 Parseval 等式, 有

$$\frac{1}{2} a_0^2 + \sum_{k=1}^\infty a_k^2 = \frac{2}{l} \int_0^l \varphi'^2(\xi) \,\mathrm{d}\xi.$$

所以, 由 Cauchy 不等式

$$\left(\sum_{k=1}^\infty |A_k| \right)^2 \leqslant \sum_{k=1}^\infty \left(\frac{l}{k\pi} \right)^2 \sum_{k=1}^\infty a_k^2 \leqslant \left(\frac{l}{\pi} \right)^2 \sum_{k=1}^\infty \frac{1}{k^2} \cdot \frac{2}{l} \int_0^l \varphi'^2(\xi) \,\mathrm{d}\xi.$$

从而 $\sum_{k=1}^\infty |A_k|$ 绝对收敛, 函数项级数 (9.1.6) 在 $[0,l] \times [0,+\infty)$ 上一致收敛, $u \in C^0([0,l] \times [0,+\infty))$.

显然, u 满足 (9.1.1) 中边界条件. 当 $t = 0$ 时, (9.1.6) 成为

$$u(x,0) = \sum_{k=1}^\infty A_k \sin \frac{k\pi}{l} x.$$

由系数公式 (9.1.7) 和 Fourier 级数收敛定理, $u(x,0) = \varphi(x)$.

(2) 下证 $u \in C^\infty([0,l] \times (0,+\infty))$, 且满足 $u_t - a^2 u_{xx} = 0$. 我们只需研究 $\sum_{k=1}^\infty u_k(x,t)$ 逐项微分后的函数项级数在 $[0,l] \times (0,+\infty)$ 上的内闭一致收敛性.

设 $m,\ n \in \mathbb{N}$, $\varepsilon > 0$, 在 $[0,l] \times [\varepsilon,+\infty)$ 上

$$\left| \frac{\partial^{m+n} u_k}{\partial x^m \partial t^n} \right| = \left| \frac{\partial^{m+n}}{\partial x^m \partial t^n} \left(A_k \mathrm{e}^{-\left(\frac{k\pi a}{l}\right)^2 t} \sin \frac{k\pi}{l} x \right) \right|$$

$$= \left| A_k \left[-\left(\frac{k\pi a}{l} \right)^2 \right]^n \mathrm{e}^{-\left(\frac{k\pi a}{l}\right)^2 t} \cdot \left(\frac{k\pi}{l} \right)^m \sin \left(\frac{k\pi}{l} x + \frac{m\pi}{2} \right) \right|$$

$$\leqslant \left(\frac{\pi}{l} \right)^{m+2n} \sup_k |A_k| \cdot a^{2n} k^{m+2n} \mathrm{e}^{-\left(\frac{k\pi a}{l}\right)^2 \varepsilon}.$$

因为数项级数 $\displaystyle\sum_{k=1}^{\infty} k^{m+2n} \mathrm{e}^{-\left(\frac{k\pi a}{l}\right)^2 \varepsilon}$ 收敛, 所以在 $[0, l] \times [\varepsilon, +\infty)$ 上

$$\sum_{k=1}^{\infty} \frac{\partial^{m+n} u_k}{\partial x^m \partial t^n}(x, t)$$

一致收敛. 由 m, n 和 ε 的任意性, $u \in C^\infty([0, l] \times (0, +\infty))$, 且求任意阶偏导数与求级数和可以换序, 从而满足方程.　　　　　　　　　　　　　　　　$\square$

　　注 9.1.1　定理 9.1.2 中的条件 $\varphi(0) = \varphi(l) = 0$ 是必要的, 因为 $\varphi(0) = u(0,0) = 0$, $\varphi(l) = u(0, l) = 0$.

　　作业 9.1.1　用分离变量法求解初边值问题

$$\begin{cases} u_t - a^2 u_{xx} = 0, & 0 < x < \pi, \ t > 0, \\ u(x, 0) = x^2(x - \pi), & 0 \leqslant x \leqslant \pi, \\ u(0, t) = u(\pi, t) = 0, & t \geqslant 0. \end{cases}$$

　　作业 9.1.2　用分离变量法求解初边值问题

$$\begin{cases} u_t - a^2 u_{xx} = 0, & 0 < x < l, \ t > 0, \\ u(x, 0) = 0, & 0 \leqslant x \leqslant l, \\ u(0, t) = 0, \quad u(l, t) = At, & t \geqslant 0, \end{cases}$$

其中 A 是常数.

9.2　弦振动方程的初边值问题

接下来我们求解弦振动方程的初边值问题

$$\begin{cases} u_{tt} - a^2 u_{xx} = 0, & 0 < x < l, \ t > 0, & \text{(9.2.1a)} \\ u(x, 0) = \varphi(x), \ u_t(x, 0) = \psi(x), & 0 \leqslant x \leqslant l, & \text{(9.2.1b)} \\ u(0, t) = u(l, t) = 0, & t \geqslant 0. & \text{(9.2.1c)} \end{cases}$$

　　设 $u(x, t) = X(x)T(t)$ 是 (9.2.1a), (9.2.1c) 分离变量形式的非零解, 则 X, T 满足

$$XT'' - a^2 X''T = 0, \tag{9.2.2}$$

$$X(0)T(t) = X(l)T(t) = 0. \tag{9.2.3}$$

将方程 (9.2.2) 分离变量, 得

$$\frac{T''(t)}{a^2 T(t)} = \frac{X''(x)}{X(x)} = -\lambda,$$

其中 λ 为待定常数. 从而, 分别得到 T 和 X 满足的方程

$$T'' + a^2\lambda T = 0, \quad t > 0, \tag{9.2.4}$$

$$X'' + \lambda X = 0, \quad 0 < x < l. \tag{9.2.5}$$

由边界条件 (9.2.3) 和 $T(t) \not\equiv 0$, 可知

$$X(0) = X(l) = 0. \tag{9.2.6}$$

求解特征值问题 (9.2.5), (9.2.6), 即上一节的 (9.1.4), (9.1.5), 得到特征值和特征函数

$$\lambda_k = \left(\frac{k\pi}{l}\right)^2, \quad X_k = \sin\frac{k\pi}{l}x, \quad k = 1,\ 2,\ \cdots.$$

将 $\lambda = \lambda_k$ 代入 (9.2.4), 解得

$$T_k = A_k \cos\frac{k\pi a}{l}t + B_k \sin\frac{k\pi a}{l}t,$$

其中 A_k, B_k 是待定常数. 至此, 我们得到了所有的特解

$$u_k(x,t) := X_k(x)T_k(t) = \left(A_k\cos\frac{k\pi a}{l}t + B_k\sin\frac{k\pi a}{l}t\right)\sin\frac{k\pi}{l}x, \quad k = 1,\ 2,\ \cdots.$$

它们满足齐次方程 (9.2.1a) 和齐次边界条件 (9.2.1c).

最后, 我们将这一列特解叠加起来, 利用初始条件 (9.2.1b) 来确定 A_k, B_k. 为了使

$$u(x,t) = \sum_{k=1}^{\infty} u_k(x,t) = \sum_{k=1}^{\infty}\left(A_k\cos\frac{k\pi a}{l}t + B_k\sin\frac{k\pi a}{l}t\right)\sin\frac{k\pi}{l}x \tag{9.2.7}$$

是问题 (9.2.1) 的形式解, 令 (9.2.7) 满足初始条件 (9.2.1b), 即

$$\varphi(x) = \sum_{k=1}^{\infty} A_k \sin\frac{k\pi}{l}x, \quad \psi(x) = \sum_{k=1}^{\infty}\frac{k\pi a}{l}B_k\sin\frac{k\pi}{l}x.$$

由 $\left\{\sin\dfrac{k\pi}{l}x\right\}_{k=1}^{\infty}$ 在 $L^2(0,l)$ 空间中的正交性, 有

$$A_k = \frac{2}{l}\int_0^l \varphi(\xi)\sin\frac{k\pi}{l}\xi\,\mathrm{d}\xi, \quad B_k = \frac{2}{k\pi a}\int_0^l \psi(\xi)\sin\frac{k\pi}{l}\xi\,\mathrm{d}\xi. \tag{9.2.8}$$

至此, (9.2.7), (9.2.8) 给出了初边值问题 (9.2.1) 的形式解.

下面简单解释一下公式 (9.2.7), (9.2.8) 给出的解的物理意义. 特解

$$u_k(x,t) = \left(A_k \cos \frac{k\pi a}{l} t + B_k \sin \frac{k\pi a}{l} t\right) \sin \frac{k\pi}{l} x = C_k \sin(\omega_k t + \delta_k) \sin \alpha_k x$$

代表一个驻波 (弦的两端固定, 自由振动会形成驻波 (图 9.3)), 其中 $\omega_k = \dfrac{k\pi}{l} a = \dfrac{k\pi}{l} \sqrt{\dfrac{T}{\rho}}$ 为两端固定弦的本征频率, $\alpha_k = \dfrac{k\pi}{l}$ 为单位长度内的波数, $C_k = \sqrt{A_k^2 + B_k^2}$, $C_k \sin \alpha_k x$ 表示弦上各点的振幅分布, $\sin(\omega_k t + \delta_k)$ 是相位因子, δ_k 表示初相位 (由初始条件决定).

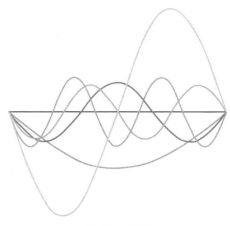

图 9.3   驻波

当 $\alpha_k x = m\pi$, 即 $x = \dfrac{m\pi}{\alpha_k} = \dfrac{m}{k} l$, $m = 0,\ 1,\ 2,\ \cdots,\ k$ 处, 波的振幅为 0, 这些点称为波节, 包括弦的两个端点在内, 波节共有 $k+1$ 个. 当 $\alpha_k x = \left(m + \dfrac{1}{2}\right)\pi$, 即 $x = \dfrac{(2m+1)\pi}{2\alpha_k} = \dfrac{(2m+1)}{2k} l$, $m = 0,\ 1,\ 2,\ \cdots,\ k-1$ 处, 波的振幅的绝对值最大, 这些点称为波峰, 波峰共有 k 个. 整个问题的解 $u(x,t)$ 就是这些驻波 $u_k(x,t)$ 的叠加. 因而分离变量法也称为驻波法.

驻波没有波形传播现象, 即各点振动周期并不依次滞后, 它们按同一方式随时间 t 振动, 可以统一表示为 $Y(t)$, 但是各点的振幅 X 却随点 x 而异, 即振幅 X 是 x 的函数. 这样, 驻波的一般表示式为

$$u(x,t) = X(x)Y(t).$$

这也正是可以采用分离变量法求解弦振动方程初边值问题的原因所在.

就两端固定的弦来说, 本征频率 ω_k 中有一个最小值, $\omega_1 = \dfrac{\pi}{l}a = \dfrac{\pi}{l}\sqrt{\dfrac{T}{\rho}}$, 它称为基频 (对应的驻波称为基波). 而其他的本征频率 $\omega_k = k\omega_1$, $k = 2,\ 3,\ \cdots$, 称为倍频 (对应的驻波称为谐波). 基频决定弦所发声音的音调, 所以当弦的质料 ρ 一定时, 改变弦的张力 T, 就可调解音调. 基频和倍频的叠加系数 A_k 和 B_k 的相对大小决定了声音的音频分布 (即音色).

严格地讲, 公式 (9.2.7), (9.2.8) 仅给出了初边值问题 (9.2.1) 的形式解, 下面的定理将保证 (9.2.7), (9.2.8) 确实是问题 (9.2.1) 的解.

定理 9.2.1 设 $\varphi''', \psi'' \in L^2((0,l))$. 若 $\varphi \in C^2[0,l]$, $\psi \in C^1[0,l]$, 且满足

$$\varphi(0) = \varphi(l) = \varphi''(0) = \varphi''(l) = \psi(0) = \psi(l) = 0, \tag{9.2.9}$$

则由 (9.2.7), (9.2.8) 给出的 $u \in C^2([0,l] \times [0,+\infty))$ 是问题 (9.2.1) 的解.

证明 由 A_k 的定义 (9.2.8) 和相容性条件 (9.2.9), 使用分部积分公式, 得

$$
\begin{aligned}
A_k &= \frac{2}{l} \int_0^l \varphi(\xi) \sin \frac{k\pi}{l}\xi \, \mathrm{d}\xi \\
&= -\frac{l}{k\pi} \cdot \frac{2}{l} \int_0^l \varphi(\xi) \, \mathrm{d}\cos \frac{k\pi}{l}\xi \\
&= -\frac{l}{k\pi} \cdot \frac{2}{l} \left(\varphi(\xi) \cos \frac{k\pi}{l}\xi \, \bigg|_{\xi=0}^l - \int_0^l \varphi'(\xi) \cos \frac{k\pi}{l}\xi \, \mathrm{d}\xi \right) \\
&= \frac{l}{k\pi} \cdot \frac{2}{l} \int_0^l \varphi'(\xi) \cos \frac{k\pi}{l}\xi \, \mathrm{d}\xi.
\end{aligned}
$$

再使用两次分部积分公式, 有

$$
\begin{aligned}
A_k &= \left(\frac{l}{k\pi} \right)^2 \frac{2}{l} \left(\varphi'(\xi) \sin \frac{k\pi}{l}\xi \, \bigg|_{\xi=0}^l - \int_0^l \varphi''(\xi) \sin \frac{k\pi}{l}\xi \, \mathrm{d}\xi \right) \\
&= -\left(\frac{l}{k\pi} \right)^2 \frac{2}{l} \int_0^l \varphi''(\xi) \sin \frac{k\pi}{l}\xi \, \mathrm{d}\xi \\
&= \left(\frac{l}{k\pi} \right)^3 \cdot \frac{2}{l} \left(\varphi''(\xi) \cos \frac{k\pi}{l}\xi \, \bigg|_{\xi=0}^l - \int_0^l \varphi'''(\xi) \cos \frac{k\pi}{l}\xi \, \mathrm{d}\xi \right) \\
&= -\left(\frac{l}{k\pi} \right)^3 \cdot \frac{2}{l} \int_0^l \varphi'''(\xi) \cos \frac{k\pi}{l}\xi \, \mathrm{d}\xi \\
&:= -\left(\frac{l}{k\pi} \right)^3 a_k,
\end{aligned}
$$

其中

$$a_k := \frac{2}{l} \int_0^l \varphi'''(\xi) \cos \frac{k\pi}{l}\xi \, \mathrm{d}\xi, \quad k = 1, 2, \cdots.$$

同理

$$B_k = -\frac{1}{a}\left(\frac{l}{k\pi}\right)^3 b_k, \quad b_k := \frac{2}{l}\int_0^l \psi''(\xi)\sin\frac{k\pi}{l}\xi\,\mathrm{d}\xi, \quad k = 1, 2, \cdots.$$

由 Parseval 等式, 有

$$\sum_{k=1}^{\infty} a_k^2 = \frac{2}{l}\int_0^l (\varphi'''(\xi))^2\,\mathrm{d}\xi, \quad \sum_{k=1}^{\infty} b_k^2 = \frac{2}{l}\int_0^l (\psi''(\xi))^2\,\mathrm{d}\xi, \tag{9.2.10}$$

从而

$$|a_k| + |b_k| \leqslant \sqrt{\frac{2}{l}}\left(\|\varphi'''\|_{L^2(0,l)} + \|\psi''\|_{L^2(0,l)}\right), \quad k = 1,\ 2,\ \cdots.$$

因此, 在 $[0,l]\times[0,+\infty)$ 上

$$|u_k(x,t)| \leqslant |A_k| + |B_k| = \left(\frac{l}{k\pi}\right)^3\left(|a_k| + \frac{1}{a}|b_k|\right) \leqslant \frac{C}{k^3},$$

$$|u_{kt}(x,t)| \leqslant \frac{k\pi a}{l}(|A_k| + |B_k|) = a\left(\frac{l}{k\pi}\right)^2\left(|a_k| + \frac{1}{a}|b_k|\right) \leqslant \frac{C}{k^2},$$

$$|u_{kx}(x,t)| \leqslant \frac{k\pi}{l}(|A_k| + |B_k|) = \left(\frac{l}{k\pi}\right)^2\left(|a_k| + \frac{1}{a}|b_k|\right) \leqslant \frac{C}{k^2},$$

其中 C 是仅依赖于 a, l, $\|\varphi'''\|_{L^2(0,l)}$ 和 $\|\psi''\|_{L^2(0,l)}$, 而与 k 无关的正常数. 同样, 在 $[0,l]\times[0,+\infty)$ 上

$$\begin{aligned}
|u_{ktt}(x,t)| &\leqslant \left(\frac{k\pi a}{l}\right)^2(|A_k| + |B_k|) = \frac{la^2}{k\pi}\left(|a_k| + \frac{1}{a}|b_k|\right)\\
&\leqslant \frac{l}{\pi}\left(\frac{a^2}{k^2} + a^2 a_k^2 + b_k^2\right),\\
|u_{kxx}(x,t)| &\leqslant \left(\frac{k\pi}{l}\right)^2(|A_k| + |B_k|) = \frac{l}{k\pi}\left(|a_k| + \frac{1}{a}|b_k|\right)\\
&\leqslant \frac{l}{\pi}\left(\frac{1}{k^2} + a_k^2 + \frac{1}{a^2}b_k^2\right),\\
|u_{kxt}(x,t)| &\leqslant a\left(\frac{k\pi}{l}\right)^2(|A_k| + |B_k|) = \frac{la}{k\pi}\left(|a_k| + \frac{1}{a}|b_k|\right)\\
&\leqslant \frac{l}{\pi}\left(\frac{1}{k^2} + a^2 a_k^2 + b_k^2\right).
\end{aligned}$$

应用 (9.2.10) 和函数项级数的优级数判别法, 可知

$$\sum_{k=1}^{\infty} u_k(x,t), \quad \sum_{k=1}^{\infty} u_{kt}(x,t), \quad \sum_{k=1}^{\infty} u_{kx}(x,t),$$

$$\sum_{k=1}^{\infty} u_{ktt}(x,t), \quad \sum_{k=1}^{\infty} u_{kxx}(x,t), \quad \sum_{k=1}^{\infty} u_{kxt}(x,t)$$

在 $[0,l] \times [0,+\infty)$ 上一致收敛. 因此, 函数项级数 (9.2.7) 可以逐项微分两次, 从而 $u \in C^2([0,l] \times [0,+\infty))$ 且满足方程 (9.2.1a). 显然 u 满足 (9.2.1c).

由 Fourier 级数收敛定理, u 满足 (9.2.1b). 证毕. $\qquad\square$

注 9.2.1 定理 9.2.1 中的条件 (9.2.9) 是必要的, 即古典解在初始时刻 $t = 0$ 和角点 $(0,0)$, $(l,0)$ 处应满足一定的相容性条件. 由初始条件 (9.2.1b), 有

$$\varphi(x) = u(x,0) \in C^2[0,l], \quad \psi(x) = u_t(x,0) \in C^1[0,l], \quad \varphi''(x) = u_{xx}(x,0) \in C^0[0,l].$$

再由边界条件 (9.2.1c), 知

$$\varphi(0) = u(0,0) = 0, \quad \varphi(l) = u(l,0) = 0,$$

$$\psi(0) = u_t(0,0) = 0, \quad \psi(l) = u_t(l,0) = 0.$$

由方程 (9.2.1a), 还有

$$\varphi''(0) = u_{xx}(0,0) = \frac{1}{a^2} u_{tt}(0,0) = 0, \quad \varphi''(l) = u_{xx}(l,0) = \frac{1}{a^2} u_{tt}(l,0) = 0.$$

即 (9.2.9) 是必要的.

例题 9.2.1 求解

$$\begin{cases} u_{tt} = u_{xx}, & 0 < x < 1,\ t > 0, \\ u(x,0) = u_t(x,0) = 0, & 0 \leqslant x \leqslant 1, \\ u(0,t) = 0,\ u_x(1,t) = \sin t, & t \geqslant 0. \end{cases}$$

解 设 $w(x,t) = \dfrac{\sin x \sin t}{\cos 1}$, 它满足方程和边界条件. 记 $v = u - w$, 有

$$\begin{cases} v_{tt} = v_{xx}, \\ v(0,t) = v_x(1,t) = 0, \\ v(x,0) = 0,\ v_t(x,0) = -\dfrac{\sin x}{\cos 1}. \end{cases}$$

设 $v(x,t) = X(x)T(t)$, 则

$$\begin{cases} X'' + \lambda X = 0, & 0 < x < 1, \\ X(0) = X'(1) = 0, \end{cases}$$

$$T'' + \lambda T = 0, \quad t > 0.$$

解之,

$$\lambda_k = \left(\frac{2k+1}{2}\pi \right)^2, \quad X_k = \sin \frac{2k+1}{2}\pi x,$$

$$T_k = A_k \cos \frac{2k+1}{2}\pi t + B_k \sin \frac{2k+1}{2}\pi t, \quad k = 0, \ 1, \ \cdots.$$

所以

$$v(x,t) = \sum_{k=0}^{\infty} \left(A_k \cos \frac{2k+1}{2}\pi t + B_k \sin \frac{2k+1}{2}\pi t \right) \sin \frac{2k+1}{2}\pi x,$$

其中 $A_k, \ B_k$ 是常数.

令 v 满足初值

$$\sum_{k=0}^{\infty} A_k \sin \frac{2k+1}{2}\pi x = 0, \quad \sum_{k=0}^{\infty} \frac{2k+1}{2}\pi B_k \sin \frac{2k+1}{2}\pi x = -\frac{\sin x}{\cos 1},$$

得到 $A_k = 0$ 和

$$\begin{aligned} B_k &= \frac{4}{\pi(2k+1)} \int_0^1 -\frac{\sin x}{\cos 1} \sin \frac{2k+1}{2}\pi x \, \mathrm{d}x \\ &= \frac{4}{\pi(2k+1)} \frac{(-1)^k}{1 - \left(\dfrac{2k+1}{2}\pi \right)^2}. \end{aligned}$$

因此

$$u = \frac{\sin x \sin t}{\cos 1} + \frac{4}{\pi} \sum_{k=0}^{\infty} \frac{(-1)^{k-1} \sin \dfrac{2k+1}{2}\pi x \sin \dfrac{2k+1}{2}\pi t}{(2k+1) \left[1 - \left(\dfrac{2k+1}{2}\pi \right)^2 \right]}. \qquad \Box$$

作业 9.2.1　用分离变量法求解弦振动方程初边值问题

$$\begin{cases} u_{tt} - a^2 u_{xx} = 0, & 0 < x < l, \ t > 0, \\ u(x,0) = \sin \dfrac{3\pi x}{2l}, \quad u_t(x,0) = 0, & 0 \leqslant x \leqslant l, \\ u(0,t) = u_x(l,t) = 0, & t \geqslant 0. \end{cases}$$

作业 9.2.2　用分离变量法求解弦振动方程初边值问题

$$\begin{cases} u_{tt} - a^2 u_{xx} = b \sinh x, & 0 < x < l, \ t > 0, \\ u(x,0) = u_t(x,0) = 0, & 0 \leqslant x \leqslant l, \\ u(0,t) = u(l,t) = 0, & t \geqslant 0, \end{cases}$$

其中 b 是正常数.

9.3 调和方程的边值问题

例题 9.3.1 *求解*

$$\begin{cases} u_{xx} + u_{yy} = 0, & 0 < x < a,\ 0 < y < b, \\ u(x,0) = x(a-x),\ u(x,b) = 0, & 0 \leqslant x \leqslant a, \\ u_x(0,y) = u(a,y) = 0, & 0 \leqslant y \leqslant b. \end{cases}$$

解 设 $u(x,y) = X(x)Y(y)$, 得到特征值问题

$$\begin{cases} X'' + \lambda X = 0, & 0 < x < a, \\ X'(0) = X(a) = 0 \end{cases}$$

和常微分方程

$$Y'' - \lambda Y = 0, \quad 0 < y < b.$$

求解它们, 得到特征值 $\lambda_k = \left(\dfrac{2k+1}{2a}\pi\right)^2$, 特征函数 $X_k = \cos\dfrac{2k+1}{2a}\pi x$, 和

$$Y_k = A_k e^{\frac{2k+1}{2a}\pi y} + B_k e^{-\frac{2k+1}{2a}\pi y}, \quad k = 0,\ 1,\ 2,\ \cdots.$$

所以形式解

$$u(x,y) = \sum_{k=0}^{\infty}\left(A_k e^{\frac{2k+1}{2a}\pi y} + B_k e^{-\frac{2k+1}{2a}\pi y}\right)\cos\frac{2k+1}{2a}\pi x.$$

由 $y = 0,\ b$ 上的边界条件, 有

$$\begin{cases} x(1-x) = \displaystyle\sum_{k=0}^{\infty}(A_k + B_k)\cos\dfrac{2k+1}{2a}\pi x, \\ 0 = \displaystyle\sum_{k=0}^{\infty}\left(A_k e^{\frac{2k+1}{2a}\pi b} + B_k e^{-\frac{2k+1}{2a}\pi b}\right)\cos\dfrac{2k+1}{2a}\pi x, \end{cases}$$

从而

$$\begin{cases} A_k + B_k = \dfrac{2}{a}\displaystyle\int_0^a x(a-x)\cos\dfrac{2k+1}{2a}\pi x\,\mathrm{d}x = \dfrac{8a^2}{\pi^2(2k+1)^2}\left[\dfrac{4(-1)^k}{\pi(2k+1)} - 1\right], \\ A_k e^{\frac{2k+1}{2a}\pi b} + B_k e^{-\frac{2k+1}{2a}\pi b} = 0. \end{cases}$$

因此

$$u(x,y) = \frac{8a^2}{\pi^2}\sum_{k=0}^{\infty}\frac{1}{(2k+1)^2}\left[\frac{4(-1)^k}{\pi(2k+1)} - 1\right]\frac{\sinh\dfrac{2k+1}{2a}\pi(b-y)}{\sinh\dfrac{2k+1}{2a}\pi b}\cos\frac{2k+1}{2a}\pi x. \qquad \Box$$

例题 9.3.2　*求解边值问题*

$$\begin{cases} u_{xx} + u_{yy} = 0, & x^2 + y^2 < 1, \\ \dfrac{\partial u}{\partial \boldsymbol{\nu}} = f(x, y), & x^2 + y^2 = 1, \end{cases}$$

其中 $\boldsymbol{\nu} = \boldsymbol{\nu}(x, y)$ 是 $x^2 + y^2 = 1$ 的单位外法向量.

解　设极坐标变换 $x = r\cos\theta,\ y = r\sin\theta$, 则圆 $x^2 + y^2 < 1$ 变成了矩形 $(0, 1) \times [0, 2\pi)$, 边值问题变成了

$$\begin{cases} u_{rr} + \dfrac{1}{r}u_r + \dfrac{1}{r^2}u_{\theta\theta} = 0, & r \in (0, 1),\ \theta \in [0, 2\pi], \\ u_r(1, \theta) = g(\theta) := f(\cos\theta, \sin\theta), & \theta \in [0, 2\pi], \end{cases}$$

并且 u 有界,

$$u(r, \theta) = u(r, \theta + 2\pi), \quad r \in (0, 1], \quad \theta \in (-\infty, +\infty).$$

设 $u(r, \theta) = R(r)\Theta(\theta)$, 则

$$\begin{cases} R''\Theta + \dfrac{1}{r}R'\Theta + \dfrac{1}{r^2}R\Theta'' = 0, \\ R(r)\Theta(\theta) = R(r)\Theta(\theta + 2\pi). \end{cases}$$

由此得到特征值问题

$$\begin{cases} \Theta'' + \lambda\Theta = 0, & \theta \in (-\infty, +\infty), \\ \Theta(\theta) = \Theta(\theta + 2\pi) \end{cases}$$

和常微分方程

$$\begin{cases} R'' + \dfrac{1}{r}R' - \dfrac{\lambda}{r^2}R = 0, & r \in (0, 1), \\ R(r)\ \text{在}\ (0, 1)\ \text{有界}. \end{cases}$$

求解它们, 得到特征值 $\lambda_k = k^2$, 特征函数 $\Theta_k = A_k\cos k\theta + B_k\sin k\theta$ 和 $R_k = r^k$, $k = 0,\ 1,\ 2,\ \cdots$. 所以

$$u = \sum_{k=0}^{\infty} r^k(A_k\cos k\theta + B_k\sin k\theta).$$

令 u 满足边界条件

$$g(\theta) = \sum_{k=1}^{\infty} k(A_k\cos k\theta + B_k\sin k\theta),$$

则有

$$A_k = \frac{1}{\pi k} \int_0^{2\pi} g(\theta) \cos k\theta \, \mathrm{d}\theta, \quad B_k = \frac{1}{\pi k} \int_0^{2\pi} g(\theta) \sin k\theta \, \mathrm{d}\theta,$$

其中 $k = 1, 2, \cdots$; A_0 是任意常数.

可以证明: 当 $g'' \in L^2[0, 2\pi]$ 且 $\int_0^{2\pi} g(\theta) \, \mathrm{d}\theta = 0$ 时, 原问题有解 $u \in C^1(\overline{B}_1) \cap C^2(B_1)$. $\qquad\Box$

作业 9.3.1 用分离变量法求解调和方程边值问题

$$\begin{cases} u_{xx} + u_{yy} = 0, & 0 < x < \pi, \ 0 < y < \pi, \\ u_x(0, y) = y - \dfrac{\pi}{2}, \quad u_x(\pi, y) = 0, & 0 \leqslant y \leqslant \pi, \\ u_y(x, 0) = u_y(x, \pi) = 0, & 0 \leqslant x \leqslant \pi. \end{cases}$$

作业 9.3.2 用分离变量法求解调和方程初边值问题

$$\begin{cases} u_{rr} + \dfrac{1}{r} u_r + \dfrac{1}{r^2} u_{\theta\theta} = 0, & 0 < r < R, 0 \leqslant \theta < \pi, \\ u_r(R, \theta) = \theta, & 0 \leqslant \theta \leqslant \pi, \\ u(r, 0) = u(r, \pi) = 0, & 0 \leqslant r \leqslant R. \end{cases}$$

9.4 拓展习题与课外阅读

9.4.1 拓展习题

习题 9.4.1 用分离变量法求解初边值问题

$$\begin{cases} u_t - a^2 u_{xx} + b(u - u_0) = 0, & 0 < x < l, \ t > 0, \\ u(x, 0) = \varphi(x), & 0 \leqslant x \leqslant l, \\ u(0, t) = U_0, \quad u(l, t) = U_1, & t \geqslant 0, \end{cases}$$

其中 b, U_0, U_1 是常数.

习题 9.4.2 用分离变量法求解初边值问题

$$\begin{cases} u_{tt} - u_{xx} + 4u = 0, & 0 < x < 1, \ t > 0, \\ u(x, 0) = x^2 - x, \quad u_t(x, 0) = 0, & 0 \leqslant x \leqslant 1, \\ u(0, t) = u_x(1, t) = 0, & t \geqslant 0. \end{cases}$$

习题 9.4.3 求解弦振动方程的初边值问题

$$\begin{cases} u_{tt} - a^2 u_{xx} = 0, 0 < x < l, t > 0, \\ u(x, 0) = \varphi(x), u_t(x, 0) = \psi(x), 0 \leqslant x \leqslant l, \\ u_x(0, t) - \sigma u(0, t) = u_x(l, t) + \sigma u(l, t) = 0, t \geqslant 0, \end{cases}$$

其中 σ 是正常数.

    习题 9.4.4　设 u 满足

$$\begin{cases} u_{tt} - a^2 u_{xx} = 0, 0 < x < \pi, t > 0, \\ u(x,0) = \varphi(x), u_t(x,0) = \psi(x), 0 \leqslant x \leqslant \pi, \\ u_x(0,t) = \sigma u(\pi,t) = 0, t \geqslant 0, \end{cases}$$

试用 $u(x,t)$ 的 Fourier 级数解的系数 a_n, b_n 表示能量积分

$$\frac{1}{2} \int_0^\pi (u_t^2(x,t) + a^2 u_x^2(x,t)) \mathrm{d}x.$$

    习题 9.4.5　求解 Poisson 方程的 Dirichlet 问题

$$\begin{cases} u_{xx} + u_{yy} = -x^2 y, 0 < x < a, -b < y < b, \\ u(0,y) = u(a,y) = 0, -b \leqslant y \leqslant b, \\ u(x,-b) = u(x,b) = 0, 0 \leqslant x \leqslant a. \end{cases}$$

    习题 9.4.6　设 Ω 是 $\mathbb{R}^n$ 中的有界区域, $u,v \in C^2_{(\Omega)} \cap C^0_{(\overline{\Omega})}$ 是方程组

$$\begin{cases} -\Delta u + 2u - v = f(x), & x \in \Omega \\ -\Delta v + 2v - u = g(x), & x \in \Omega \end{cases}$$

及边界条件 $u = v = 0, x \in \partial\Omega$. 证明

$$\max\{\max_{\overline{\Omega}} u, \max_{\overline{\Omega}} v\} \leqslant \max\{\sup_{\Omega} |f|, \sup_{\Omega} |g|\}.$$

    习题 9.4.7　求解薄膜振动的初边值问题

$$\begin{cases} u_{tt} - a^2(u_{xx} + u_{yy}) = 0, & 0 < x, \quad y < l, \quad t > 0, \\ u(0,y,t) = u(l,y,t) = 0, & 0 \leqslant y \leqslant l, \quad t \geqslant 0, \\ u(x,0,t) = u(x,l,t) = 0, & 0 \leqslant x \leqslant l, \quad t \geqslant 0, \\ u(x,y,0) = \sin\left(\frac{\pi x}{l}\right)\sin\left(\frac{\pi y}{l}\right), u_t(x,y,0) = 0, & 0 \leqslant x, \quad y \leqslant l. \end{cases}$$

    习题 9.4.8　阅读蔡聪明的《音乐与数学: 从弦内之音到弦外之音》. 数学传播, 18(1), 1994, 1–20.

9.4.2　课外阅读

    在本章中, 我们给出了求解两个自变量的偏微分方程定解问题的分离变量法. 关于多元分离变量法、Sturm–Liouville 理论、高维定解问题等相关内容, 有兴趣的读者可按照标注分别参考下列文献:

[1] (多元分离变量法) 保继光, 李海刚. 偏微分方程基础. 北京: 高等教育出版社, 2018.

[2] (高维定解问题、Sturm–Liouville 理论) 郇中丹, 黄海洋. 偏微分方程: 第三章. 2 版. 北京: 高等教育出版社, 2013.

[3] (多元分离变量法和解的渐近行为) 谷超豪, 李大潜, 陈恕行, 等. 数学物理方程: 第二章. 3 版. 北京: 高等教育出版社, 2012.

第9章作业答案

第 10 章

Green 函数法

Green 函数的名称是来自于英国数学家 G. Green (1793—1841), 在 1828 年他第一个提出了这个概念, 见图 10.1.

图 10.1　Green 和他 1828 年的论文

本章讨论 Poisson 方程 Dirichlet 问题

$$\begin{cases} \Delta u = f(\boldsymbol{x}), & \boldsymbol{x} \in \Omega, \\ u = \varphi(\boldsymbol{x}), & \boldsymbol{x} \in \partial\Omega \end{cases} \tag{10.0.1}$$

的求解问题, 其中 Ω 是 $\mathbb{R}^n$ 中的区域, $f(\boldsymbol{x})$, $\varphi(\boldsymbol{x})$ 是已知函数.

当 $n = 1$ 时, (10.0.1) 成为

$$\begin{cases} u'' = f(x), & x \in (a, b), \\ u(a) = A, & u(b) = B, \end{cases} \tag{10.0.2}$$

其中 a, b, A, B 是常数, 且 $a < b$. 这是一个非齐次的二阶常系数线性常微分方

程的边值问题. 若 $f(x)$ 是 $[a, b]$ 上的一个连续函数, 则

$$u(x) = \int_a^x \mathrm{d}y \int_a^y f(z)\,\mathrm{d}z - \frac{x-a}{b-a} \int_a^b \mathrm{d}y \int_a^y f(z)\,\mathrm{d}z + \frac{(B-A)x + bA - aB}{b-a}.$$

当 $n \geqslant 2$ 时, 由于多元函数, 特别是定义域的复杂性, 问题 (10.0.1) 的可解性就不是那么简单了! 若非齐次项 f 仅仅连续, 那么 Poisson 方程 $\Delta u = f(x)$ 就不一定存在具有二阶连续偏导数的解.

本章首先利用 Newton 位势构造出 Poisson 方程的一个特解, 将问题归结为 Laplace 方程的求解, 然后通过 Green 函数分别得到 Laplace 方程 Dirichlet 问题上半空间和球上的求解公式, 最后介绍一般区域上问题 (10.0.1) 解的存在性.

10.1 基本解和 Newton 位势

本节的目的是具体构造出位势方程 $\Delta u = f(\boldsymbol{x})$ 的一个特解 u_0, 即 $\Delta u_0 = f(\boldsymbol{x})$. 有了特解 u_0 之后, 令 $\tilde{u} = u - u_0$, 则

$$\begin{cases} \Delta \tilde{u}(\boldsymbol{x}) = \Delta u(\boldsymbol{x}) - \Delta u_0(\boldsymbol{x}) = f(\boldsymbol{x}) - f(\boldsymbol{x}) = 0, & \boldsymbol{x} \in \Omega, \\ \tilde{u}(\boldsymbol{x}) = u(\boldsymbol{x}) - u_0(\boldsymbol{x}) = \varphi(\boldsymbol{x}) - u_0(\boldsymbol{x}) := \tilde{\varphi}(\boldsymbol{x}), & \boldsymbol{x} \in \partial\Omega. \end{cases}$$

从而问题 (10.0.1) 解的可解性就归结为 Laplace 方程 Dirichlet 问题

$$\begin{cases} \Delta u = 0, & \boldsymbol{x} \in \Omega, \\ u = \varphi(\boldsymbol{x}), & \boldsymbol{x} \in \partial\Omega \end{cases} \tag{10.1.1}$$

解的可解性.

设 Laplace 方程 $\Delta u = 0$, $\boldsymbol{x} \in \mathbb{R}^n \setminus \{\boldsymbol{0}\}$ 的解为 $u(\boldsymbol{x}) = U(r)$, $r = |\boldsymbol{x}|$. 则

$$\frac{\partial u}{\partial x_i} = U'(r)\frac{x_i}{r}, \quad i = 1, 2, \cdots, n,$$

$$\frac{\partial^2 u}{\partial x_i^2} = U''(r)\left(\frac{x_i}{r}\right)^2 + U'(r)\frac{r - x_i\frac{x_i}{r}}{r^2} = \left(\frac{U''(r)}{r^2} - \frac{U'(r)}{r^3}\right)x_i^2 + \frac{U'(r)}{r},$$

$$\sum_{i=1}^n \frac{\partial^2 u}{\partial x_i^2} = \left(\frac{U''(r)}{r^2} - \frac{U'(r)}{r^3}\right)r^2 + n \cdot \frac{U'(r)}{r}.$$

于是, Laplace 方程化为常微分方程

$$U''(r) + \frac{n-1}{r}U'(r) = 0.$$

两端同乘以 r^{n-1}, 得

$$r^{n-1}U''(r) + (n-1)r^{n-2}U'(r) = 0, \quad (r^{n-1}U'(r))' = 0.$$

关于 r 积分, 得

$$r^{n-1}U'(r) = C, \quad U'(r) = \frac{C}{r^{n-1}},$$

再次积分

$$U(r) = \begin{cases} C_1 \ln r + C_2, & n = 2, \\ \dfrac{C_1}{r^{n-2}} + C_2, & n \geqslant 3, \end{cases}$$

从而得到 Laplace 方程的径向对称的通解

$$u(\boldsymbol{x}) = \begin{cases} C_1 \ln \dfrac{1}{\mid \boldsymbol{x} \mid} + C_2, & n = 2, \\ \dfrac{C_1}{\mid \boldsymbol{x} \mid^{n-2}} + C_2, & n \geqslant 3, \end{cases}$$

其中 C, C_1, C_2 都是任意的常数. 它在位势方程特解的构造中起着重要的作用.

为使用简便, 取 C_1, C_2 等于特别的值, 有以下定义.

定义 10.1.1 (基本解)　径向对称函数

$$K(\boldsymbol{x}) := \begin{cases} \dfrac{1}{2\pi} \ln \dfrac{1}{\mid \boldsymbol{x} \mid}, & n = 2, \\ \dfrac{1}{(n-2)\omega_n \mid \boldsymbol{x} \mid^{n-2}}, & n \geqslant 3 \end{cases} \tag{10.1.2}$$

称为 Laplace 方程的基本解 (图 10.2), 其中 ω_n 为 $\mathbb{R}^n$ 中单位球面的面积, 即

$$\omega_{2n} = \frac{2\pi^n}{(n-1)!}, \quad \omega_{2n+1} = \frac{2^{n+1}\pi^n}{(2n-1)!!}.$$

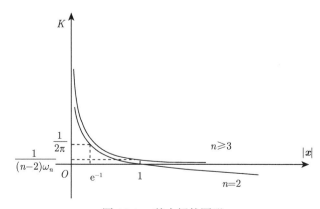

图 10.2　基本解的图形

容易计算, $\mathbb{R}^n$ 中以 R 为半径的球面面积是 $\omega_n R^{n-1}$, 球体体积是 $\dfrac{\omega_n}{n} R^n$.

基本解 $K(\boldsymbol{x})$ 在 $\mathbb{R}^n \setminus \{\boldsymbol{0}\}$ 上满足 $\Delta K = 0$. 当 $\boldsymbol{x} \neq \boldsymbol{0}$ 时,

$$\frac{\partial K}{\partial x_i}(\boldsymbol{x}) = -\frac{x_i}{\omega_n |\boldsymbol{x}|^n}, \quad i = 1, 2, \cdots, n, \tag{10.1.3}$$

$$\frac{\partial^2 K}{\partial x_i^2}(\boldsymbol{x}) = \frac{n}{\omega_n} \frac{x_i^2}{|\boldsymbol{x}|^{n+2}} - \frac{1}{\omega_n |\boldsymbol{x}|^n}, \quad i = 1, 2, \cdots, n.$$

尽管当 $|\boldsymbol{x}| \to 0$ 时, $K(\boldsymbol{x}) \to \infty$, 但是 K 和 $\mathrm{D}K$ 都是局部可积的, 而 $\mathrm{D}^2 K$ 并不局部可积, 因为当 $|\boldsymbol{x}| \to 0$ 时, 它是 $|\boldsymbol{x}|^{-n}$ 阶的. 正是这种奇异性使得基本解在位势方程的研究中担当了非常重要的角色.

由 (10.1.3) 可知, 当 $\boldsymbol{x} \neq \boldsymbol{0}$ 时,

$$\mathrm{D}K \cdot \frac{\boldsymbol{x}}{|\boldsymbol{x}|} = -\frac{1}{\omega_n |\boldsymbol{x}|^{n-1}},$$

这样, 我们得到

$$-\int_{\partial B_r(\boldsymbol{0})} \mathrm{D}K \cdot \frac{\boldsymbol{x}}{|\boldsymbol{x}|} \, \mathrm{d}S = 1. \tag{10.1.4}$$

基本解 (10.1.2) 中常数的选取也正是为了使 (10.1.4) 的积分标准化为 1.

为构造位势方程的特解, 我们引入以下定义.

定义 10.1.2 (Newton 位势) 对定义在 $\mathbb{R}^n$ 上的函数 $f(\boldsymbol{x})$, 称

$$N[f](\boldsymbol{x}) := \int_{\mathbb{R}^n} K(\boldsymbol{x} - \boldsymbol{y}) f(\boldsymbol{y}) \, \mathrm{d}\boldsymbol{y}, \quad \boldsymbol{x} \in \mathbb{R}^n$$

为 $f(\boldsymbol{x})$ 的 Newton 位势.

对区域 Ω 上的函数 $f(\boldsymbol{x})$, 记

$$u_0(\boldsymbol{x}) := -\int_{\Omega} K(\boldsymbol{x} - \boldsymbol{y}) f(\boldsymbol{y}) \, \mathrm{d}\boldsymbol{y}, \quad \boldsymbol{x} \in \mathbb{R}^n. \tag{10.1.5}$$

它可以看成

$$\begin{cases} -f(\boldsymbol{x}), & \boldsymbol{x} \in \Omega, \\ 0, & \boldsymbol{x} \notin \Omega \end{cases}$$

的 Newton 位势. 本节将证明: 在 $f(\boldsymbol{x})$ 满足一定的条件下, u_0 就是 $\Delta u = f(\boldsymbol{x})$ 的一个解.

首先给出 u_0 的可微性及其偏导数公式.

引理 10.1.3   设 $f \in C^0(\overline{\Omega})$, 则 $u_0 \in C^1(\mathbb{R}^n)$, 且

$$\frac{\partial u_0}{\partial x_i}(\boldsymbol{x}) = -\int_\Omega \frac{\partial K}{\partial x_i}(\boldsymbol{x} - \boldsymbol{y}) f(\boldsymbol{y}) \, \mathrm{d}\boldsymbol{y}$$

$$= \frac{1}{\omega_n} \int_\Omega \frac{x_i - y_i}{\mid \boldsymbol{x} - \boldsymbol{y} \mid^n} f(\boldsymbol{y}) \, \mathrm{d}\boldsymbol{y}, \quad i = 1, \, 2, \, \cdots, \, n.$$

证明   我们只考虑 $n \geqslant 3$ 的情形 ($n = 2$ 的情形留作习题). 为了克服 K 的奇异性, 对于任意的 $\varepsilon > 0$, 分别取 $K(\boldsymbol{x})$ 和 $u_0(\boldsymbol{x})$ 的近似函数 (图 10.3)

$$K_\varepsilon(\boldsymbol{x}) := \begin{cases} \dfrac{\varepsilon^2 - \mid \boldsymbol{x} \mid^2}{2\omega_n \varepsilon^n} + K(\varepsilon), & \mid \boldsymbol{x} \mid \leqslant \varepsilon, \\[3mm] K(\boldsymbol{x}), & \mid \boldsymbol{x} \mid > \varepsilon \end{cases}$$

和

$$u_\varepsilon(\boldsymbol{x}) := -\int_\Omega K_\varepsilon(\boldsymbol{x} - \boldsymbol{y}) f(\boldsymbol{y}) \, \mathrm{d}\boldsymbol{y}.$$

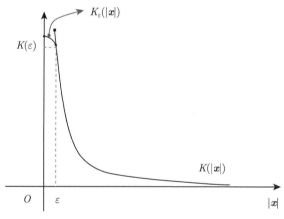

图 10.3 K 和 K_ε 的图形 $(n \geqslant 3)$

在 $K_\varepsilon(\boldsymbol{x})$ 的定义中, 我们使用 $K(\varepsilon)$ 表示 K 在 $\mid \boldsymbol{x} \mid = \varepsilon$ 上的值. 显然, $K_\varepsilon \in C^0(\mathbb{R}^n)$, 且

$$\frac{\partial K_\varepsilon}{\partial x_i}(\boldsymbol{x}) = \begin{cases} \dfrac{-x_i}{\omega_n \varepsilon^n}, & \mid \boldsymbol{x} \mid \leqslant \varepsilon, \\[3mm] \dfrac{-x_i}{\omega_n \mid \boldsymbol{x} \mid^n}, & \mid \boldsymbol{x} \mid > \varepsilon, \end{cases} \quad i = 1, \, 2, \, \cdots, \, n. \tag{10.1.6}$$

进而 $K_\varepsilon \in C^1(\mathbb{R}^n)$. 对 $F(\boldsymbol{x}, \boldsymbol{y}) := -K_\varepsilon(\boldsymbol{x} - \boldsymbol{y}) f(\boldsymbol{y})$ 应用含参量积分的可微性, $u_\varepsilon \in C^1(\mathbb{R}^n)$, 且

$$\frac{\partial u_\varepsilon}{\partial x_i}(\boldsymbol{x}) = -\int_\Omega \frac{\partial K_\varepsilon}{\partial x_i}(\boldsymbol{x} - \boldsymbol{y}) f(\boldsymbol{y}) \, \mathrm{d}\boldsymbol{y}, \quad i = 1, \, 2, \, \cdots, \, n.$$

由一致收敛函数列的可微性可知, 为了证明引理 10.1.3, 只需证明: 当 $\varepsilon \to 0$ 时,

1° $\{u_\varepsilon\}$ 在 $\mathbb{R}^n$ 上一致收敛到 u_0;

2° $\left\{\dfrac{\partial u_\varepsilon}{\partial x_i}\right\}$ 在 $\mathbb{R}^n$ 上一致收敛到 $-\displaystyle\int_\Omega \frac{\partial K}{\partial x_i}(\boldsymbol{x}-\boldsymbol{y})f(\boldsymbol{y})\,\mathrm{d}\boldsymbol{y}$.

下面依次证明 1° 和 2°.

1° 对于任意的 $\boldsymbol{x} \in \mathbb{R}^n$, 由 K_ε 与 K 的定义

$$
\begin{aligned}
\big|\, u_\varepsilon(\boldsymbol{x}) - u_0(\boldsymbol{x}) \,\big| &= \left|\, \int_\Omega (K_\varepsilon(\boldsymbol{x}-\boldsymbol{y}) - K(\boldsymbol{x}-\boldsymbol{y}))f(\boldsymbol{y})\,\mathrm{d}\boldsymbol{y} \,\right| \\
&\leqslant \int_{\Omega \cap \{\boldsymbol{y}\,|\,|\,\boldsymbol{y}-\boldsymbol{x}\,|\leqslant\varepsilon\}} \left|\, K_\varepsilon(\boldsymbol{x}-\boldsymbol{y}) - K(\boldsymbol{x}-\boldsymbol{y}) \,\right| \cdot |\,f(\boldsymbol{y})\,|\,\mathrm{d}\boldsymbol{y} \\
&\leqslant \sup_\Omega |\,f\,| \int_{|\,\boldsymbol{y}-\boldsymbol{x}\,|\leqslant\varepsilon} \left|\, K_\varepsilon(\boldsymbol{x}-\boldsymbol{y}) - K(\boldsymbol{x}-\boldsymbol{y}) \,\right| \mathrm{d}\boldsymbol{y}.
\end{aligned}
$$

使用球坐标, 并注意到 $K \geqslant K_\varepsilon$, 得

$$
\begin{aligned}
\big|\, u_\varepsilon(\boldsymbol{x}) - u_0(\boldsymbol{x}) \,\big| &\leqslant \sup_\Omega |\,f\,| \int_0^\varepsilon \mathrm{d}r \int_{|\,\boldsymbol{y}-\boldsymbol{x}\,|=r} \left(K(r) - K(\varepsilon) - \frac{\varepsilon^2-r^2}{2\omega_n\varepsilon^n} \right)\mathrm{d}S \\
&\leqslant \sup_\Omega |\,f\,| \int_0^\varepsilon \omega_n r^{n-1}\left(\frac{1}{(n-2)\omega_n r^{n-2}} - \frac{1}{(n-2)\omega_n \varepsilon^{n-2}} \right)\mathrm{d}r.
\end{aligned}
$$

直接计算定积分, 有

$$
\begin{aligned}
\big|\, u_\varepsilon(\boldsymbol{x}) - u_0(\boldsymbol{x}) \,\big| &\leqslant \sup_\Omega |\,f\,| \int_0^\varepsilon \left(\frac{r}{n-2} - \frac{r^{n-1}}{(n-2)\varepsilon^{n-2}} \right)\mathrm{d}r \\
&= \sup_\Omega |\,f\,| \left(\frac{\varepsilon^2}{2(n-2)} - \frac{\varepsilon^2}{n(n-2)} \right) \\
&= \sup_\Omega |\,f\,| \frac{\varepsilon^2}{2n}.
\end{aligned}
$$

所以当 $\varepsilon \to 0$ 时, $\{u_\varepsilon\}$ 在 $\mathbb{R}^n$ 上一致收敛到 u_0.

2° 对于任意的 $\boldsymbol{x} \in \mathbb{R}^n$, 由 (10.1.3) 和 (10.1.6), 得

$$
\begin{aligned}
&\left|\, \frac{\partial u_\varepsilon}{\partial x_i}(\boldsymbol{x}) + \int_\Omega \frac{\partial K}{\partial x_i}(\boldsymbol{x}-\boldsymbol{y})f(\boldsymbol{y})\,\mathrm{d}\boldsymbol{y} \,\right| \\
&= \left|\, \int_\Omega \left(-\frac{\partial K_\varepsilon}{\partial x_i}(\boldsymbol{x}-\boldsymbol{y}) + \frac{\partial K}{\partial x_i}(\boldsymbol{x}-\boldsymbol{y}) \right)f(\boldsymbol{y})\,\mathrm{d}\boldsymbol{y} \,\right| \\
&\leqslant \sup_\Omega |\,f\,| \int_{|\,\boldsymbol{y}-\boldsymbol{x}\,|\leqslant\varepsilon} \left|\, \frac{x_i-y_i}{\omega_n\varepsilon^n} - \frac{x_i-y_i}{\omega_n|\,\boldsymbol{x}-\boldsymbol{y}\,|^n} \,\right| \mathrm{d}\boldsymbol{y} \\
&\leqslant \sup_\Omega |\,f\,| \frac{1}{\omega_n} \int_{|\,\boldsymbol{y}-\boldsymbol{x}\,|\leqslant\varepsilon} \left(\frac{|\,\boldsymbol{x}-\boldsymbol{y}\,|}{\varepsilon^n} + \frac{1}{|\,\boldsymbol{x}-\boldsymbol{y}\,|^{n-1}} \right)\mathrm{d}\boldsymbol{y}.
\end{aligned}
$$

使用球坐标, 直接计算, 有

$$
\left| \frac{\partial u_\varepsilon}{\partial x_i}(\boldsymbol{x}) + \int_\Omega \frac{\partial K}{\partial x_i}(\boldsymbol{x} - \boldsymbol{y}) f(\boldsymbol{y}) \, \mathrm{d}\boldsymbol{y} \right|
$$

$$
\leqslant \sup_\Omega |\, f\,| \frac{1}{\omega_n} \int_0^\varepsilon \mathrm{d}r \int_{|\,\boldsymbol{y}-\boldsymbol{x}\,|=r} \left(\frac{|\,\boldsymbol{x}-\boldsymbol{y}\,|}{\varepsilon^n} + \frac{1}{|\,\boldsymbol{x}-\boldsymbol{y}\,|^{n-1}} \right) \mathrm{d}S
$$

$$
= \sup_\Omega |\, f\,| \frac{1}{\omega_n} \int_0^\varepsilon \omega_n r^{n-1} \left(\frac{r}{\varepsilon^n} + \frac{1}{r^{n-1}} \right) \mathrm{d}r
$$

$$
= \sup_\Omega |\, f\,| \int_0^\varepsilon \left(\frac{r^n}{\varepsilon^n} + 1 \right) \mathrm{d}r
$$

$$
\leqslant \sup_\Omega |\, f\,| \, 2\varepsilon.
$$

所以, 当 $\varepsilon \to 0$ 时, $\left\{ \dfrac{\partial u_\varepsilon}{\partial x_i} \right\}$ 在 $\mathbb{R}^n$ 上一致收敛到 $-\displaystyle\int_\Omega \frac{\partial K}{\partial x_i}(\boldsymbol{x} - \boldsymbol{y}) f(\boldsymbol{y}) \, \mathrm{d}\boldsymbol{y}$.

至此, 引理 10.1.3 得证.　　　　　　　　　　　　　　　　　　　　　　□

从证明可以看出, 引理 10.1.3 对有界的 f 也是成立的.

作业 10.1.1　证明引理 10.1.3 的 $n = 2$ 情形.

现在证明由 (10.1.5) 定义的 u_0 就是位势方程的一个特解.

定理 10.1.4　设 $f \in C^1(\overline{\Omega})$, 则 $u_0 \in C^2(\Omega)$, 且在 Ω 中满足 $\Delta u_0 = f(\boldsymbol{x})$.

证明　我们只考虑 $n \geqslant 3$ 的情形. 任取 $\hat{\boldsymbol{x}} \in \Omega$, $B_R(\hat{\boldsymbol{x}}) \subset \Omega$. 首先证明一个恒等式

$$
\int_{B_R(\hat{\boldsymbol{x}})} \frac{\partial K}{\partial y_i}(\boldsymbol{x} - \boldsymbol{y}) f(\boldsymbol{y}) \, \mathrm{d}\boldsymbol{y} = -\int_{B_R(\hat{\boldsymbol{x}})} K(\boldsymbol{x} - \boldsymbol{y}) \frac{\partial f}{\partial y_i}(\boldsymbol{y}) \, \mathrm{d}\boldsymbol{y}
$$

$$
+ \int_{\partial B_R(\hat{\boldsymbol{x}})} K(\boldsymbol{x} - \boldsymbol{y}) f(\boldsymbol{y}) \frac{y_i - \hat{x}_i}{R} \, \mathrm{d}S, \qquad (10.1.7)
$$

其中 $\boldsymbol{x} \in B_R(\hat{\boldsymbol{x}})$.

由于 K 在 $\boldsymbol{0}$ 点有奇性, 所以不能直接应用散度定理. 我们先在 $B_R(\hat{\boldsymbol{x}}) \setminus \overline{B_\delta(\boldsymbol{x})}$ (见图 10.4 的阴影部分) 上应用散度定理, 得

$$
\int_{B_R(\hat{\boldsymbol{x}}) \setminus \overline{B_\delta(\boldsymbol{x})}} \frac{\partial}{\partial y_i} \Big(K(\boldsymbol{x} - \boldsymbol{y}) f(\boldsymbol{y}) \Big) \, \mathrm{d}\boldsymbol{y}
$$

$$
= \int_{\partial \big(B_R(\hat{\boldsymbol{x}}) \setminus \overline{B_\delta(\boldsymbol{x})} \big)} K(\boldsymbol{x} - \boldsymbol{y}) f(\boldsymbol{y}) \nu_i(\boldsymbol{y}) \, \mathrm{d}S
$$

$$
= \int_{\partial B_R(\hat{\boldsymbol{x}})} K(\boldsymbol{x} - \boldsymbol{y}) f(\boldsymbol{y}) \frac{y_i - \hat{x}_i}{R} \, \mathrm{d}S - \int_{\partial B_\delta(\boldsymbol{x})} K(\boldsymbol{x} - \boldsymbol{y}) f(\boldsymbol{y}) \frac{y_i - \hat{x}_i}{\delta} \, \mathrm{d}S,
$$

其中 $\boldsymbol{\nu}$ 为区域 $B_R(\hat{\boldsymbol{x}}) \setminus \overline{B_\delta(\boldsymbol{x})}$ 的单位外法向量. 由 (10.1.3),

$$
\left| \frac{\partial K}{\partial y_i}(\boldsymbol{x} - \boldsymbol{y}) \right| = \frac{|\, x_i - y_i\,|}{\omega_n |\, \boldsymbol{x} - \boldsymbol{y}\,|^n} \leqslant \frac{1}{\omega_n |\, \boldsymbol{x} - \boldsymbol{y}\,|^{n-1}}.
$$

所以

$$\left| \int_{B_\delta(\boldsymbol{x})} \frac{\partial}{\partial y_i} \left(K(\boldsymbol{x} - \boldsymbol{y}) f(\boldsymbol{y}) \right) \mathrm{d}\boldsymbol{y} \right|$$

$$\leqslant \int_{B_\delta(\boldsymbol{x})} \left(\frac{\sup\limits_{\Omega} |f|}{\omega_n |\boldsymbol{x} - \boldsymbol{y}|^{n-1}} + \frac{\sup\limits_{\Omega} |\mathrm{D}f|}{(n-2)\omega_n |\boldsymbol{x} - \boldsymbol{y}|^{n-2}} \right) \mathrm{d}\boldsymbol{y}$$

$$= \sup_{\Omega} |f| \cdot \int_0^\delta \mathrm{d}r \int_{|\boldsymbol{y}-\boldsymbol{x}|=r} \frac{\mathrm{d}S}{\omega_n r^{n-1}} + \sup_{\Omega} |\mathrm{D}f|$$

$$\cdot \int_0^\delta \mathrm{d}r \int_{|\boldsymbol{y}-\boldsymbol{x}|=r} \frac{\mathrm{d}S}{(n-2)\omega_n r^{n-2}}$$

$$= \sup_{\Omega} |f| \cdot \delta + \sup_{\Omega} |\mathrm{D}f| \cdot \frac{\delta^2}{2(n-2)} \to 0, \quad \delta \to 0;$$

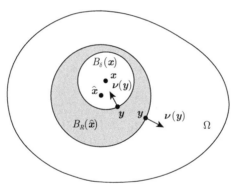

图 10.4 $B_R(\hat{\boldsymbol{x}}) \setminus \overline{B_\delta(\boldsymbol{x})}$ 的示意图

而

$$\left| \int_{\partial B_\delta(\boldsymbol{x})} K(\boldsymbol{x} - \boldsymbol{y}) f(\boldsymbol{y}) \frac{y_i - \hat{x}_i}{\delta} \mathrm{d}S \right| \leqslant \int_{\partial B_\delta(\boldsymbol{x})} \frac{|f(\boldsymbol{y})|}{(n-2)\omega_n \delta^{n-2}} \mathrm{d}S$$

$$\leqslant \sup_{B_\delta(\boldsymbol{x})} |f| \cdot \frac{\omega_n \delta^{n-1}}{(n-2)\omega_n \delta^{n-2}}$$

$$\leqslant \sup_{\Omega} |f| \cdot \frac{\delta}{n-2} \to 0, \quad \delta \to 0.$$

因此 (10.1.7) 成立.

为证 $u_0 \in C^2(\Omega)$, 只需证 $u_0 \in C^2(B_R(\hat{\boldsymbol{x}}))$, 即 $\dfrac{\partial u_0}{\partial x_i} \in C^1(B_R(\hat{\boldsymbol{x}}))$, $i = 1,$ $2, \cdots, n$. 下面我们将多次用到事实

$$\frac{\partial K}{\partial x_i}(\boldsymbol{x} - \boldsymbol{y}) = -\frac{\partial K}{\partial y_i}(\boldsymbol{x} - \boldsymbol{y}), \quad i = 1, 2, \cdots, n. \tag{10.1.8}$$

当 $\boldsymbol{x} \in B_R(\hat{\boldsymbol{x}})$ 时, 对于 $i = 1, 2, \cdots, n$, 由引理 10.1.3, 并利用 (10.1.8) 和 (10.1.7), 得

$$
\begin{aligned}
\frac{\partial u_0}{\partial x_i}(\boldsymbol{x}) = {} & -\int_{\Omega} \frac{\partial K}{\partial x_i}(\boldsymbol{x} - \boldsymbol{y}) f(\boldsymbol{y}) \, \mathrm{d}\boldsymbol{y} \\
= {} & -\int_{\Omega \setminus B_R(\hat{\boldsymbol{x}})} \frac{\partial K}{\partial x_i}(\boldsymbol{x} - \boldsymbol{y}) f(\boldsymbol{y}) \, \mathrm{d}\boldsymbol{y} + \int_{B_R(\hat{\boldsymbol{x}})} \frac{\partial K}{\partial y_i}(\boldsymbol{x} - \boldsymbol{y}) f(\boldsymbol{y}) \, \mathrm{d}\boldsymbol{y} \\
= {} & -\int_{\Omega \setminus B_R(\hat{\boldsymbol{x}})} \frac{\partial K}{\partial x_i}(\boldsymbol{x} - \boldsymbol{y}) f(\boldsymbol{y}) \, \mathrm{d}\boldsymbol{y} - \int_{B_R(\hat{\boldsymbol{x}})} K(\boldsymbol{x} - \boldsymbol{y}) \frac{\partial f}{\partial y_i}(\boldsymbol{y}) \, \mathrm{d}\boldsymbol{y} \\
& + \int_{\partial B_R(\hat{\boldsymbol{x}})} K(\boldsymbol{x} - \boldsymbol{y}) f(\boldsymbol{y}) \frac{y_i - \hat{x}_i}{R} \, \mathrm{d}S.
\end{aligned}
$$

对第二项应用引理 10.1.3 $\left(\text{注意到} \dfrac{\partial f}{\partial y_i} \in C^0(\overline{B_R(\hat{\boldsymbol{x}})})\right)$, 它是 $C^1(B_R(\hat{\boldsymbol{x}}))$ 的, 而第一和第三项是常义积分, 应用含参变量积分的可微性, 它们也是 $C^1(B_R(\hat{\boldsymbol{x}}))$ 的, 所以 $\dfrac{\partial u_0}{\partial x_i} \in C^1(B_R(\hat{\boldsymbol{x}}))$.

为了证明在 Ω 中 $\Delta u_0 = f(\boldsymbol{x})$, 由 $\hat{\boldsymbol{x}}$ 的任意性, 只需证明它在 $\hat{\boldsymbol{x}}$ 处成立. 我们将积分区域 Ω 一分为二, 记

$$
\begin{aligned}
u_0(\boldsymbol{x}) = {} & -\int_{\Omega \setminus \overline{B_R(\hat{\boldsymbol{x}})}} K(\boldsymbol{x} - \boldsymbol{y}) f(\boldsymbol{y}) \, \mathrm{d}\boldsymbol{y} - \int_{B_R(\hat{\boldsymbol{x}})} K(\boldsymbol{x} - \boldsymbol{y}) f(\boldsymbol{y}) \, \mathrm{d}\boldsymbol{y}, \quad \boldsymbol{x} \in B_R(\hat{\boldsymbol{x}}) \\
& := u_1 + u_2.
\end{aligned}
$$

显然, $u_1 \in C^2(B_R(\hat{\boldsymbol{x}}))$, 且

$$
\Delta u_1 = \int_{\Omega \setminus \overline{B_R(\hat{\boldsymbol{x}})}} \Delta_{\boldsymbol{x}} K(\boldsymbol{x} - \boldsymbol{y}) f(\boldsymbol{y}) \, \mathrm{d}\boldsymbol{y} = 0, \quad \boldsymbol{x} \in B_R(\hat{\boldsymbol{x}}).
$$

下面只需证 $\Delta u_2(\hat{\boldsymbol{x}}) = f(\hat{\boldsymbol{x}})$. 对

$$
u_2(\boldsymbol{x}) = -\int_{B_R(\hat{\boldsymbol{x}})} K(\boldsymbol{x} - \boldsymbol{y}) f(\boldsymbol{y}) \, \mathrm{d}\boldsymbol{y}, \quad \boldsymbol{x} \in B_R(\hat{\boldsymbol{x}})
$$

应用引理 10.1.3, (10.1.8) 和 (10.1.7), 知

$$
\begin{aligned}
\frac{\partial u_2}{\partial x_i}(\boldsymbol{x}) = {} & -\int_{B_R(\hat{\boldsymbol{x}})} \frac{\partial K}{\partial x_i}(\boldsymbol{x} - \boldsymbol{y}) f(\boldsymbol{y}) \, \mathrm{d}\boldsymbol{y} \\
= {} & -\int_{B_R(\hat{\boldsymbol{x}})} K(\boldsymbol{x} - \boldsymbol{y}) \frac{\partial f}{\partial y_i}(\boldsymbol{y}) \, \mathrm{d}\boldsymbol{y} + \int_{\partial B_R(\hat{\boldsymbol{x}})} K(\boldsymbol{x} - \boldsymbol{y}) f(\boldsymbol{y}) \frac{y_i - \hat{x}_i}{R} \, \mathrm{d}S.
\end{aligned}
$$

由于 $f \in C^1(\overline{\Omega})$, 再次应用引理 10.1.3, 并由 (10.1.3), 得

$$
\begin{aligned}
\frac{\partial^2 u_2}{\partial x_i^2}(x) &= -\int_{B_R(\hat{x})} \frac{\partial K}{\partial x_i}(x-y)\frac{\partial f}{\partial y_i}(y)\,\mathrm{d}y + \int_{\partial B_R(\hat{x})} \frac{\partial K}{\partial x_i}(x-y)f(y)\frac{y_i-\hat{x}_i}{R}\,\mathrm{d}S \\
&= \int_{B_R(\hat{x})} \frac{x_i-y_i}{\omega_n|\,x-y\,|^n}\frac{\partial f}{\partial y_i}(y)\,\mathrm{d}y - \int_{\partial B_R(\hat{x})} \frac{x_i-y_i}{\omega_n|\,x-y\,|^n}f(y)\frac{y_i-\hat{x}_i}{R}\,\mathrm{d}S.
\end{aligned}
$$

所以

$$
\Delta u_2(\hat{x}) = \sum_{i=1}^n \frac{\partial^2 u_2}{\partial x_i^2}(\hat{x}) = \int_{B_R(\hat{x})} \frac{(\hat{x}-y)\cdot\mathrm{D}f(y)}{\omega_n|\,\hat{x}-y\,|^n}\,\mathrm{d}y + \int_{\partial B_R(\hat{x})} \frac{f(y)}{\omega_n R^{n-1}}\,\mathrm{d}S.
$$

对于右端第一项,

$$
\begin{aligned}
\left|\int_{B_R(\hat{x})} \frac{(\hat{x}-y)\cdot\mathrm{D}f(y)}{\omega_n|\,\hat{x}-y\,|^n}\,\mathrm{d}y\right| &\leqslant \int_{B_R(\hat{x})} \frac{|\,\mathrm{D}f(y)\,|}{\omega_n|\,\hat{x}-y\,|^{n-1}}\,\mathrm{d}y \\
&\leqslant \sup_{B_R(\hat{x})}|\,\mathrm{D}f\,| \cdot \int_0^R \mathrm{d}r \int_{|\,y-\hat{x}\,|=r} \frac{\mathrm{d}S}{\omega_n r^{n-1}} \\
&\leqslant R\cdot\sup_{\Omega}|\,\mathrm{D}f\,| \\
&\to 0, \quad R\to 0.
\end{aligned}
$$

对于右端第二项, 由积分中值定理, 存在 $y_R \in \partial B_R(\hat{x})$ 使得

$$
\int_{\partial B_R(\hat{x})} \frac{f(y)}{\omega_n R^{n-1}}\,\mathrm{d}S = f(y_R) \to f(\hat{x}), \quad R\to 0.
$$

所以 $\Delta u_2(\hat{x}) = f(\hat{x})$. 定理得证. $\qquad\square$

注 10.1.1 当 $n=3$ 时, 若 f 是 $\mathbb{R}^3$ 中具有紧支撑的可积函数, 由 Lebesgue 控制收敛定理, 有

$$
\lim_{|\,x\,|\to\infty} \int_{\mathbb{R}^3} \frac{|\,x\,|}{|\,x-y\,|}f(y)\,\mathrm{d}y = \int_{\mathbb{R}^3} f(y)\,\mathrm{d}y.
$$

所以当 $|\,x\,|\to\infty$ 时,

$$
u_0(x) = -\int_{\mathbb{R}^3} K(x-y)f(y)\,\mathrm{d}y = \frac{1}{\omega_3|\,x\,|}\int_{\mathbb{R}^3} \frac{|\,x\,|}{|\,x-y\,|}f(y)\,\mathrm{d}y = O(|\,x\,|^{-1}).
$$

二维情况是类似的.

10.2   特殊区域上 Laplace 方程的求解

本节将借助 Green 函数, 推导 Laplace 方程 Dirichlet 问题

$$\begin{cases} \Delta u = 0, & \boldsymbol{x} \in \Omega, \\ u = \varphi(\boldsymbol{x}), & \boldsymbol{x} \in \partial\Omega \end{cases} \tag{10.2.1}$$

的求解公式. 特别地, 当 Ω 为一些特殊区域 (如上半空间、球) 时, 可具体求出 Green 函数, 从而得到解的表达式——Poisson 公式. 这是一种构造性方法.

10.2.1   Green 函数

首先给出如下恒等式.

定理 10.2.1　设 $u \in C^2(\overline{\Omega})$, 则对任意的 $\boldsymbol{x} \in \Omega$,

$$u(\boldsymbol{x}) = \int_{\partial\Omega} \left(K(\boldsymbol{x}-\boldsymbol{y}) \frac{\partial u}{\partial\boldsymbol{\nu}}(\boldsymbol{y}) - u(\boldsymbol{y}) \frac{\partial K}{\partial\boldsymbol{\nu}}(\boldsymbol{x}-\boldsymbol{y}) \right) \mathrm{d}S - \int_{\Omega} K(\boldsymbol{x}-\boldsymbol{y}) \Delta u(\boldsymbol{y}) \, \mathrm{d}\boldsymbol{y},$$

其中 $\boldsymbol{\nu}$ 表示 $\partial\Omega$ 的单位外法向量.

证明　取定 $\boldsymbol{x} \in \Omega$, 对于任意的 $\varepsilon > 0$, 记 $B_\varepsilon = B_\varepsilon(\boldsymbol{x}) = \{\, \boldsymbol{y} \in \mathbb{R}^n \,\big|\, |\boldsymbol{y}-\boldsymbol{x}| < \varepsilon \,\}$. 当 ε 充分小时, $\overline{B}_\varepsilon \subset \Omega$ (图 10.5).

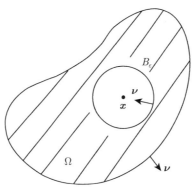

图 10.5　积分区域 $\Omega \setminus \overline{B}_\varepsilon$

对区域 $\Omega \setminus \overline{B}_\varepsilon$ 应用 Green 公式, 得

$$\int_{\partial(\Omega \setminus \overline{B}_\varepsilon)} \left(K(\boldsymbol{x}-\boldsymbol{y}) \frac{\partial u}{\partial\boldsymbol{\nu}}(\boldsymbol{y}) - u(\boldsymbol{y}) \frac{\partial K}{\partial\boldsymbol{\nu}}(\boldsymbol{x}-\boldsymbol{y}) \right) \mathrm{d}S$$
$$= \int_{\Omega \setminus \overline{B}_\varepsilon} \left(K(\boldsymbol{x}-\boldsymbol{y}) \Delta u(\boldsymbol{y}) - u(\boldsymbol{y}) \Delta K(\boldsymbol{x}-\boldsymbol{y}) \right) \mathrm{d}\boldsymbol{y}.$$

注意到当 $\boldsymbol{y} \neq \boldsymbol{x}$ 时 $\Delta K(\boldsymbol{x} - \boldsymbol{y}) = 0$, 有

$$\int_{\partial \Omega} \left(K(\boldsymbol{x} - \boldsymbol{y}) \frac{\partial u}{\partial \boldsymbol{\nu}}(\boldsymbol{y}) - u(\boldsymbol{y}) \frac{\partial K}{\partial \boldsymbol{\nu}}(\boldsymbol{x} - \boldsymbol{y}) \right) \mathrm{d}S - \int_{\Omega} K(\boldsymbol{x} - \boldsymbol{y}) \Delta u(\boldsymbol{y}) \, \mathrm{d}\boldsymbol{y}$$

$$= \int_{\partial B_\varepsilon} \left(K(\boldsymbol{x} - \boldsymbol{y}) \frac{\partial u}{\partial \boldsymbol{\nu}}(\boldsymbol{y}) - u(\boldsymbol{y}) \frac{\partial K}{\partial \boldsymbol{\nu}}(\boldsymbol{x} - \boldsymbol{y}) \right) \mathrm{d}S - \int_{B_\varepsilon} K(\boldsymbol{x} - \boldsymbol{y}) \Delta u(\boldsymbol{y}) \, \mathrm{d}\boldsymbol{y}.$$
$$(10.2.2)$$

这里右式中的 $\boldsymbol{\nu}$ 已经自然地变成了 ∂B_ε 的单位外法向量.

下面以 $n \geqslant 3$ 为例 ($n = 2$ 时类似) 证明当 $\varepsilon \to 0$ 时, (10.2.2) 右式的极限为 $u(\boldsymbol{x})$. 在 ∂B_ε 上,

$$K(\boldsymbol{x} - \boldsymbol{y}) = \frac{1}{(n-2)\omega_n |\boldsymbol{x} - \boldsymbol{y}|^{n-2}} = \frac{1}{(n-2)\omega_n \varepsilon^{n-2}},$$

$$\frac{\partial K}{\partial \boldsymbol{\nu}}(\boldsymbol{x} - \boldsymbol{y}) = \boldsymbol{\nu} \cdot (-\mathrm{D}K(\boldsymbol{x} - \boldsymbol{y})) = \frac{\boldsymbol{y} - \boldsymbol{x}}{|\boldsymbol{x} - \boldsymbol{y}|} \cdot \left(\frac{\boldsymbol{x} - \boldsymbol{y}}{\omega_n |\boldsymbol{x} - \boldsymbol{y}|^n} \right) = -\frac{1}{\omega_n \varepsilon^{n-1}}.$$

对于 (10.2.2) 右式的第一个积分式, 利用积分中值定理, 存在 $\boldsymbol{y}_\varepsilon$, $\boldsymbol{y}^\varepsilon \in \partial B_\varepsilon$ 使得

$$\int_{\partial B_\varepsilon} K(\boldsymbol{x} - \boldsymbol{y}) \frac{\partial u}{\partial \boldsymbol{\nu}}(\boldsymbol{y}) \, \mathrm{d}S = \int_{\partial B_\varepsilon} \frac{\dfrac{\partial u}{\partial \boldsymbol{\nu}}(\boldsymbol{y})}{(n-2)\omega_n \varepsilon^{n-2}} \, \mathrm{d}S$$

$$= \frac{\varepsilon}{n-2} \frac{\partial u}{\partial \boldsymbol{\nu}}(\boldsymbol{y}^\varepsilon) \to 0, \quad \varepsilon \to 0,$$

$$-\int_{\partial B_\varepsilon} u(\boldsymbol{y}) \frac{\partial K}{\partial \boldsymbol{\nu}}(\boldsymbol{x} - \boldsymbol{y}) \, \mathrm{d}S = \int_{\partial B_\varepsilon} \frac{u(\boldsymbol{y})}{\omega_n \varepsilon^{n-1}} \, \mathrm{d}S = u(\boldsymbol{y}_\varepsilon) \to u(\boldsymbol{x}), \quad \varepsilon \to 0.$$

对于 (10.2.2) 右式的第二个积分式

$$\left| \int_{B_\varepsilon} K(\boldsymbol{x} - \boldsymbol{y}) \Delta u(\boldsymbol{y}) \, \mathrm{d}\boldsymbol{y} \right| \leqslant \int_{B_\varepsilon} \frac{|\Delta u(\boldsymbol{y})|}{(n-2)\omega_n |\boldsymbol{x} - \boldsymbol{y}|^{n-2}} \, \mathrm{d}\boldsymbol{y}$$

$$\leqslant \frac{\max\limits_{\overline{\Omega}} |\Delta u|}{(n-2)\omega_n} \int_{B_\varepsilon} \frac{\mathrm{d}\boldsymbol{y}}{|\boldsymbol{x} - \boldsymbol{y}|^{n-2}}$$

$$= \frac{\max\limits_{\overline{\Omega}} |\Delta u|}{(n-2)\omega_n} \int_0^\varepsilon \mathrm{d}r \int_{\partial B_r(\boldsymbol{x})} \frac{\mathrm{d}S}{r^{n-2}}$$

$$= \frac{\max\limits_{\overline{\Omega}} |\Delta u|}{(n-2)\omega_n} \frac{\omega_n \varepsilon^2}{2} \to 0, \quad \varepsilon \to 0.$$

至此, 定理 10.2.1 得证. $\qquad \square$

作业 10.2.1 设 $B_r = \{ \boldsymbol{x} \in \mathbb{R}^n \mid |\boldsymbol{x}| < r \}$, $f \in C^0(\overline{B}_r)$, $\varphi \in C^0(\partial B_r)$,

$u \in C^2(B_r) \cap C^0(\overline{B}_r)$ 是 Dirichlet 问题

$$\begin{cases} \Delta u = f(\boldsymbol{x}), & \boldsymbol{x} \in B_r, \\ u = \varphi(\boldsymbol{x}), & \boldsymbol{x} \in \partial B_r \end{cases}$$

的解, 证明: 当 $n \geqslant 3$ 时,

$$u(\mathbf{0}) = \frac{-1}{\omega_n r^{n-1}} \int_{\partial B_r} \varphi(\boldsymbol{x})\, \mathrm{d}S + \frac{1}{(n-2)\omega_n} \int_{B_r} \left(\frac{1}{\mid \boldsymbol{x} \mid^{n-2}} - \frac{1}{r^{n-2}} \right) f(\boldsymbol{x})\, \mathrm{d}\boldsymbol{x};$$

当 $n = 2$ 时,

$$u(\mathbf{0}) = \frac{-1}{2\pi r} \int_{\partial B_r} \varphi(\boldsymbol{x})\, \mathrm{d}S + \frac{1}{2\pi} \int_{B_r} (\ln r - \ln \mid \boldsymbol{x} \mid) f(\boldsymbol{x})\, \mathrm{d}\boldsymbol{x}.$$

由定理 10.2.1, Dirichlet 问题 (10.2.1) 的解可写成

$$u(\boldsymbol{x}) = \int_{\partial \Omega} \left(K(\boldsymbol{x} - \boldsymbol{y}) \frac{\partial u}{\partial \boldsymbol{\nu}}(\boldsymbol{y}) - \varphi(\boldsymbol{y}) \frac{\partial K}{\partial \boldsymbol{\nu}}(\boldsymbol{x} - \boldsymbol{y}) \right) \mathrm{d}S. \tag{10.2.3}$$

但是 $\dfrac{\partial u}{\partial \boldsymbol{\nu}}$ 并不能事先在 $\partial \Omega$ 上给定, 否则, 由解的唯一性, 两个边界条件可能会导致矛盾! 为了消去上式中 $\dfrac{\partial u}{\partial \boldsymbol{\nu}}$ 这一项, 我们引入一个校正函数 $h(\boldsymbol{x}, \boldsymbol{y})$.

对 $\boldsymbol{x} \in \Omega$, 设 $h(\boldsymbol{x}, \boldsymbol{y})$ 是

$$\begin{cases} \Delta_{\boldsymbol{y}} h = 0, & \boldsymbol{y} \in \Omega, \\ h = -K(\boldsymbol{x} - \boldsymbol{y}), & \boldsymbol{y} \in \partial \Omega \end{cases} \tag{10.2.4}$$

的解. 对 u, h 应用 Green 公式, 得

$$\int_{\Omega} (h(\boldsymbol{x}, \boldsymbol{y}) \Delta u(\boldsymbol{y}) - u(\boldsymbol{y}) \Delta h(\boldsymbol{x}, \boldsymbol{y}))\, \mathrm{d}\boldsymbol{y}$$
$$= \int_{\partial \Omega} \left(h(\boldsymbol{x}, \boldsymbol{y}) \frac{\partial u}{\partial \nu}(\boldsymbol{y}) - u(\boldsymbol{y}) \frac{\partial h}{\partial \boldsymbol{\nu}}(\boldsymbol{x}, \boldsymbol{y}) \right) \mathrm{d}S,$$

即

$$0 = \int_{\partial \Omega} \left(-K(\boldsymbol{x} - \boldsymbol{y}) \frac{\partial u}{\partial \nu}(\boldsymbol{y}) - \varphi(\boldsymbol{y}) \frac{\partial h}{\partial \boldsymbol{\nu}}(\boldsymbol{x}, \boldsymbol{y}) \right) \mathrm{d}S.$$

由 (10.2.3), 得

$$u(\boldsymbol{x}) = -\int_{\partial \Omega} \varphi(\boldsymbol{y}) \frac{\partial}{\partial \boldsymbol{\nu}} (K(\boldsymbol{x} - \boldsymbol{y}) + h(\boldsymbol{x}, \boldsymbol{y}))\, \mathrm{d}S = -\int_{\partial \Omega} \varphi(\boldsymbol{y}) \frac{\partial G}{\partial \boldsymbol{\nu}}(\boldsymbol{x}, \boldsymbol{y})\, \mathrm{d}S,$$
$$\tag{10.2.5}$$

其中

$$G\left(\boldsymbol{x},\boldsymbol{y}\right):=K\left(\boldsymbol{x}-\boldsymbol{y}\right)+h\left(\boldsymbol{x},\boldsymbol{y}\right)$$

称为 Ω 上 Laplace 方程的 Green 函数.

至此, 求解问题 (10.2.1) 归结为求解 (10.2.4), 而 (10.2.4) 只依赖于区域 Ω, 边界条件是固定的. 这样, 如果对于给定区域 Ω 能够构造出 Green 函数 G, 则我们就得到了边值问题解的一个表达公式 (10.2.5). 但通常来讲, 这是一件非常困难的事情, 只有当 Ω 具有对称性等几何性质时, 其 Green 函数才可以构造出来. 在问题 (10.2.4) 中为什么不能取 $h(\boldsymbol{x},\boldsymbol{y})=-K\left(\boldsymbol{x}-\boldsymbol{y}\right)$? 原因是 $K\left(\boldsymbol{x}-\boldsymbol{y}\right)$ 在 $\boldsymbol{y}=\boldsymbol{x}$ 处不连续, 更不可能满足方程!

当 $\overline{\boldsymbol{x}}\notin\overline{\Omega}$ 时, $\Delta_{\boldsymbol{y}}K\left(\overline{\boldsymbol{x}}-\boldsymbol{y}\right)=0$, $\boldsymbol{y}\in\Omega$. 而校正函数的作用就是将在 $\boldsymbol{x}\in\Omega$ 的奇性转移到 $\overline{\Omega}$ 的外部. 若取 $h(\boldsymbol{x},\boldsymbol{y})=-K\left(\overline{\boldsymbol{x}}-\boldsymbol{y}\right)$, 则 h 满足 (10.2.4) 中的方程. 因此求解问题 (10.2.4) 最朴素的想法为: 对任意的 $\boldsymbol{x}\in\Omega$, 能否取一适当的点 $\overline{\boldsymbol{x}}\notin\overline{\Omega}$, 使得对于任意的 $\boldsymbol{y}\in\partial\Omega$, $K\left(\overline{\boldsymbol{x}}-\boldsymbol{y}\right)=K\left(\boldsymbol{x}-\boldsymbol{y}\right)$, 由 K 的定义这就是 $\left|\overline{\boldsymbol{x}}-\boldsymbol{y}\right|=\left|\boldsymbol{x}-\boldsymbol{y}\right|$. 下面介绍两种能够具体解出 $h(\boldsymbol{x},\boldsymbol{y})$ 的区域.

10.2.2　上半空间的 Poisson 公式

当 Ω 是上半空间 $\mathbb{R}_{+}^{n}=\left\{\ \boldsymbol{x}=(\boldsymbol{x}',x_n)\in\mathbb{R}^{n}\ \middle|\ \boldsymbol{x}'\in\mathbb{R}^{n-1},x_n>0\ \right\}$ 时, 取 $\boldsymbol{x}\in\mathbb{R}_{+}^{n}$ 关于超平面 $x_n=0$ 的对称点 $\overline{\boldsymbol{x}}=(\boldsymbol{x}',-x_n)$, 则 $h(\boldsymbol{x},\boldsymbol{y})=-K\left(\overline{\boldsymbol{x}}-\boldsymbol{y}\right)$ 是问题 (10.2.4) 的解 (图 10.6).

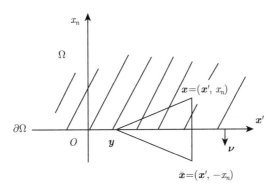

图 10.6　$\boldsymbol{x}$ 的对称点

定义半空间 $\mathbb{R}_{+}^{n}$ 上的 Green 函数

$$G\left(\boldsymbol{x},\boldsymbol{y}\right)=K\left(\boldsymbol{x}-\boldsymbol{y}\right)-K\left(\overline{\boldsymbol{x}}-\boldsymbol{y}\right),\quad \overline{\boldsymbol{x}}=\left(\boldsymbol{x}',-x_n\right).$$

当 $n\geqslant 3$ 时,

$$G\left(\boldsymbol{x}, \boldsymbol{y}\right) = \frac{1}{(n-2)\,\omega_n}\left(\frac{1}{\mid \boldsymbol{x}-\boldsymbol{y}\mid^{n-2}} - \frac{1}{\mid \overline{\boldsymbol{x}}-\boldsymbol{y}\mid^{n-2}}\right).$$

直接计算, 得

$$\begin{aligned}
\frac{\partial G}{\partial y_n} &= \frac{1}{\omega_n}\left(\frac{1}{\mid \boldsymbol{x}-\boldsymbol{y}\mid^{n-1}}\cdot\frac{x_n-y_n}{\mid \boldsymbol{x}-\boldsymbol{y}\mid} - \frac{1}{\mid \overline{\boldsymbol{x}}-\boldsymbol{y}\mid^{n-1}}\cdot\frac{\overline{x}_n-y_n}{\mid \overline{\boldsymbol{x}}-\boldsymbol{y}\mid}\right) \\
&= \frac{1}{\omega_n}\left(\frac{x_n-y_n}{\mid \boldsymbol{x}-\boldsymbol{y}\mid^n} - \frac{\overline{x}_n-y_n}{\mid \overline{\boldsymbol{x}}-\boldsymbol{y}\mid^n}\right).
\end{aligned}$$

当 $\boldsymbol{y} \in \partial\Omega$ 时, $y_n = 0$, 则

$$\begin{aligned}
\frac{\partial G}{\partial \boldsymbol{\nu}} &= -\frac{\partial G}{\partial y_n} = -\frac{1}{\omega_n}\left(\frac{x_n}{\mid \boldsymbol{x}-\boldsymbol{y}\mid^n} - \frac{\overline{x}_n}{\mid \overline{\boldsymbol{x}}-\boldsymbol{y}\mid^n}\right) \\
&= -\frac{2x_n}{\omega_n}\cdot\frac{1}{(\mid \boldsymbol{x}'-\boldsymbol{y}'\mid^2 + x_n^2)^{\frac{n}{2}}}.
\end{aligned}$$

代入 (10.2.5), 得

$$u(x) = \frac{2x_n}{\omega_n}\int_{\mathbb{R}^{n-1}}\frac{\varphi\left(\boldsymbol{y}'\right)}{(\mid \boldsymbol{x}'-\boldsymbol{y}'\mid^2 + x_n^2)^{\frac{n}{2}}}\,\mathrm{d}\boldsymbol{y}'. \tag{10.2.6}$$

类似地, 当 $n=2$ 时, (10.2.6) 也成立.

当 $\varphi \in C^0(\mathbb{R}^{n-1})\cap L^\infty(\mathbb{R}^{n-1})$ 时, 由 (10.2.6) 给出的 $u \in C^\infty(\mathbb{R}^n_+)\cap L^\infty(\mathbb{R}^n_+)$ 确实是问题 (10.2.1) 的解.

函数

$$P(\boldsymbol{x}, \boldsymbol{y}) = \frac{2x_n}{\omega_n}\frac{1}{\mid \boldsymbol{x}-\boldsymbol{y}\mid^n}, \quad \boldsymbol{x} \in \mathbb{R}^n_+, \quad \boldsymbol{y} \in \partial\mathbb{R}^n_+$$

称为 $\mathbb{R}^n_+$ 上的 Poisson 核, (10.2.6) 称为 $\mathbb{R}^n_+$ 上的 Poisson 公式.

作业 10.2.2 设 $\mathbb{R}^2_+ = \{\,(x_1, x_2)\mid x_1 \in \mathbb{R},\ x_2 > 0\,\}$, 求 Dirichlet 问题

$$\begin{cases}
\Delta u = 0, & \boldsymbol{x} \in \mathbb{R}^2_+, \\
u|_{x_2=0} = \dfrac{1}{1+x_1^2}, & x_1 \in \mathbb{R}
\end{cases}$$

的解.

作业 10.2.3 求 Laplace 方程 Dirichlet 问题在 $\dfrac{1}{4}$ 平面

$$\Omega = \{\,\boldsymbol{x} = (x_1, x_2) \in \mathbb{R}^2 \mid x_1 > 0,\ x_2 > 0\,\}$$

的 Green 函数.

10.2.3 球上的 Poisson 公式

当 Ω 是球 $B_R = \{\, \boldsymbol{x} \in \mathbb{R}^n \mid |\, \boldsymbol{x}\,| < R \,\}$ 时, 可以引入一个与 $\boldsymbol{y}$ 无关的正常数 C, 用 $K(C\,(\boldsymbol{x}^* - \boldsymbol{y}))$ 代替 10.2.2 小节中的 $K(\overline{\boldsymbol{x}} - \boldsymbol{y})$ 考虑求解问题. 因为

$$\Delta_{\boldsymbol{y}} K(C\,(\boldsymbol{x}^* - \boldsymbol{y})) = 0, \quad \boldsymbol{y} \neq \boldsymbol{x}^*,$$

这时问题归结为 $h(\boldsymbol{x}, \boldsymbol{y}) = -K(C\,(\boldsymbol{x}^* - \boldsymbol{y}))$ 是否能满足 (10.2.4) 中的边界条件, 即: 对于给定的 $\boldsymbol{x} \in B_R$, 能否取一适当的点 $\boldsymbol{x}^* \notin \overline{B_R}$, 使得对任意的 $\boldsymbol{y} \in \partial B_R$, 有 $K(C\,(\boldsymbol{x}^* - \boldsymbol{y})) = K(\boldsymbol{x} - \boldsymbol{y})$, 即 $C\,|\,\boldsymbol{x}^* - \boldsymbol{y}\,| = |\,\boldsymbol{x} - \boldsymbol{y}\,|$.

对 $\boldsymbol{x} \in B_R \setminus \{\boldsymbol{0}\}$, 取 x 关于 ∂B_R 的反演点 $\boldsymbol{x}^* = \left(\dfrac{R}{|\,\boldsymbol{x}\,|}\right)^2 \boldsymbol{x}$. 它是 x 关于超平面对称点的自然推广. 对 $\boldsymbol{y} \in \partial B_R$, 在 $\boldsymbol{x}$, $\boldsymbol{x}^*$, $\boldsymbol{y}$ 三个点所确定的平面上作图 (见图 10.7).

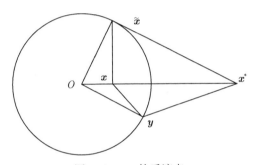

图 10.7 $\boldsymbol{x}$ 的反演点

由三角形 $O\boldsymbol{x}\widetilde{\boldsymbol{x}}$ 与三角形 $O\boldsymbol{x}^*\widetilde{\boldsymbol{x}}$ 相似, 可知

$$\frac{|\,\boldsymbol{x}\,|}{|\,\widetilde{\boldsymbol{x}}\,|} = \frac{|\,\widetilde{\boldsymbol{x}}\,|}{|\,\boldsymbol{x}^*\,|}, \quad \frac{|\,\boldsymbol{x}\,|}{|\,\boldsymbol{y}\,|} = \frac{|\,\boldsymbol{y}\,|}{|\,\boldsymbol{x}^*\,|}.$$

所以三角形 $O\boldsymbol{x}\boldsymbol{y}$ 与三角形 $O\boldsymbol{x}^*\boldsymbol{y}$ 相似, 从而

$$\frac{|\,\boldsymbol{x}\,|}{|\,\boldsymbol{y}\,|} = \frac{|\,\boldsymbol{x} - \boldsymbol{y}\,|}{|\,\boldsymbol{x}^* - \boldsymbol{y}\,|}.$$

因此

$$\frac{|\,\boldsymbol{x}\,|}{R}|\,\boldsymbol{x}^* - \boldsymbol{y}\,| = |\,\boldsymbol{x} - \boldsymbol{y}\,|, \quad \boldsymbol{y} \in \partial B_R.$$

于是, 取 $C = \dfrac{|\,\boldsymbol{x}\,|}{R}$, 则得到球 B_R 上的 Green 函数

$$G(\boldsymbol{x}, \boldsymbol{y}) = K(\boldsymbol{x} - \boldsymbol{y}) - K\left(\frac{|\,\boldsymbol{x}\,|}{R}\,(\boldsymbol{x}^* - \boldsymbol{y})\right).$$

直接计算, 有

$$D_y K(x - y) = \frac{1}{\omega_n} \frac{x - y}{\mid x - y \mid^n},$$

$$D_y K\left(\frac{\mid x \mid}{R}(x^* - y)\right) = \left(\frac{R}{\mid x \mid}\right)^{n-2}.$$

$$D_y K(x^* - y) = \frac{1}{\omega_n}\left(\frac{R}{\mid x \mid}\right)^{n-2} \frac{x^* - y}{\mid x^* - y \mid^n}.$$

当 $y \in \partial B_R$ 时,

$$\frac{\partial G}{\partial \nu} = \frac{y}{R} \cdot D_y G = \frac{y}{\omega_n R} \cdot \left[\frac{x - y}{\mid x - y \mid^n} - \left(\frac{R}{\mid x \mid}\right)^{n-2} \cdot \frac{\left(\frac{R}{\mid x \mid}\right)^2 x - y}{\left(\frac{R}{\mid x \mid}\mid x - y \mid\right)^n}\right]$$

$$= \frac{y}{\omega_n R} \cdot \left\{\frac{x - y}{\mid x - y \mid^n} - \frac{\left(\frac{\mid x \mid}{R}\right)^2\left[\left(\frac{R}{\mid x \mid}\right)^2 x - y\right]}{\mid x - y \mid^n}\right\}$$

$$= \frac{y}{\omega_n R\mid x - y \mid^n} \cdot \left[x - y - x + \left(\frac{\mid x \mid}{R}\right)^2 y\right]$$

$$= \frac{\mid x \mid^2 - R^2}{\omega_n R} \cdot \frac{1}{\mid x - y \mid^n}.$$

代入 (10.2.5) 得

$$u(x) = \frac{R^2 - \mid x \mid^2}{\omega_n R} \int_{\partial B_R} \frac{\varphi(y)}{\mid x - y \mid^n} \, \mathrm{d}S. \tag{10.2.7}$$

公式 (10.2.7) 称为球 B_R 上的 Poisson 公式, 其中

$$P(x, y) := \frac{R^2 - \mid x \mid^2}{\omega_n R} \cdot \frac{1}{\mid x - y \mid^n} = -\frac{\partial G}{\partial \nu}(x, y), \quad x \in B_R, \ y \in \partial B_R$$

称为球 B_R 上的 Poisson 核. 它有性质 (读者自证之)

$$\Delta_x P(x, y) = 0, \quad x \in B_R, \ y \in \partial B_R; \tag{10.2.8}$$

和

$$\int_{\partial B_R} P(x, y) \, \mathrm{d}S = 1, \quad x \in B_R. \tag{10.2.9}$$

作业 10.2.4 求 Laplace 方程 Dirichlet 问题在单位圆外部区域 $\Omega = \mathbb{R}^2 \backslash B(\mathbf{0})$ 上的 Green 函数.

作业 10.2.5 求 Laplace 方程 Dirichlet 问题在上半单位圆

$$\Omega = \{ \, \boldsymbol{x} = (x_1, x_2) \in \mathbb{R}^2 \mid x_1^2 + x_2^2 < 1, \ x_2 > 0 \, \}$$

的 Green 函数.

图 10.8 给出了 Green 函数的例子.

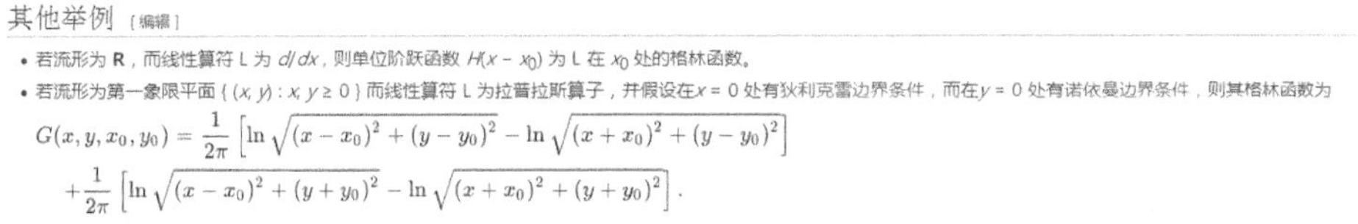

其他举例 [编辑]

- 若流形为 R, 而线性算符 L 为 d/dx, 则单位阶跃函数 $H(x-x_0)$ 为 L 在 x_0 处的格林函数.
- 若流形为第一象限平面 $\{(x, y) : x, y \geqslant 0\}$ 而线性算符 L 为拉普拉斯算子, 并假设在 $x = 0$ 处有狄利克雷边界条件, 而在 $y = 0$ 处有诺依曼边界条件, 则其格林函数为

$$G(x, y, x_0, y_0) = \frac{1}{2\pi} \left[\ln \sqrt{(x-x_0)^2 + (y-y_0)^2} - \ln \sqrt{(x+x_0)^2 + (y-y_0)^2} \right]$$
$$+ \frac{1}{2\pi} \left[\ln \sqrt{(x-x_0)^2 + (y+y_0)^2} - \ln \sqrt{(x+x_0)^2 + (y+y_0)^2} \right].$$

图 10.8 Green 函数的例子

最后给出球上的 Laplace 方程 Dirichlet 问题解的存在性, 也就是验证由 Poisson 公式 (10.2.7) 定义的 u 是问题 (10.2.1) 的解.

定理 10.2.2 若 $\varphi \in C^0(\partial B_R)$, 则 (10.2.7) 给出的 $u \in C^\infty(B_R) \cap C^0(\overline{B}_R)$ 是问题 (10.2.1) 的解.

证明 首先证明 $u \in C^\infty(B_R)$, 且在 B_R 中 $\Delta u = 0$. 由 $P \in C^\infty(B_R \times \partial B_R)$ 和含参量积分的可微性, 有 $u(\boldsymbol{x}) = \displaystyle\int_{\partial B_R} P(\boldsymbol{x}, \boldsymbol{y}) \varphi(\boldsymbol{y}) \, \mathrm{d}S \in C^\infty(B_R)$, 并且

$$\Delta u(\boldsymbol{x}) = \int_{\partial B_R} \Delta_{\boldsymbol{x}} P(\boldsymbol{x}, \boldsymbol{y}) \varphi(\boldsymbol{y}) \, \mathrm{d}S = 0.$$

下证 $u \in C^0(\overline{B}_R)$, 且 $u(\boldsymbol{x}) = \varphi(\boldsymbol{x})$, $x \in \partial B_R$, 即对于任意的 $\hat{\boldsymbol{x}} \in \partial B_R$,

$$\lim_{\substack{\boldsymbol{x} \to \hat{\boldsymbol{x}} \\ \boldsymbol{x} \in B_R}} u(\boldsymbol{x}) = \varphi(\hat{\boldsymbol{x}}).$$

取定 $\hat{\boldsymbol{x}} \in \partial B_R$ (图 10.9), 由 $\varphi \in C^0(\partial B_R)$, 对于任意的 $\varepsilon > 0$, 存在 $\delta > 0$, 使得对 ∂B_R 上满足 $|\boldsymbol{y} - \hat{\boldsymbol{x}}| < \delta$ 的点 $\boldsymbol{y}$, 有 $|\varphi(\boldsymbol{y}) - \varphi(\hat{\boldsymbol{x}})| < \varepsilon$. 由 (10.2.9) 有

$$
\begin{aligned}
|u(\boldsymbol{x}) - \varphi(\hat{\boldsymbol{x}})| &= \left| \int_{\partial B_R} P(\boldsymbol{x}, \boldsymbol{y})(\varphi(\boldsymbol{y}) - \varphi(\hat{\boldsymbol{x}})) \, \mathrm{d}S \right| \\
&\leqslant \int_{|\boldsymbol{y} - \hat{\boldsymbol{x}}| \geqslant \delta} P(\boldsymbol{x}, \boldsymbol{y}) |\varphi(\boldsymbol{y}) - \varphi(\hat{\boldsymbol{x}})| \, \mathrm{d}S \\
&\quad + \int_{|\boldsymbol{y} - \hat{\boldsymbol{x}}| < \delta} P(\boldsymbol{x}, \boldsymbol{y}) |\varphi(\boldsymbol{y}) - \varphi(\hat{\boldsymbol{x}})| \, \mathrm{d}S \\
&\leqslant 2 \max_{\partial B_R} |\varphi| \frac{R^2 - |\boldsymbol{x}|^2}{\omega_n R} \int_{|\boldsymbol{y} - \hat{\boldsymbol{x}}| \geqslant \delta} \frac{\mathrm{d}S}{|\boldsymbol{x} - \boldsymbol{y}|^n} + \varepsilon.
\end{aligned}
$$

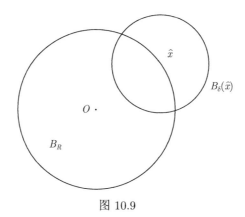

图 10.9

又由于当 $\mid \boldsymbol{x} - \hat{\boldsymbol{x}} \mid < \dfrac{\delta}{2}$ 时, $\mid \boldsymbol{x} - \boldsymbol{y} \mid \geqslant \mid \boldsymbol{y} - \hat{\boldsymbol{x}} \mid - \mid \boldsymbol{x} - \hat{\boldsymbol{x}} \mid \geqslant \delta - \dfrac{\delta}{2} = \dfrac{\delta}{2}$, 所以

$$\left| u(\boldsymbol{x}) - \varphi(\hat{\boldsymbol{x}}) \right| \leqslant 2 \max_{\partial B_R} \mid \varphi \mid \frac{R^2 - \mid \boldsymbol{x} \mid^2}{\omega_n R} \frac{\omega_n R^{n-1}}{\left(\dfrac{\delta}{2}\right)^n} + \varepsilon$$

$$\leqslant \frac{4}{R} \left(\frac{2R}{\delta}\right)^n \max_{\partial B_R} \mid \varphi \mid (R - \mid \boldsymbol{x} \mid) + \varepsilon.$$

令 $\boldsymbol{x} \to \hat{\boldsymbol{x}}$, 则 $\mid \boldsymbol{x} \mid \to \mid \hat{\boldsymbol{x}} \mid = R$,

$$\limsup_{\boldsymbol{x} \to \hat{\boldsymbol{x}}} \mid u(\boldsymbol{x}) - \varphi(\hat{\boldsymbol{x}}) \mid \leqslant \varepsilon.$$

由 ε 的任意性, 有

$$\lim_{\boldsymbol{x} \to \hat{\boldsymbol{x}}} u(\boldsymbol{x}) = \varphi(\hat{\boldsymbol{x}}).$$

证毕. □

　　虽然 Poisson 公式 (10.2.7) 只是一个球上 Laplace 方程 Dirichlet 问题的求解公式, 但是对进一步研究 Laplace 方程却是非常有用的.

　　一般来讲, 有了 Green 函数就不难建立相应的 Poisson 公式. 只要边值连续 (当区域的边界无界时, 还要要求边值函数有界或具有紧支撑), Poisson 公式表示的函数就是相应区域上问题的解.

　　作业 10.2.6　记 B_R 是 $\mathbb{R}^n$ 中以原点为中心, R 为半径的球. 设 $u \in C^1(\overline{B}_R)$, 且在 B_R 中满足 $\Delta u = 0$, 试证

$$\left| \frac{\partial u}{\partial x_i}(\boldsymbol{0}) \right| \leqslant \frac{n}{R} \max_{\overline{B}_R} \mid u \mid, \quad i = 1, 2, \cdots, n.$$

10.3 一般区域上 Laplace 方程解的存在性

对于一般有界区域上 Laplace 方程 Dirichlet 问题

$$
\begin{cases}
\Delta u = 0, & \boldsymbol{x} \in \Omega, \\
u = \varphi(\boldsymbol{x}), & \boldsymbol{x} \in \partial\Omega
\end{cases}
\tag{10.3.1}
$$

解的存在性, 1923 年德国数学家 O. Perron (1880—1975, 图 10.10) 借助下函数性质, 基于极值原理和球上问题可解性, 给出了一种非构造性方法, 称为 Perron 方法. 先求出问题形式解的具体表达式, 再验证形式解就是古典解的办法称为构造性的.

图 10.10 Perron

设 $u \in C^2_{(\Omega)} \cap C^0_{(\overline{\Omega})}$ 是问题 (10.3.1) 的解, 则对任意的 $v \in C^2_{(\Omega)} \cap C^0_{(\overline{\Omega})}$, 若

$$
\begin{cases}
\Delta v \geqslant 0, & x \in \Omega, \\
v \leqslant \varphi(x), & x \in \partial\Omega,
\end{cases}
\tag{10.3.2}
$$

我们在 $\overline{\Omega}$ 上有 $u \geqslant v$, 其中满足 (10.3.2) 的函数称为下函数.

事实上, 取定点 $\overline{x} \in \Omega$, 任意的 $\varepsilon > 0$ 和辅助函数

$$
w(x) = u(x) - v(x) - \varepsilon |x - \overline{x}|^2,
$$

则在 Ω 中

$$
\Delta w = \Delta u - \Delta v - 2n\varepsilon \leqslant -2n\varepsilon < 0.
$$

所以 w 在 $\overline{\Omega}$ 上的最小值在 $\partial\Omega$ 上达到 (否则, 在内部最小值点 $\Delta w \geqslant 0$). 从而

$$
\min_{\overline{\Omega}}(u - v) \geqslant \min_{\overline{\Omega}} w = \min_{\partial\Omega} w = -\varepsilon \max_{\partial\Omega} |x - \overline{x}|^2 \geqslant -\varepsilon \mathrm{diam}^2\Omega.
$$

令 $\varepsilon \to 0$, 得到 $\min_{\overline{\Omega}}(u-v) \geqslant 0$, 即在 $\overline{\Omega}$ 上 $u \geqslant v$.

综上所述,

$$u(x) \geqslant \sup\{v \in C^2_{(\Omega)} \cap C^0_{(\Omega)}|\ \text{在}\ \Omega\ \text{中}\ \Delta v \geqslant 0,\ \text{在}\ \partial\Omega\ \text{上}\ v \leqslant \varphi\}.$$

注意到 u 也在上面的集合中, 因此

$$u(x) = \sup\{v \in C^2_{(\Omega)} \cap C^0_{(\overline{\Omega})}|\ \text{在}\ \Omega\ \text{中}\ \Delta v \geqslant 0,\ \text{在}\ \partial\Omega\ \text{上}\ v \leqslant \varphi\}. \qquad (10.3.3)$$

由于表达式 (10.3.3) 成立的前提是问题 (10.3.1) 解的存在性, 所以它并不具有存在性的意义, 只是大致说明了 Perron 方法的意思, 即下函数的上确界就是解.

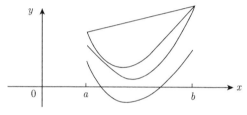

图 10.11   Perron 方法的一维示意图

10.4   拓展习题与课外阅读

10.4.1   拓展习题

习题 **10.4.1**   求 p–Laplace 方程

$$\text{div}\,(\,|\,\mathrm{D}u\,|^{p-2}\mathrm{D}u\,) = 0$$

的径向对称解.

习题 **10.4.2**   证明: 在球坐标

$$x = r\cos\varphi\sin\theta, \quad y = r\sin\varphi\sin\theta, \quad z = r\cos\theta, \quad r > 0, 0 < \varphi < 2\pi, 0 < \theta < \pi$$

下, 三维 Laplace 算子可以写成

$$\Delta u = \frac{1}{r^2}\frac{\partial}{\partial r}(r^2 u_r) + \frac{1}{r^2 \sin\theta}\frac{\partial}{\partial \theta}(\sin\theta \cdot u_\theta) + \frac{1}{r^2 \sin^2\theta}u_{\varphi\varphi}.$$

习题 **10.4.3**   论 $x^* = \dfrac{x}{|x|^2}$ 是 x 的反演点, $u^*(x) = |x|^{2-n}u\left(\dfrac{x}{|x|^2}\right)$ 是 $u(x)$ 的 Kelvin 变换, 若 $\Delta u = 0, x \in \Omega$, 证明 $\Delta u^*(x^*) = 0, x^* \in \Omega^*$, 其中 $\Omega^* = \{x^* \in \mathbb{R}^n, x = \dfrac{x^*}{|x^*|^2} \in \Omega\}$.

习题 10.4.4 求 $\dfrac{1}{4}$ 单位圆

$$\Omega = \{\, \boldsymbol{x} = (x_1, x_2) \in \mathbb{R}^2 \mid x_1^2 + x_2^2 < 1,\ x_1 > 0,\ x_2 > 0 \,\}$$

上 Laplace 方程 Dirichlet 问题的 Green 函数.

习题 10.4.5 在圆 $\Omega = \{\, (x,y) \mid x^2 + y^2 + 2x < 0 \,\}$ 内解 Dirichlet 问题

$$\begin{cases} \Delta u = 0, & (x,y) \in \Omega, \\ u(x,y) = 4x^3 + 6x - 1, & (x,y) \in \partial\Omega. \end{cases}$$

习题 10.4.6 借助延拓法和 Poisson 公式, 求解 Laplace 方程的边值问题

$$\begin{cases} \Delta u = 0, x \in B^+, \\ u = \varphi(x), x \in \partial B^+ \cap \{x_n > 0\}, \\ \dfrac{\partial u}{\partial x_n} = 0, x \in B^0, \end{cases}$$

其中 $B^+ = \{x \in \mathbb{R}^n \mid |x| < 1, x_n > 0\}, B^0 = \{x \in \mathbb{R}^n \mid |x| < 1, x_n = 0\}$.

习题 10.4.7 设 Ω 是 $\mathbb{R}^n$ 中的有界区域, 边界 $\partial\Omega \in C^2$. 利用 Green 公式证明 Laplace 方程的 Robin 问题

$$\begin{cases} \Delta u = 0, & \boldsymbol{x} \in \Omega, \\ \dfrac{\partial u}{\partial \boldsymbol{\nu}}(\boldsymbol{x}) + bu(\boldsymbol{x}) = 0, & \boldsymbol{x} \in \partial\Omega \end{cases}$$

解的唯一性, 其中常数 $b > 0$, r 是 Ω 的单位外法向.

习题 10.4.8 阅读李文林的关于 Green 的传记, 见吴文俊主编的《世界著名数学家传记》, 科学出版社, 1995 年.

习题 10.4.9 学习陈俊全的《椭圆偏微分方程漫谈》, 见《数学传播》, 2000 年, 24(3).

10.4.2 课外阅读

在本章中, 我们重点研究了基本解、 Newton 位势、Green 函数等著名方法, 关于更多的 Green 函数的性质、详细的 Perron 方法的介绍, 以及极值原理、其他边值问题、一般的线性椭圆方程等相关内容, 有兴趣的读者可按照标注分别参考下列文献:

[1] (极值原理) Protter M H, Weinberger H F. 微分方程的最大值原理: 第一、三章. 叶其孝, 刘西垣, 译, 北京: 科学出版社, 1985.

[2]　(Green 函数) 保继光, 朱汝金. 偏微分方程: 第五章. 北京: 北京师范大学出版社, 2011.

[3]　(Perron 方法) 保继光, 李海刚. 偏微分方程基础. 北京: 高等教育出版社, 2018.

[4]　(其他边值问题) 姜礼尚, 陈亚浙. 数学物理方程讲义: 第四章. 3 版. 北京: 高等教育出版社, 2007.

[5]　(其他边值问题) 谷超豪, 李大潜, 陈恕行, 等. 数学物理方程: 第三章. 3 版. 北京: 高等教育出版社, 2012.

[6]　(线性椭圆方程理论) Gilbarg D, Trudinger N S. Elliptic Partial Differential Equations of Second Order: Chapters 2-6. New York: Springer, 1983.

第10章作业答案

第11章

变分方法

变分法的早期工作几乎不能和微积分本身严格区分开来. 1687 年, I. Newton 在他的代表作《自然哲学的数学原理》第二卷命题 35 中研究了物体在水中运动的最小阻力体问题 (图 11.1). 这是历史上第一个真正的变分法问题.

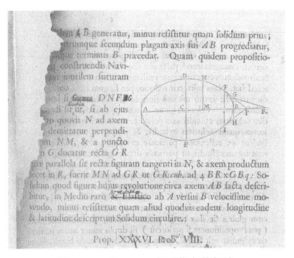

图 11.1　Newton 在原著中的叙述

假设物体表面是一个旋转曲面, 它的母线 (绕 x 轴旋转生成曲面的曲线) 表示为 $y = y(x)$, 且在 x 轴方向以常速度运动. 在某些假设下, 如果要让物体的运动阻力最小, 在现代的记号下, 函数 $y = y(x)$ 就应该使得积分

$$J[y] = \int_{x_1}^{x_2} \frac{y(x) y'^3(x)}{1 + y'^2(x)} \, \mathrm{d}x$$

取最小值. 这个问题的特点在于给出了一个积分, 它的值依赖于被积函数中的未知函数 $y(x)$, 而且要确定这个未知函数使积分值达到最小.

Newton 认为可以把这个结果用到船舶的建造中去 (*I consider to be of use in the future construction of ships*). 目前, 这种问题不仅在船舶设计中, 而且在潜水艇和飞机的设计中都已经变得非常重要了 (图 11.2).

图 11.2   山东号航空母舰

变分法主要是由瑞士最重要的数学家 L. Euler 和法国最敏锐的数学家 J. Lagrange 在 18 世纪确立的. 1766 年, Euler 出版的《变分原理》(*Elementa Calculi Variationum*) 给予了这门科学变分法的名称. 1788 年, Lagrange 完成了《分析力学》(*Mécanique Analytique*), 这是 Newton 之后的一部重要的经典力学著作, 书中运用了变分原理和分析方法.

在 1900 年的巴黎国际数学家大会上, 数学家 D. Hilbert 提出了 23 个著名数学问题, 其中第十九个、第二十个、第二十三个问题都与变分法有关, 在他和 R. Courant 所著的《数学物理方法》一书中贯穿了变分法的思想. 而 M. Morse (1892—1977, 美国) 的大范围变分法则是 20 世纪变分法发展的标志. 最优控制理论是变分法的推广, 其开创性工作主要是在 20 世纪 50 年代完成.

本章从著名的最速降线问题和悬链线问题出发, 将求泛函的极值问题转化为求解对应的 Euler 方程或方程组问题, 并介绍偏微分方程中的变分原理.

11.1 变 分 问 题

11.1.1 最速降线问题

一个质点在重力作用下, 从一个给定点到不在它垂直下方的另一点, 如果不计摩擦力, 问沿着什么曲线滑下所需时间最短? 这就是最速降线问题 (图 11.3).

两点之间直线段最短, 但是沿直线下滑费时不是最短, 因为沿直线物体在重力作用下不能达到最高速度. 因此, 费时最短的路线应该是一条曲线. G. Galileo (1564—1642, 意大利) 在 1630 年提出了这个问题, 并认为这条线应该是一条圆弧线. 可是, 后来人们发现这个答案是错误的.

1696 年瑞士数学家 Johann Bernoulli 在《教师学报》上再次提出这个最速降线的问题, 向全欧洲数学家征求解答. 截止到 1697 年复活节, Johann Bernoulli 收到了 5 份答案: 他自己的、他的老师 G. W. Leibniz 的、他的哥哥 Jakob Bernoulli

(1654—1705) 的、G de l'Hôpital (1661—1704, 法国) 的、匿名 (Newton) 的. 答案就是一段凹的旋轮线.

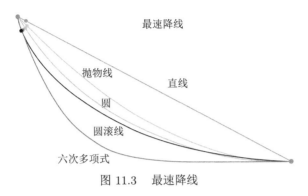

图 11.3   最速降线

旋轮线实际上就是一条上下颠倒的摆线. 摆线就是一个圆沿一条直线运动时, 圆边界上一定点所形成的轨迹, 亦称圆滚线或等时曲线 (图 11.4).

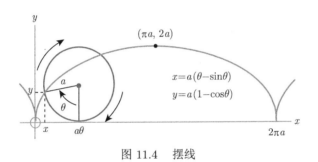

图 11.4   摆线

摆线曾被著名建筑师 L. I. Kahn (1901—1974, 美国) 用来设计美国得克萨斯的金贝尔艺术博物馆 (图 11.5).

图 11.5   金贝尔艺术博物馆

设质量为 m 的质点, 在重力的作用下, 在垂直平面上从定点 $A(x_0, y_0)$, 以初始速率是 v_0, 沿一条光滑曲线 l

$$l: \quad y = y(x), \quad x_0 \leqslant x \leqslant x_1,$$

下滑到另一个定点 $B(x_1, y_1)$. 不考虑曲线上的摩擦力和周围介质的阻力, 问质点沿怎样的曲线下滑费时最短 (图 11.6).

若质点沿 l 下滑到 $P(x, y)$ 点处的速率为 v, 则由能量守恒定律,

$$\frac{1}{2} m(v^2 - v_0^2) = mg(y - y_0),$$

由此解得

$$v = \sqrt{2g(y - a)},$$

其中 $a = y_0 - \dfrac{v_0^2}{2g}$, g 为重力加速度.

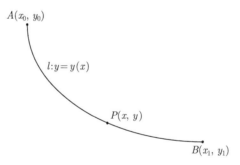

图 11.6   最速降线的推导

设 s 表示 l 上 AP 弧的长度. 由微分学知识,

$$v = \frac{\mathrm{d}s}{\mathrm{d}t}, \quad \mathrm{d}s = \sqrt{1 + y'^2}\, \mathrm{d}x.$$

于是,

$$\mathrm{d}t = \frac{\mathrm{d}s}{v} = \frac{\sqrt{1 + y'^2}}{\sqrt{2g(y - a)}}\, \mathrm{d}x.$$

两边积分, 即得质点沿曲线 l 从 A 点下滑到 B 点所需的时间

$$T[y] := \int_0^T \mathrm{d}t = \frac{1}{\sqrt{2g}} \int_{x_0}^{x_1} \sqrt{\frac{1 + y'^2}{y - a}}\, \mathrm{d}x. \tag{11.1.1}$$

对于过 $A(x_0, y_0)$, $B(x_1, y_1)$ 两点任意光滑曲线 l: $y = y(x)$, 积分 (11.1.1) 都有确定的 T 值与之对应. 设 Y 是满足边界条件

$$y(x_0) = y_0, \quad y(x_1) = y_1$$

的光滑曲线 $y = y(x)$ 的集合, 则积分 (11.1.1) 就定义了从 Y 到实数集 $\mathbb{R}$ 的映射 T: $y \to \mathbb{R}$.

11.1.2 泛函和变分

定义 11.1.1 给定一个函数集合 $\mathcal{F}$. 若对任意的 $y(x) \in \mathcal{F}$, 都有唯一的实数 J 与之对应, 则称 J 是 $y(x)$ 的泛函, 记为 $J = J[y]$, $\mathcal{F}$ 称为泛函的定义域.

设 $y_0(x) \in \mathcal{F}$. 若对任意的 $y(x) \in \mathcal{F}$, 都有 $J[y_0] \leqslant (\geqslant) J[y]$, 则称 $J[y]$ 在 $y_0(x)$ 处达到 (绝对) 极小 (大) 值. 极大值和极小值统称极值. $y_0(x)$ 称为极值函数.

泛函的极值问题简称为变分问题.

与函数的极值类似, 在实际问题中, 泛函极值的存在性, 往往在问题给出时就是肯定了的. 因此, 当泛函有极值时, 求出满足必要条件的未知函数是着重要解决的问题.

考虑泛函

$$J[y] = \int_{x_0}^{x_1} F(x, y, y') \, \mathrm{d}x,$$

其中 $F \in C^2$, $\mathcal{F} = \{ y \in C^2[x_0, x_1] \mid y(x_0) = y_0, \ y(x_1) = y_1 \}$.

设 $y(x)$ 使 $J[y]$ 取极值, 下面导出它满足的必要条件.

令 $\eta \in C^2[x_0, x_1]$, $\eta(x_0) = \eta(x_1) = 0$, $\alpha \in (-1, 1)$, $\bar{y}(x) = y(x) + \alpha \eta(x)$, 则

$$\bar{y} \in C^2[x_0, x_1], \quad \bar{y}(x_0) = y_0, \quad \bar{y}(x_1) = y_1, \quad \text{即} \ \bar{y}(x) \in \mathcal{F}.$$

因此, 数值函数

$$\Phi(\alpha) := J[\bar{y}] = \int_{x_0}^{x_1} F(x, y + \alpha \eta, y' + \alpha \eta') \, \mathrm{d}x$$

在 $\alpha = 0$ 取极值. 由 Fermat 定理, $\Phi'(0) = 0$, 即

$$0 = \int_{x_0}^{x_1} [F_2'(x, y + \alpha\eta, y' + \alpha\eta')\eta + F_3'(x, y + \alpha\eta, y' + \alpha\eta')\eta'] \, \mathrm{d}x \bigg|_{\alpha=0}$$

$$= \int_{x_0}^{x_1} [F_2'(x, y, y')\eta + F_3'(x, y, y')\eta'] \, \mathrm{d}x$$

$$= \int_{x_0}^{x_1} F_2'\eta \, \mathrm{d}x + F_3'\eta \bigg|_{x=x_0}^{x_1} - \int_{x_0}^{x_1} \eta \frac{\mathrm{d}}{\mathrm{d}x} F_3' \, \mathrm{d}x$$

$$= \int_{x_0}^{x_1} \left(F_2' - \frac{\mathrm{d}}{\mathrm{d}x} F_3' \right) \eta \, \mathrm{d}x. \tag{11.1.2}$$

这时, 我们需要下面的变分法的基本引理.

引理 11.1.2 (变分法基本引理)   设 $f \in C^0[x_0, x_1]$, 并且对任意的 $\eta \in C_0^2(x_0, x_1)$, 都有

$$\int_{x_0}^{x_1} f(x)\eta(x) \, \mathrm{d}x = 0,$$

则在 $[x_0, x_1]$ 上, $f(x) \equiv 0$.

证明   反证法. 假设 $f(x)$ 在 $\xi \in [x_0, x_1]$ 处不为零. 由连续性, 存在 $\delta > 0$, $f(x)$ 在 $(\xi - \delta, \xi + \delta) \bigcap [x_0, x_1]$ 上也不为零, 不妨认为 $f(x) > 0$, $x \in (\xi_1, \xi_2) \subset (x_0, x_1)$. 在 $C_0^2(x_0, x_1)$ 中取

$$\eta(x) = \begin{cases} (x - \xi_1)^2(\xi_2 - x)^2, & x \in (\xi_1, \xi_2) \\ 0, & x \in [x_0, x_1] \setminus (\xi_1, \xi_2), \end{cases}$$

我们有

$$\int_{x_0}^{x_1} f(x)\eta(x)\mathrm{d}x = \int_{\xi_1}^{\xi_2} f(x)(x - \xi_1)^2(\xi_2 - x)^2 \, \mathrm{d}x > 0,$$

得到矛盾!   □

由 (11.1.2) 和引理 11.1.2,

$$F_2'(x, y, y') - \frac{\mathrm{d}}{\mathrm{d}x} F_3'(x, y, y') = 0,$$

即

$$F_2' - F_{31}'' - F_{32}''y' - F_{33}''y'' = 0,$$

它称为泛函 $J[y]$ 的 Euler–Lagrange 方程 (1750s). 当 $F_{33}'' \neq 0$ 时, Euler–Lagrange 方程是一个二阶拟线性常微分方程.

若其通解 $y = y(x; C_1, C_2)$, 则 C_1, C_2 满足

$$\begin{cases} y(x_0; C_1, C_2) = y_0, \\ y(x_1; C_1, C_2) = y_1. \end{cases}$$

例题 11.1.1   求

$$J[y] = \int_0^\pi (y'^2 - 2y\cos x) \, \mathrm{d}x$$

满足 $y(0) = 0$, $y(\pi) = 0$ 的极值函数.

解 设 $F(x, y, y') = y'^2 - 2y\cos x$, 则 $F_2' = -2\cos x$, $F_3' = 2y'$, 从而它相应的 Euler–Lagrange 方程是

$$-2\cos x - 2y'' = 0, \quad y'' + \cos x = 0.$$

解得

$$y = \cos x + C_1 x + C_2.$$

代入边界条件

$$\begin{cases} 1 + 0 + C_2 = 0, \\ -1 + C_1\pi + C_2 = 0, \end{cases} \quad \text{其解为} \quad \begin{cases} C_1 = \dfrac{2}{\pi}, \\ C_2 = -1, \end{cases}$$

所以极值函数是

$$y = \cos x + \frac{2}{\pi}x - 1. \qquad \square$$

例题 11.1.2 在平面上连接两点 $A(x_0, y_0)$, $B(x_1, y_1)$ 的所有曲线中, 求长度最短的曲线.

解 问题归结为求泛函

$$J[y] = \int_{x_0}^{x_1} \sqrt{1 + y'^2}\, \mathrm{d}x$$

在 $\mathcal{F} = \{\, y \in C^2[x_0, x_1] \mid y(x_0) = y_0, y(x_1) = y_1 \,\}$ 中的极值曲线. 由于 $F(x, y, y') = \sqrt{1 + y'^2}$ 不显含 x, y, 故 Euler–Lagrange 方程是

$$\frac{y'}{\sqrt{1 + y'^2}} = c\ (\text{常数}), \quad y'^2 = \frac{c^2}{1 - c^2}.$$

它的解都是直线. 根据端点条件, 所求的解为

$$y = y_0 + \frac{y_1 - y_0}{x_1 - x_0}(x - x_0),$$

即连接两点的直线. $\qquad \square$

例题 11.1.3 在球面上连接两定点的所有曲线中, 求出长度最短的曲线.

解 如图 11.7 所示, 设球面的中心在原点, 球面半径为 1. 则球面坐标由下式表示

$$\begin{cases} x = \sin\theta\cos\varphi, \\ y = \sin\theta\sin\varphi, \quad 0 \leqslant \theta \leqslant \pi,\ 0 \leqslant \varphi < 2\pi, \\ z = \cos\theta, \end{cases}$$

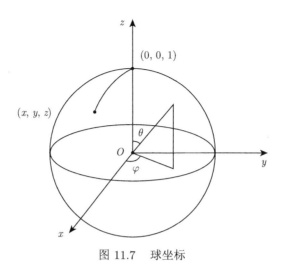

图 11.7　球坐标

不妨设球面上的两定点为 $A(1,0,0)$, $B(1,\theta_1,\varphi_1)$, 球面上的曲线由 $\varphi = \varphi(\theta)$ 表示, 所以曲线上的弧长微分 $\mathrm{d}s$ 为

$$\mathrm{d}s^2 = \mathrm{d}x^2 + \mathrm{d}y^2 + \mathrm{d}z^2 = (\mathrm{d}\theta)^2 + \sin^2\theta(\mathrm{d}\varphi)^2 = \left[1 + \sin^2\theta\left(\frac{\mathrm{d}\varphi}{\mathrm{d}\theta}\right)^2\right](\mathrm{d}\theta)^2.$$

问题归结为求过 A, B 两点的曲线 $\varphi = \varphi(\theta)$, 使泛函

$$J[\varphi] = \int_0^{\theta_1} \sqrt{1 + \sin^2\theta\left(\frac{\mathrm{d}\varphi}{\mathrm{d}\theta}\right)^2}\, \mathrm{d}\theta$$

取极小值. 被积函数不显含 φ, 相应的 Euler–Lagrange 方程为

$$\frac{\mathrm{d}}{\mathrm{d}\theta}\left(\frac{\sin^2\theta\ \varphi'}{\sqrt{1 + \sin^2\theta\ \varphi'^2}}\right) = 0,$$

因此

$$\frac{\sin^2\theta\ \varphi'}{\sqrt{1 + \sin^2\theta\ \varphi'^2}} = c\ (\text{常数}).$$

由曲线过 $\theta = 0$ 的 A 点, 故 $c = 0$, 从而 $\varphi'(\theta) = 0$. 即在极值曲线上坐标 φ 是常数, 从而是大圆的一部分. 因此, 球面上连接两点的短程线必是连接两点大圆上的较短弧. □

例题 11.1.4　最小旋转面问题. 在上半平面上, 连接两点 $A(x_0, y_0)$, $B(x_1, y_1)$ 的所有曲线中, 求曲线 $y = y(x)$ 使它绕 x 轴旋转一周所成的曲面面积最小 (图 11.8).

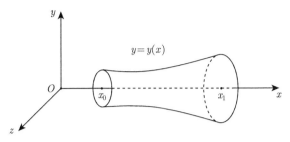

图 11.8　旋转曲面

解　由旋转曲面的面积公式, 问题归结为求泛函

$$S[y] = 2\pi \int_{x_0}^{x_1} y\sqrt{1 + y'^2}\, \mathrm{d}x$$

在 $\mathcal{F} = \{\, y \in C^2[x_0, x_1] \mid y(x_0) = y_0,\ y(x_1) = y_1 \,\}$ 上的极值函数. 由于

$$F(x, y, y') = 2\pi y\sqrt{1 + y'^2},$$

故其 Euler–Lagrange 方程为

$$\sqrt{1 + y'^2} - \frac{\mathrm{d}}{\mathrm{d}x}\left(\frac{yy'}{\sqrt{1 + y'^2}} \right) = 0,$$

即

$$1 + y'^2 - yy'' = 0.$$

设 $p = y'$, 则

$$1 + p^2 - ypp' = 0, \quad 1 + p^2 = c_1^2 y^2,$$

其中 c_1 是正常数. 引入参数 $y' = \sinh t$, 得

$$y = \frac{\sqrt{1 + \sinh^2 t}}{c_1} = \frac{\cosh t}{c_1}.$$

由于

$$\mathrm{d}x = \frac{\mathrm{d}y}{y'} = \frac{\sinh t\, \mathrm{d}t}{c_1 \sinh t} = \frac{\mathrm{d}t}{c_1},$$

故

$$x = \frac{t}{c_1} + c_2.$$

于是所求的曲线为

$$y = \frac{1}{c_1} \cosh c_1(x - c_2).$$

其中常数 c_1, c_2 由端点条件确定. 总之, 这是一条双曲余弦 (图 11.9).

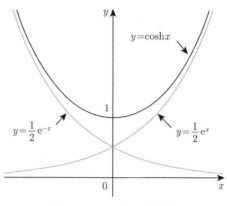

图 11.9　双曲余弦曲线

作业 11.1.1　*求泛函*

$$J[y] = \int_1^2 \frac{\sqrt{1 + y'^2}}{x} \, \mathrm{d}x$$

在 $\mathcal{F} = \{\, y \in C^2[1,2] \mid y(1) = 0, \ y(2) = 1 \,\}$ 上的极值函数 $y(x)$.

作业 11.1.2　*求解最速降线问题: 求泛函*

$$J[y] = \frac{1}{\sqrt{2g}} \int_{x_0}^{x_1} \sqrt{\frac{1 + y'^2}{y - a}} \, \mathrm{d}x.$$

在 $\mathcal{F} = \{\, y(x) \in C^2[x_0, x_1] \mid y(x_0) = y_0, \ y(x_1) = y_1 \,\}$ 上的极值函数.

11.2　条件变分问题

与数学分析中条件极值问题类似, 在一些泛函的极值问题中允许函数还会附加各种约束条件, 这种极值问题称为条件变分问题.

在本节讨论条件变分问题中, 最典型的例子就是悬链线问题和等周问题. 因此这类条件变分问题也称为广义等周问题.

11.2.1　悬链线问题

1490 年, 意大利画家 Leonardo da Vinci (1452—1519) 在创作《抱银貂的女人》时思索这样一个问题: 固定项链的两端, 使其在重力的作用下自然下垂, 那么项链所形成的曲线是什么 (图 11.10)?

图 11.10　抱银貂的女人

1638 年, 意大利数学家、物理学家、天文学家, 科学革命的先驱 Galileo 就曾经错误地猜测悬链线是抛物线. 1646 年, C. Huygens (1629—1695, 荷兰) 用物理方法证明了这条曲线不是抛物线. 1691 年, Jakob Bernoulli 建立了悬链线的常微分方程. 他的弟弟、Euler 的老师 Johann Bernoulli 成功地解答了著名的悬链线问题. 悬链线问题的严格提法是: 求给定长度的均匀悬线的形状. 悬线的形状是由悬线达到最低位势的要求决定的, 即悬线必须使其重心最低.

设悬链线形成的曲线为 $y = y(x)$, $x_0 \leqslant x \leqslant x_1$, 通过固定的两点 $A(x_0, y_0)$, $B(x_1, y_1)$, 其长度

$$L = \int_{x_0}^{x_1} \sqrt{1 + y'(x)^2}\,\mathrm{d}x, \tag{11.2.1}$$

悬线的重心高度为

$$y_c := \frac{1}{L} \int_0^L y \mathrm{d}s = \frac{1}{L} \int_{x_0}^{x_1} y\sqrt{1 + y'(x)^2}\,\mathrm{d}x. \tag{11.2.2}$$

现在悬链线问题归结为: 在满足边界条件 $y(x_0) = y_0$, $y(x_1) = y_1$ 及 (11.2.1) 的光滑函数 $y(x)$ 中, 求使 (11.2.2) 表达的 y_c 为最小的函数. 这是一个条件极值问题.

1670 年, 英国科学家兼建筑师 R. Hooke (1635—1703, 图 11.12) 意识到该曲线代表了具有恒定横截面的拱的最优形式. 很多著名建筑都具有悬链线的外形 (图 11.11). 例如, 杰斐逊纪念拱门、旧金山金门大桥、西班牙圣家大教堂悬链拱、布达佩斯火车站、瑞士博览会水泥馆、杜勒斯机场航站楼、里斯本世博会葡萄牙馆、长野奥林匹克纪念体育馆等.

图 11.11   Hooke 和悬链线

图 11.12   杰斐逊纪念拱门

11.2.2   泛函的条件极值

若曲线 $y = y(x)$ 在满足条件

$$K[y] = \int_{x_0}^{x_1} G(x, y, y')\, \mathrm{d}x = l \text{ (常数)} \tag{11.2.3}$$

及边界条件 $y(x_0) = y_0$, $y(x_1) = y_1$ 下使泛函

$$J[y] = \int_{x_0}^{x_1} F(x, y, y')\, \mathrm{d}x$$

取极值, 并且 $y = y(x)$ 不是泛函 K 的极值函数, 则必存在常数 λ, 使 $y = y(x)$ 满足泛函

$$I[y] = \int_{x_0}^{x_1} \left[F(x, y, y') + \lambda G(x, y, y') \right]\, \mathrm{d}x$$

的 Euler–Lagrange 方程

$$(F + \lambda G)_y(x, y, y') - \frac{\mathrm{d}}{\mathrm{d}x}(F + \lambda G)_{y'}(x, y, y') = 0. \tag{11.2.4}$$

任取 $\eta_1(x)$, $\eta_2(x) \in C^2[x_0, x_1]$, 满足

$$\eta_1(x_0) = \eta_1(x_1) = \eta_2(x_0) = \eta_2(x_1) = 0.$$

取 α, $\beta \in \mathbb{R}$ 充分小, 则

$$\overline{y}(x) = y + \alpha\eta_1(x) + \beta\eta_2(x)$$

是极值函数 $y(x)$ 附近的允许函数. 代入相应的泛函, 作二元数值函数

$$K(\alpha, \beta) = \int_{x_0}^{x_1} G(x, y + \alpha\eta_1 + \beta\eta_2, y' + \alpha\eta_1' + \beta\eta_2')\,\mathrm{d}x,$$

$$J(\alpha, \beta) = \int_{x_0}^{x_1} F(x, y + \alpha\eta_1 + \beta\eta_2, y' + \alpha\eta_1' + \beta\eta_2')\,\mathrm{d}x.$$

由于 $y = y(x)$ 是条件 (11.2.3) 之下泛函的极值曲线, 所以二元函数 $J(\alpha, \beta)$ 在条件 $K(\alpha, \beta) = l$ 之下在 $\alpha = \beta = 0$ 处取条件极值. 由数学分析中的 Lagrange 乘子法知, 必存在常数 λ, 使

$$\begin{cases} \left.\dfrac{\partial}{\partial\alpha}(J + \lambda K)\right|_{\alpha=\beta=0} = 0, \\ \left.\dfrac{\partial}{\partial\beta}(J + \lambda K)\right|_{\alpha=\beta=0} = 0, \end{cases}$$

即有

$$\begin{cases} \displaystyle\int_{x_0}^{x_1} [(F_y + \lambda G_y)\eta_1 + (F_{y'} + \lambda G_{y'})\eta_1']\,\mathrm{d}x = 0, \\ \displaystyle\int_{x_0}^{x_1} [(F_y + \lambda G_y)\eta_2 + (F_{y'} + \lambda G_{y'})\eta_2']\,\mathrm{d}x = 0. \end{cases}$$

由于 η_1, η_2 满足零边界条件, 对积分第二项进行分部积分, 得

$$\begin{cases} \displaystyle\int_{x_0}^{x_1} \left[(F_y + \lambda G_y) - \frac{\mathrm{d}}{\mathrm{d}x}(F_{y'} + \lambda G_{y'})\right]\eta_1\,\mathrm{d}x = 0, \\ \displaystyle\int_{x_0}^{x_1} \left[(F_y + \lambda G_y) - \frac{\mathrm{d}}{\mathrm{d}x}(F_{y'} + \lambda G_{y'})\right]\eta_2\,\mathrm{d}x = 0. \end{cases} \tag{11.2.5}$$

由于 $y(x)$ 不是泛函 K 的极值函数, 方程 $G_y - \dfrac{\mathrm{d}}{\mathrm{d}x}G_{y'} \neq 0$, 故可选取 $\eta_2(x)$ 使

$$\int_{x_0}^{x_1} \left(G_y - \frac{\mathrm{d}}{\mathrm{d}x}G_{y'}\right)\eta_2 \,\mathrm{d}x \neq 0.$$

由 (11.2.5) 第二式知

$$\lambda = \frac{\displaystyle\int_{x_0}^{x_1} \left(F_y - \frac{\mathrm{d}}{\mathrm{d}x}f_{y'}\right)\eta_2 \,\mathrm{d}x}{\displaystyle\int_{x_0}^{x_1} \left(G_y - \frac{\mathrm{d}}{\mathrm{d}x}G_{y'}\right)\eta_2 \,\mathrm{d}x},$$

其中 λ 与 η_2 有关, 但与 η_1 无关. 于是由 (11.2.5) 的第一式, 应用变分法基本引理, 得

$$F_y + \lambda G_y - \frac{\mathrm{d}}{\mathrm{d}x}\left(F_{y'} + \lambda G_{y'}\right) = 0,$$

即极值函数 $y = y(x)$ 满足 Euler–Lagrange 方程 (11.2.4).

例题 11.2.1 (Dido 问题)　在连接定点 A, B 并有定长 l $(l > \overline{AB})$ 的光滑曲线中, 求出一条曲线, 使它与线段 AB 围成最大的面积.

解　设 A, B 在 x 轴上, 且坐标分别为 $(a,0)$, $(b,0)$, 所求的曲线在 x 轴上方, 问题归结为在约束条件

$$\int_a^b \sqrt{1 + y'^2} \,\mathrm{d}x = l$$

及边界条件

$$y(a) = y(b) = 0$$

之下, 求面积

$$S = \int_a^b y \,\mathrm{d}x$$

最大.

作泛函

$$I[y] = \int_a^b \left(y + \lambda\sqrt{1 + y'^2}\right) \,\mathrm{d}x,$$

其 Euler–Lagrange 方程为

$$1 - \lambda\frac{\mathrm{d}}{\mathrm{d}x}\frac{y'}{\sqrt{1 + y'^2}} = 0,$$

即

$$\frac{y''}{(1 + y'^2)^{\frac{3}{2}}} = \frac{1}{\lambda}.$$

上式左端表示曲线的曲率, 这说明极值曲线必为圆弧. 当 $l > \overline{AB}$ 时, 极值曲线就是连接 AB 的圆弧. $\qquad\square$

例题 11.2.2 (信息熵的最佳分布问题) 在信息论中, 设信源变量 x 在区间 $(-a, a)$ 中变化, 信源的不同信息的概率分布密度为 $p(x)$. 求最佳概率分布密度 $p(x)$ 使信息熵

$$J[p] = -\int_{-a}^{a} p(x) \ln p(x) \, \mathrm{d}x$$

在条件

$$\int_{-a}^{a} p(x) \, \mathrm{d}x = 1$$

下取极大值.

解 作辅助泛函

$$I = \int_{-a}^{a} (-p(x) \ln p(x) + \lambda p(x)) \, \mathrm{d}x,$$

其 Euler–Lagrange 方程为

$$-1 - \ln p + \lambda = 0, \quad p = \mathrm{e}^{\lambda - 1}.$$

代入约束条件

$$\int_{-a}^{a} \mathrm{e}^{\lambda - 1} \, \mathrm{d}x = 1, \quad 即\ 2a\mathrm{e}^{\lambda - 1} = 1,$$

所以

$$p(x) = \mathrm{e}^{\lambda - 1} = \frac{1}{2a},$$

即信源的熵为最大的概率密度函数 $p(x)$ 是常数 (均匀分布). $\qquad\square$

作业 11.2.1 求广义等周问题

$$J[y] = \int_{0}^{1} (x^2 + y'^2) \, \mathrm{d}x$$

在条件

$$\int_{0}^{1} y^2 \, \mathrm{d}x = 2, \quad y(0) = 1, \quad y(1) = 0$$

之下的极值曲线.

11.3　偏微分方程的变分原理

设 $F(\boldsymbol{x}, z, \boldsymbol{p}) \in C^1(\overline{\Omega} \times \mathbb{R} \times \mathbb{R}^n)$, $\phi \in C^0(\partial\Omega)$, $\Omega \subset \mathbb{R}^n$ 是有界区域,

$$U = \{\, w \in C^1(\overline{\Omega}) \mid w = \phi(\boldsymbol{x}), \boldsymbol{x} \in \partial\Omega \,\}.$$

对 $w \in U$, 记 $J : C^1(\overline{\Omega}) \to \mathbb{R}$,

$$J[w] = \int_\Omega F(\boldsymbol{x}, w(\boldsymbol{x}), \mathrm{D}w(\boldsymbol{x})) \, \mathrm{d}\boldsymbol{x},$$

称 $J[w]$ 是 U 上的一个泛函, 求 $J[w]$ 的极值问题称为变分问题.

设 J 在 $u \in U$ 处取极值, 对任意的 $t \in (-1, 1)$ 和 $v \in C_0^1(\Omega)$, 记

$$\Phi(t) = J[u + tv],$$

则 $\Phi \in C^1(-1, 1)$, 且在 $t = 0$ 处取极值. 因此 $\Phi'(0) = 0$, 即

$$
\begin{aligned}
0 &= \frac{\mathrm{d}}{\mathrm{d}t} \int_\Omega F(\boldsymbol{x}, u(\boldsymbol{x}) + tv(\boldsymbol{x}), \mathrm{D}u(\boldsymbol{x}) + t\mathrm{D}v(\boldsymbol{x})) \, \mathrm{d}\boldsymbol{x} \bigg|_{t=0} \\
&= \int_\Omega (F_z'(\boldsymbol{x}, u(\boldsymbol{x}), \mathrm{D}v(\boldsymbol{x}))v(\boldsymbol{x}) + F_{\boldsymbol{p}}'(\boldsymbol{x}, u(\boldsymbol{x}), \mathrm{D}u(\boldsymbol{x})) \cdot \mathrm{D}v(\boldsymbol{x})) \, \mathrm{d}\boldsymbol{x}.
\end{aligned}
$$

记

$$J'[u]v = \int_\Omega (F_z'(\boldsymbol{x}, u(\boldsymbol{x}), \mathrm{D}v(\boldsymbol{x}))v(\boldsymbol{x}) + F_{\boldsymbol{p}}'(\boldsymbol{x}, u(\boldsymbol{x}), \mathrm{D}u(\boldsymbol{x})) \cdot \mathrm{D}v(\boldsymbol{x})) \, \mathrm{d}\boldsymbol{x},$$

则 $J'[u]$ 是 U 上的线性泛函, 称为 J 在 u 处的变分. 因此, J 在 u 处取极值的必要条件是 J 在 u 处的变分 $J'[u]$ 为零, 即 $J'[u]v = 0$, $v \in C_0^1(\Omega)$.

假设 F, $u \in C^2$. 由散度定理

$$
\begin{aligned}
0 = J'[u]v &= \int_\Omega (F_z'(\boldsymbol{x}, u, \mathrm{D}u(\boldsymbol{x})) - \mathrm{div}F_{\boldsymbol{p}}'(\boldsymbol{x}, u, \mathrm{D}u))v \, \mathrm{d}\boldsymbol{x} \\
&\quad + \int_{\partial\Omega} vF_{\boldsymbol{p}}'(\boldsymbol{x}, u, \mathrm{D}u) \cdot \gamma(\boldsymbol{x}) \, \mathrm{d}S \\
&= \int_\Omega (F_z'(\boldsymbol{x}, u, \mathrm{D}u(\boldsymbol{x})) - \mathrm{div}F_{\boldsymbol{p}}'(\boldsymbol{x}, u, \mathrm{D}u))v \, \mathrm{d}\boldsymbol{x},
\end{aligned}
$$

其中 $\gamma(\boldsymbol{x})$ 是 $\boldsymbol{x}$ 点的 $\partial\Omega$ 单位外法向量. 由 v 的任意性, 有

$$F_z'(\boldsymbol{x}, u, \mathrm{D}u) - \mathrm{div}F_{\boldsymbol{p}}'(\boldsymbol{x}, u, \mathrm{D}u) = 0,$$

即

$$F_z' - \sum_{i=1}^n F_{p_i x_i}'' - \sum_{i=1}^n F_{p_i z}'' \frac{\partial u}{\partial x_i} + \sum_{i=1}^n \sum_{i=j}^n F_{p_i p_j}'' \frac{\partial^2 u}{\partial x_i \partial x_j} = 0.$$

这就是泛函 $J[u]$ 的 Euler–Lagrange 方程, 它是一个二阶拟线性偏微分方程.

作业 11.3.1 求泛函

$$J[u(x,y)] = \iint_\Omega (u_x^2 + u_y^2 + 2uf(x,y)) \,\mathrm{d}x\mathrm{d}y$$

取极值时所对应的 Euler–Lagrange 方程.

11.4 拓展习题与课外阅读

11.4.1 拓展习题

习题 11.4.1 求泛函

$$J[y] = \int_0^1 \left(\frac{1}{2} y'^2 - 2y - y(0) \right) \mathrm{d}x$$

在条件 $y(1) = 0$ 下的极值曲线.

习题 11.4.2 求泛函

$$J[y] = \int_{-1}^1 \left(\frac{1}{2} \mu y''^2 + \rho y \right) \mathrm{d}x$$

在条件 $y(-1) = 0$, $y(1) = 0$, $y'(-1) = 0$, $y'(1) = 0$ 下的极值曲线, 其中 μ, ρ 为常数.

习题 11.4.3 求泛函

$$J[y,z] = \int_0^{\frac{\pi}{2}} (y'^2 + z'^2 + 2yz) \,\mathrm{d}x$$

在条件 $y(0) = 0$, $y\left(\frac{\pi}{2}\right) = 1$, $z(0) = 0$, $z\left(\frac{\pi}{2}\right) = -1$ 下的极值曲线.

习题 11.4.4 (悬索问题) 已知空间中两点 A, B 以及一条长为 $l > |AB|$ 的绳索, 假定绳索的长度不可改变, 而弯曲刚度是可以忽略不计的. 现把绳索两端悬挂在 A, B 两点, 求平衡时绳索的形状.

11.4.2 课外阅读

变分法是 17 世纪末发展起来的一个数学分支, 并在力学、物理学、经济学、宇航理论、信息论和自动控制论等方面有广泛的应用价值. 20 世纪中叶发展起来的有限元法, 其数学基础之一就是变分法. 本章对微分方程的变分原理进行了简略介绍，关于此方法及其应用的更全面系统的介绍，有兴趣的读者可参考下列文献:

[1] (变分理论和力学应用) 老大中. 变分法基础. 3 版. 北京: 国防工业出版社, 2015.

[2] (经济学应用) 莫顿 ·I. 凯曼, 南茜 ·L. 施瓦茨. 动态优化: 经济学和管理学中的变分法和最优控制. 2 版. 王高望, 译. 北京: 中国人民大学出版社, 2016.

[3] (有限元应用) 钱伟长. 变分法及有限元. 北京: 科学出版社, 1980.

第11章作业答案

数学软件Mathematica 求解微分方程

Mathematica 是一款结合了数值和符号计算引擎、图形系统、编程语言、文本系统和与其他应用程序的高级链接的优秀数学软件, 由美国 Wolfram Research 公司开发. 自发布以来, 在数值、代数、图形以及其他领域都有广泛的应用, 许多功能在相应领域内处于世界领先地位, 是目前世界上最强大的通用计算系统, 也是使用最广泛的数学软件之一. 它具有强大的符号运算功能, 可以像人一样, 进行带字母的运算, 并得到精确结果. 利用其符号运算功能, 我们可以对各种数和初等函数式进行化简和计算, 完成微积分中极限、求导、求积分、级数求和、幂级数展开等运算, 求解各类方程和方程组, 对行列式和矩阵进行计算、特征值求解等等. Mathematica 软件可以完成很多数值计算的工作. 它可以做任意位精度的数值计算, 拥有众多的数值计算函数, 满足线性代数、数值积分、微分方程数值解、插值拟合、线性规划、概率统计等各方面的数值计算要求. 此软件具有非常出色的绘图功能, 不仅能够绘制各种二维、三维彩色图像, 还可以完成动画制作等高级功能. 除此之外, Mathematica 可以通过 Mathlink 协议或其他方式与 C/C++, Matlab, R, Java, Excel, SQL 等应用程序和数据库进行高级链接. 用户也可以自己编写程序完成特定的功能.

本章讨论如何利用此软件求微分方程的解析解和数值解, 以及如何绘制解的图像, 此外还对求极限、求积分等常用数学命令进行了简单介绍. 所用版本为 Mathematica 10.1.

12.1 微分方程求解命令 DSolve 和 NDSolve

Mathematica 有两个常用微分方程求解命令: DSolve 和 NDSolve, 前者用于求出解析解, 后者用于数值求解.

12.1.1 DSolve 命令

DSolve 命令基本格式为

DSolve[方程, y, x]: 给出微分方程的解 $y(x)$;

DSolve[方程, y, {x, x_1, x_2}]: 给出微分方程的解 $y(x)$, 其中 $x_1 \leqslant x \leqslant x_2$;

DSolve[{方程 1, 方程 2, $\cdots$ }, {y_1,y_2,$\cdots$}, $\cdots$]: 给出微分方程组的解 y_1, y_2,$\cdots$;

DSolve[方程, y, {x_1, x_2, $\cdots$}]: 给出偏微分方程的解 $y(x_1, x_2, \cdots)$.

我们通过下面的例子来学习如何利用 DSolve 命令对微分方程求解.

例题 12.1.1　求解微分方程 $y'' - 3y' + 2 = (x^2 + 1)\mathrm{e}^{2x}$.

解　此方程是一个二阶常系数线性非齐次微分方程, 利用特征方程法和待定系数法可求出此方程的解. 而利用 Mathematica 的 DSolve 命令, 其求解过程是非常快捷的. 其实现过程如下:

首先, 在 Mathematica 窗口中输入命令

```
DSolve[y''[x]-3y'[x]+2==(x^2+1)Exp[2x], y, x],
```

这里需要指出的是, 在 Mathematica 中, 方程中的等号用 "==" 表示, 而 "=" 是用于赋值功能.

接下来, 同时按 Shift 键和回车键, 则 Mathematica 运行得到其解为

$$f(x) = \frac{1}{3}\mathrm{e}^{2x}(-9 + 9x - 3x^2 + x^3) + C_1\mathrm{e}^x + C_2\mathrm{e}^{2x},$$

其运行界面如下:

$$\mathrm{Out}[\cdot] = \left\{\left\{\mathrm{y} \to \mathtt{Function}\left[\{\mathrm{x}\}, \frac{1}{3}\mathrm{e}^{2\mathrm{x}}(-9 + 9\mathrm{x} - 3\mathrm{x}^2 + \mathrm{x}^3) + \mathrm{e}^{\mathrm{x}}\mathrm{C}[1]\right.\right.$$
$$\left.\left. + \mathrm{e}^{2\mathrm{x}}\mathrm{C}[2]\right]\right\}\right\}$$

$\square$

例题 12.1.2　求解微分方程初值问题 $y'' - 3y' + 2 = (x^2 + 1)\mathrm{e}^{2x}$, $y(0) = 0$, $y'(0) = 1$ 并绘制解的图像.

解　此例题是在上一题的基础上添加了初值条件, 相应的 Mathematica 命令为

```
DSolve[{y''[x]-3y'[x]+2==(x^2+1)Exp[2x], y[0]==0, y'[0]==1}, y, x]
```

运行后得到其解为

$$f(x) = \frac{1}{3}\mathrm{e}^x(6 - 6\mathrm{e}^x + 9\mathrm{e}^x x - 3\mathrm{e}^x x^2 + \mathrm{e}^x x^3).$$

Mathematica 绘制一元函数图像的命令是 Plot, 接下来我们可以用如下命令来绘制出解的图像:

```
Plot[y[x]/.%, {x, 0, 5}]
```

其中 ".%" 表示对上一命令运行结果进行相应操作, 即对 DSolve 命令所得的 $y[x]$ 进行画图. 运行结果如图 12.1 所示:

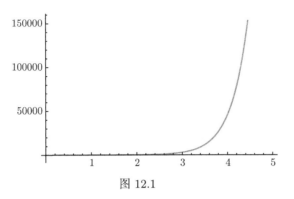

图 12.1

上述两个例子是对常微分方程求解. 类似地, DSolve 命令也可以应用于偏微分方程, 下例展示了其求解命令.

例题 12.1.3 *求解一维波动方程* $u_{tt} - a^2 u_{xx} = 0$.

解 在 Mathematica 中输入如下命令:

DSolve[{D[u[x, t], {t, 2}]-a^2 D[u[x, t], {x, 2}]==0}, u, {x, t}]

其中 D[u[x,t], {t,2}], D[u[x,t], {x,2}] 分别表示函数 $u(x,t)$ 对自变量 t 和 x 求 2 阶导. 其运行结果为

$$\left\{\left\{u->\text{Function}\left[\{x,t\},\ C[1]\left[t-\frac{x}{\sqrt{a^2}}\right]+C[2]\left[t+\frac{x}{\sqrt{a^2}}\right]\right]\right\}\right\}$$

即此方程的解为 $u(x,t) = C_1\left(t-\dfrac{x}{a}\right) + C_2\left(t+\dfrac{x}{a}\right)$.

作业 12.1.1 *利用 Mathematica 求下列微分方程或方程组的解.*

(1) $y' - xy^2 - y = 0$;

(2) $\begin{cases} x'(t) = -y(t), \\ y'(t) = -x(t); \end{cases}$

(3) $\dfrac{\partial u(x,y)}{\partial x} + \dfrac{\partial u(x,y)}{\partial y} = \dfrac{1}{xy}$.

12.1.2 NDSolve 命令

很多微分方程尤其是一些实际问题的微分方程建模问题, 无法得到解析解, 此时我们可以通过 NDSolve 命令进行数值求解, 此命令中的字母 "N" 即代表 "Numerical" (数值的). 此命令基本格式为

NDSolve[方程, y, {x, x_1, x_2}]: 给出微分方程当 $x_1 \leqslant x \leqslant x_2$ 时的数值解 $y(x)$;

NDSolve[方程, u, {x, x_1, x_2}, {y, y_1, y_2}]: 给出微分方程在矩形区域 $[x_1, x_2] \times [y_1, y_2]$ 上的数值解 $u(x, y)$;

NDSolve[方程, u, {x, y} $\in \Omega$]: 给出微分方程在区域 Ω 上的数值解;

NDSolve[{方程 1, 方程 2, ⋯}, {y_1, y_2, ⋯}, ⋯]: 给出微分方程组的数值解 y_1, y_2, ⋯ .

例如, 我们可以用如下的常微分方程组来刻画恶性肿瘤细胞的生长过程:

$$\begin{cases} f'(t) = \alpha\eta(m(t) - f(t)), \\ m'(t) = \beta kn - f(t)c(t) + \gamma f(t) - m(t), \\ c'(t) = vf(t)m(t) - \omega n - \delta\phi c(t), \end{cases}$$

其中 $f(t)$ 代表基质金属蛋白酶浓度, $m(t)$ 代表基质降解酶浓度, $c(t)$ 代表氧气浓度; 参数 α, n 和 γ 分别表示肿瘤细胞的体积、密度和个数; β 表示葡萄糖水平; δ 为表面扩散系数; η, k, v, ω, ϕ 表示的是 $f(t)$, $m(t)$, $c(t)$ 的单位增长率和减少率.

此方程组的数值求解过程分为如下几个步骤.

第一步 对各参数进行赋值, 输入:

```
eta = 50; n = 75; k = 2; v = 0.5; omega = 0.57; phi = 0.05;
alpha = 0.06; beta = 0.05; gamma = 26; delta = 40;
```

第二步 输入微分方程组并进行数值求解:

```
soln = NDSolve[{f'[t]==alpha*eta (m[t]-f[t]), m'[t]==beta*k*n
-f[t] c[t]+gamma*f[t]-m[t], c'[t]==v*f[t]*m[t]-omega*n-delta*phi*
c[t], f[0]==10, c[0]==10, m[0]==5, {t, 0, 50}]
```

运行结果如图 12.2 所示.

```
{{f→InterpolatingFunction[ Domain: {{0., 50.}}
                           Output: scalar ],
m→InterpolatingFunction[ Domain: {{0., 50.}}
                         Output: scalar ], c→InterpolatingFunction[ Domain: {{0., 50.}}
                                                                    Output: scalar ]}}
```

图 12.2

此结果中无法得知此方程组的解是怎样的, 通常利用绘图命令 Plot (二维平面作图) 或 Plot3D (三维空间作图) 将解的图像绘制在相应的坐标系中.

第三步 绘制解的图像.

若绘制此方程组的解 $f(t)$, $0 \leqslant t \leqslant 50$ 的图像, 则在 Mathematica 命令窗口中输入:

```
Plot[Evaluate[f[t]/.soln], {t, 0, 50}]
```

运行结果见图 12.3.

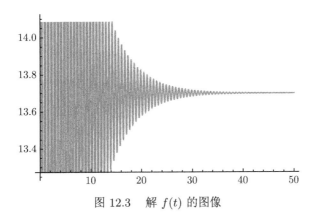

图 12.3　解 $f(t)$ 的图像

若输入:

```
ParametricPlot[Evaluate[{f[t], c[t]}/.soln], {t, 0, 50}]
```

则给出的是 $f(t)$ 关于 $c(t)$ 的图像 (图 12.4), 其中 ParametricPlot 是表示为参数方程的函数的绘图命令.

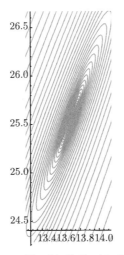

图 12.4　解 $f(t)$ 关于 $c(t)$ 的图像

　　Mathematica 的绘图命令还可以对输出范围、图像颜色、坐标轴等进行设置. 例如, 输入:

```
ParametricPlot[Evaluate[{f[t], c[t]}/.soln], {t, 0, 50},
PlotRange -> {{5, 20}, {5, 45}},
    AxesLabel ->{f, c}, AspectRatio->2/3, PlotStyle -> RGBColor
[1, 0, 0]]
```

其中 "PlotRange" 是对输出范围进行设置, "AxeLabel" 标注 x 轴和 y 轴分别代表 $f(t)$ 和 $c(t)$, "AspectRatio" 是对 x 轴和 y 轴单位尺度比例的设置. "PlotStyle" 可以对输出曲线的形式进行设置, 其中 "RGBColor" 是对曲线颜色的设置, R, G, B 分别代表红, 绿, 蓝, 其后的数字代表输出曲线中这几种颜色所占比例. 运行结果为图 12.5 (扫二维码查看彩图).

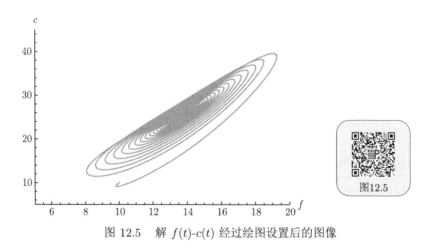

图 12.5　解 $f(t)$-$c(t)$ 经过绘图设置后的图像

　　例题 12.1.4　设 $x(t)$ 为循环白细胞的浓度, a, b, τ 为给定的参数, 可用如下 Mackey–Glass 时滞模型来描述白细胞的繁殖:

$$\begin{cases} x'(t) = \dfrac{ax(t-\tau)}{1+x^{10}(t-\tau)} - bx(t), & 0 < t < 100, \\ x(t) = \dfrac{1}{2}, & t \leqslant 0. \end{cases}$$

　　(1) 当 $a = 1$, $b = 0.3$, $\tau = 0.5$ 时, 对此系统进行求解并绘制循环白细胞的浓度变化曲线;

　　(2) 研究参数 a, b, τ 的不同取值对白细胞浓度的影响.

　　解　(1) 此系统的初值条件表示为 $x[t/; t <= 0] == 0.5$. Mathematica 命令如下:

```
a = 1; b = 0.3; tau = 0.5;
solution = NDSolve[{x'[t] == a*x[t - tau]/(1 + x[t - tau]^10)
- b*x[t], x[t /; t <= 0] == 0.5}, x, {t, 0, 100}]
Plot[Evaluate[x[t]/.solution], {t, 0, 100}]
```

其中第一行命令用于对参数 a, b, τ 赋值, 第二、三行命令是对此时滞方程进行数值求解, 第四行命令绘制数值解的图像.

图像如图 12.6 所示.

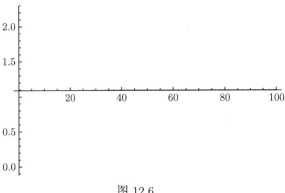

图 12.6

可以发现, $t = 0$ 附近的解并没有绘制出来, 其原因是 Mathematica 默认的绘图状态会调整 y 轴范围使得图像更均衡. 为了使解完整地显示出来, 可在绘图命令中添加 PlotRange 设置:

```
Plot[Evaluate[x[t] /. solution], {t, 0, 100}, PlotRange->All]
```
则可绘制出完整的解的图像 (图 12.7).

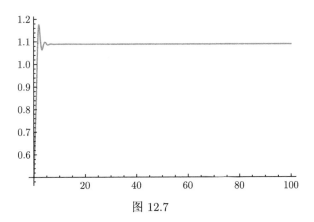

图 12.7

(2) Manipulate 函数可用于研究参数变化对微分方程的解的影响. 输入命令:

```
Manipulate [sol = NDSolve[{x'[t]==a*x[t-tau]/(1+x[t-tau]^10)
-b*x[t],
    x[t /; t <= 0] == 0.5}, x, {t, 0, 100}];
    Plot[Evaluate[x[t] /. sol], {t, 0, 100}], {{a, 0.2}, 0, 1}, {b,
0.1}, 0, 1}, {{tau, 17}, 0, 20}]
```

运行结果如图 12.8 所示.

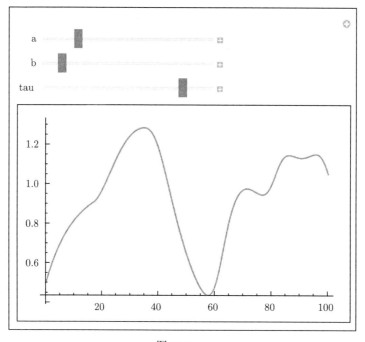

图 12.8

上述结果中绘制的是参数 $a = 0.2$, $b = 0.1$, $\tau = 17$ 时白细胞浓度曲线. 在命令中我们规定三个参数的取值范围分别为 $[0,1]$, $[0,1]$ 以及 $[0,20]$. 通过 Manipulate 函数对参数范围进行设置, 在运行结果中用鼠标滑动参数所对应的蓝色方块, 可直观地观察不同参数值所带来的浓度变化趋势的不同. 还可以点击参数栏后面的 "+", 从而显示出对应的参数取值.

通过滑动参数值, 我们可以看到, 白细胞浓度可能会随时间的推移递增、递减、趋于恒定或者产生周期性变化等, 图 12.9 给出几种可能的参数值及其对应的曲线.

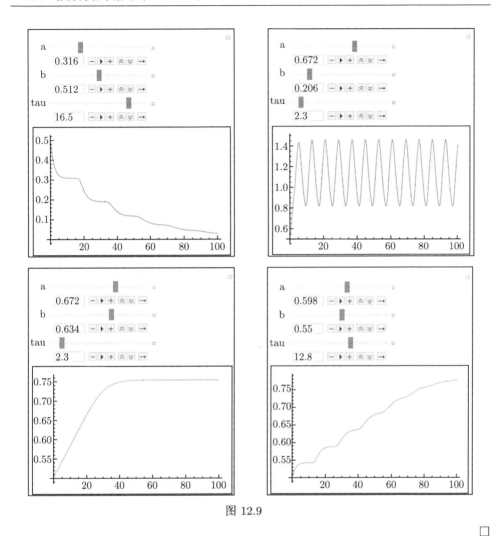

图 12.9

下面给出几个偏微分方程数值求解的例子.

例题 12.1.5 求解波动方程定解问题

$$
\begin{cases}
u_{tt} = u_{xx} + (1 - u^2)(1 + 2u), \\
u(0, x) = \mathrm{e}^{-x^2},\ \dfrac{\partial u}{\partial t}(0, x) = 0, \\
u(t, -10) = u(t, 10).
\end{cases}
$$

解 在命令窗口中输入:

s = NDSolve[{D[u[t, x], t, t]==D[u[t, x], x, x]+(1 - u[t, x]^2)
(1 + 2 u[t, x]),

u[0, x] == E^(-x^2), Derivative[1, 0][u][0, x] == 0, u[t, -10] == u[t, 10]}, u, {t, 0, 10}, {x, -10, 10}]

命令 D 用于函数的求导, 其基本格式为

D[f, x]: 计算函数 f 关于 x 的导数;

D[f, {x, n}]: 计算函数 f 关于 x 的 n 阶导数;

D[f, x_1, x_2, $\cdots$, x_n]: 计算 $\dfrac{\partial^n f}{\partial x_n \cdots \partial x_2 \partial x_1}$;

D[f, {x_1, k_1}, {x_2, k_2}, $\cdots$, {x_n, k_n}]: 计算 $\dfrac{\partial^{k_1+k_2+\cdots+k_n} f}{\partial x_n^{k_n} \cdots \partial x_2^{k_2} \partial x_1^{k_1}}$.

对于偏微分方程中涉及的导数的边值或初值条件, 可使用 Derivative 函数, 其基本格式为

Derivative[n_1, n_2, $\cdots$][f]: 表示函数 $f(x_1, x_2, \cdots)$ 分别关于 x_1, x_2, $\cdots$ 求 n_1, n_2, $\cdots$ 阶偏导数.

因此 $\dfrac{\partial u}{\partial t}(0, x) = 0$ 用命令 "Derivative[1, 0][u][0, x]==0" 表示.

运行后得到此方程的数值解, 但和常微分方程数值求解结果类似, 无法从中得到解的相关信息. 可通过如下命令将解的图像绘制在三维空间坐标系中:

Plot3D[Evaluate[u[t, x]/.s], {t, 0, 10}, {x, -10, 10}, AxesLabel ->{t, x, u}]

其中 Plot3D 是空间曲面绘图命令, 用于绘制二元函数的图像, 其具体用法与 Plot 类似.

运行后得到函数图像如图 12.10 所示.

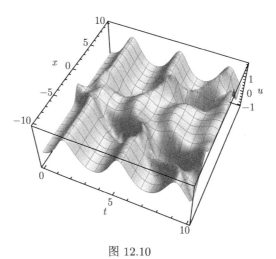

图 12.10

例题 12.1.6 求解位势方程 Dirichlet 问题

(1)
$$\begin{cases} \Delta u(x,y) = 1, & (x,y) \in B_1(\mathbf{0}), \\ u(x,y) = 0, & (x,y) \in \partial B_1(\mathbf{0}); \end{cases}$$

(2)
$$\begin{cases} \Delta u(x,y) = 0, & (x,y) \in B_1(\mathbf{0}), \\ u(x,y) = 0, & x \leqslant -0.3, \\ u(x,y) = 1, & x \geqslant 0.35. \end{cases}$$

此处 $B_1(\mathbf{0})$ 代表中心在原点的单位圆.

解 (1) 在此问题中, 边界条件是在单位圆的边界上给出的, 我们需要一个函数来描述这种边值条件. 此类边值条件被称为 Dirichlet 边值条件, 特点在于给出 u 在边界上的值. 在 Mathematica 中用 "DirichletCondition" 命令来表示此条件, 其基本格式为

DirichletConditon[函数的边界值, 边界值条件成立的范围]

如果上述命令中的第二项输入 "True", 代表在整个边界上边界值条件恒成立.

在本例中, 函数 $u(x,y)$ 所在区域为单位圆盘, 此区域可用 Disk [ ] 来表示, 更一般地, 中心在点 (x, y), 半径为 r 的圆盘可用命令 Disk[{x, y}, r] 来表示.

图 12.11

本例中还涉及数学符号 $\in$, 此符号输入方式是按 ESC, 输入 el, 再按 ESC 即可. 也可以在 Mathematica 工具栏中选择 Palette→Basic Math Assistant, 则 Mathematica 界面会跳出如下窗口 (图 12.11).

此窗口类似 Microsoft Office 里面的公式编辑器, 可用于输入公式和特殊符号等.

对于 Laplace 算子, Mathematica 也有对应的内置函数 Laplacian. 对 (1) 的问题的进行数值求解的命令为

s=NDSolve[{Laplacian[u[x, y], {x, y}]==1,
DirichletCondition[u[x, y]==0, True]}, u,{x,y}
$\in$ Disk[ ]];

Plot3D[Evaluate[u[x,y]/.s],{x,y}$\in$ Disk[ ]]

其结果如图 12.12 所示.

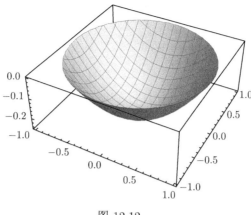

图 12.12

(2) 在此问题中, Dirichlet 边界条件是一个分段函数, 将 NDSolve 中的 DirichletCondition 命令的第二项换成对应分段函数的成立范围即可:

```
s = NDSolve[{Laplacian[u[x, y],{x, y}]==0, DirichletCondition
[u[x, y]== 0, x<=-0.3],DirichletCondition[u[x, y]==1, x>=0.35]}, u,
{x, y}∈Disk[  ]]
```

对数值解绘图结果如图 12.13 所示.

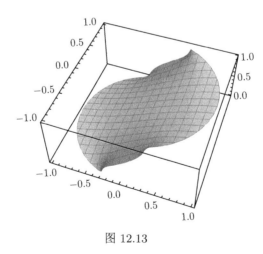

图 12.13

□

例题 12.1.7　分别求 Laplace 方程 $\Delta u(x,y) = 0$ 满足如下解的区域和边界条件的解.

(1) $(x,y) \in \Omega = \left\{ (x,y) \ \middle| \ \frac{1}{2} < |x|, \ |y| \leqslant 1 \right\}$, 其中在内边界上 $u(x, y) = 100$, 在外边界上 $u(x, y) = 20$;

(2) $(x, y) \in \Omega = \{(x, y) \mid x^2 + y^2 \leqslant 1\}$, 且满足 Dirichlet 边界条件: $u(x, y) = 0$, $x \leqslant -0.3$ 和 Neumann 边界条件 $\boldsymbol{n} \cdot \nabla u = 1$, $x \geqslant 0.35$.

解 (1) 此方程的边界更为复杂, 因此我们先对边界及对应边界条件进行定义, 我们用 Rectangle[{x₁,y₁},{x₂,y₂}] 表示由点 (x_1, y_1), (x_2, y_2) 决定的矩形区域, 两区域之间的差用 RegionDifference 函数. 在 Mathematica 中输入:

omega = RegionDifference[Rectangle[{-1, -1}, {1, 1}], Rectangle[{-0.5, -0.5}, {0.5, 0.5}]];

bcs={ DirichletCondition[u[x, y]==100., Abs[x]==1/2&&-1/2<=y<=1/2||-1/2<=x<=1/2&&Abs[y]==1/2], DirichletCondition[u[x,y]==20. Abs[x]==1 || Abs[y]==1]};

上述命令中, 用 omega 来定义区域 Ω, 将边界条件用 bcs 表示, 其中 && 是逻辑 AND 函数, || 是逻辑 OR 函数, ! 代表否定. 需要指出的是, 在这两个命令的结尾, 均有标点符号 ";", 此符号用于只运行命令, 但无需输出运行结果的情况.

接下来, 进行数值求解及画图:

s = NDSolve[{Laplacian[u[x, y], {x, y}] == 0, bcs}, u, {x, y} ∈ omega];

Plot3D[Evaluate[u[x, y]/.s], {x, y} ∈ omega]

运行结果如图 12.14 所示.

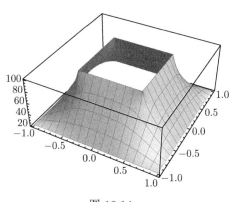

图 12.14

(2) 这是一个 Dirichlet 与 Neumann 混合边界问题, 对 Neumann 边界条件的描述使用函数 NeumannValue, 但此条件是写在方程中的. 因此求解命令为

s=NDSolve[{Laplacian[u[x, y],{x, y}]==NeumannValue[1.,x>=0.35], DirichletCondition[u[x,y]==0., x<=-0.3]},u,{x,y}∈ Disk[ ]]

解的图像如图 12.15 所示.

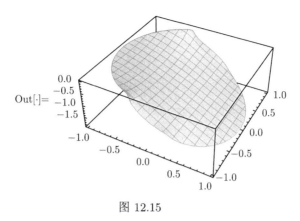

$$\text{Out}[\cdot]=$$

图 12.15

　　例题 12.1.8　考虑一个带有缝隙的挡板对于水波传播的影响, 初始时刻时在挡板的一侧给出一个波峰, 观察该波峰随时间的变化规律. 对应的偏微分方程初边值问题为

$$
\begin{cases}
u_{tt} = u_{xx} + u_{yy}, & t \in (0,2),\ (x,y) \in \Omega, \\
u(t,x,y) = 0, & t \in (0,2),\ (x,y) \in \partial\Omega, \\
u(t,x,y) = 2\mathrm{e}^{-125[(x-0.25)^2 + (y-0.5)^2]}, & t = 0,\ (x,y) \in \Omega, \\
u_t(t,x,y) = 0, & t = 0,\ (x,y) \in \Omega.
\end{cases}
$$

此处 Ω 为矩形区域: $\{\,(x,y) \mid 0 \leqslant x \leqslant 2,\ 0 \leqslant y \leqslant 1\,\}$ 中挖去两个小矩形: $\{\,(x,y) \mid 0.9 \leqslant x \leqslant 1.1,\ 0 \leqslant y \leqslant 0.4\,\}$ 和 $\{\,(x,y) \mid 0.9 \leqslant x \leqslant 1.1,\ 0.6 \leqslant y \leqslant 1\,\}$ 之后剩余的部分, 它表示带有缝隙的挡板.

　　解　区域 Ω 仍然用 RegionDifference 函数来定义, 相应命令为

```
omega=RegionDifference[RegionDifference[Rectangle[{0,0},{2,1}],
Rectangle[{0.9, 0}, {1.1, 0.4}]], Rectangle[{0.9, 0.6}, {1.1, 1}]];
```

初始条件有两个:

```
ic = {u[0, x, y] == 2*Exp[-125 ((x - 0.25)^2 + (y - 0.5)^2)],
Derivative[1, 0, 0][u][0, x, y] == 0};
```

边界条件为

```
bc = {DirichletCondition[u[t, x, y] == 0, True]};
```

对方程进行数值求解:

```
s = NDSolve[{D[u[t, x, y], t, t] == D[u[t, x, y], x, x]+D[u[t,
x, y], y, y], bc, ic }, u, {t, 0, 2}, {x, y} ∈ omega]
```

　　由于函数 u 为三元函数, 我们无法得到解的完整图像, 但可以固定某一时刻 t, 绘制出在此时刻的解曲面. 例如,

Plot3D[Evaluate[u[0, x, y]/.s], {x, y}∈omega, PlotRange->All]
绘制出在初始时刻的解曲面 (图 12.16).

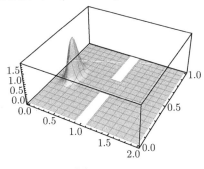

图 12.16

类似地, 在最终时刻的解曲面如图 12.17 所示.

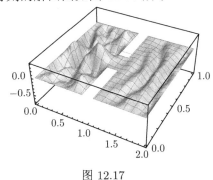

图 12.17

作业 12.1.2 利用 Mathematica 数值求解微分方程

$$
\begin{cases}
\dfrac{\mathrm{d}^2 y}{\mathrm{d} x^2} = \sin(x + y)y, & x \in [0, 30], \\
y(0) = 1, & y'(0) = 0,
\end{cases}
$$

的初值问题, 并绘制出解的图像.

作业 12.1.3 利用 Mathematica 数值求解热传导方程初边值问题

$$
\begin{cases}
u_t = u_{xx}, & x \in (0, 5),\ t \in (0, 10), \\
u(0, x) = 0, & x \in (0, 5), \\
u(t, 0) = \sin t,\ u(t, 5) = 0, & t \in (0, 10),
\end{cases}
$$

并绘制出解的图像.

12.2　微分方程近似解法的 Mathematica 编程实现

在本节中, 将以第 3 章提到的几种常用的微分方程近似解法为例, 介绍如何利用 Mathamtica 编程计算.

12.2.1　Euler 折线法

Euler 折线法以微分方程初值问题

$$\begin{cases} \dfrac{\mathrm{d}y}{\mathrm{d}x} = f(x, \ y), \\ y(x_0) = y_0 \end{cases}$$

的初值 (x_0, y_0) 为起点开始迭代, 得到点 (x_k, y_k) , 其中

$$x_k = x_0 + k\frac{b - x_0}{n}, \quad y_k = y_{k-1} + f(x_{k-1}, y_{k-1})\frac{b - x_0}{n}.$$

将这些点用光滑曲线连接, 就得到微分方程的近似积分曲线.

例题 12.2.1　用 Euler 折线法求微分方程初值问题

$$\begin{cases} \dfrac{\mathrm{d}y}{\mathrm{d}x} = \sqrt{2x^2 + 3y^2}, \\ y(0) = 1 \end{cases}$$

在区间 $[0, 1]$ 上的解.

　　解　取步长 $h = \dfrac{1}{10} = 0.1$, 输入如下命令:

```
x0 = 0;  y0 = 1; sol = {{0, 1}}; h = 0.1; n = 1/h;
f[x_, y_] := Sqrt[2 x ^2 + 3 y ^2];
For[i = 1, i < n, i++, x = x0 + h; y = y0 + h*f[x0, y0]; x0 = x;
y0 = y;
sol = Append[sol, {x0, y0}]];
fig1 = ListPlot[sol,  PlotStyle -> Black ]
fig2 = ListPlot[sol,  Joined -> True,  PlotStyle->Red]
Show[fig1,  fig2]
```

　　在上述命令中, 首先定义了二元函数 $f(x, y) = \sqrt{2x^2 + 3y^2}$, 所用命令为

```
f[x_, y_] := Sqrt[2 x  ^  2 + 3 y  ^  2];
```

其中所有自变量符号后面都添加 "_", 其目的是与函数表达式中出现的其他参数符号加以区分.

解的迭代过程应用了循环语句 For, 其中 i=1 为初始值, i<n 为循环终止条件, i++ 表示每次循环运行后 i 的值 +1. 接下来是循环的主体部分, 即每次循环执行的操作, 多于一项操作时, 各项操作用 ";" 隔开. 在本例中, 每次循环执行的命令为 x_0 的值增加 h, y_0 的值增加 $h * f[x0, y0]$, 然后将更新后的值重新赋值于 x_0, y_0 并将此点通过 Append 命令添加到数组 sol 中. 上面的程序中有两个 ListPlot 作图, 这个命令用于对离散点集作图, 其用法与 Plot 类似. 其中图像 fig1 将点集颜色设置为黑色, fig2 设置为将点集用光滑曲线连接, 而 Show 命令是用于将多个图像合并在同一坐标系中, 常用于不同图像之间的比较.

程序运行结果如图 12.18—图 12.20 所示.

在 Euler 折线法中, 当步长越小时, 所得数值解的精确度越高, 因此我们不妨尝试 $h = 0.001$ 和 $h = 0.00001$ 时的数值解, 在 Mathematica 中将近似积分曲线设置为绿色和蓝色, 并将这三种步长得到的微分方程数值解放在同一坐标系下进行比较 (图 12.21).

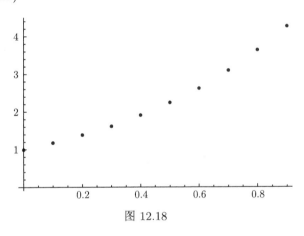

图 12.18

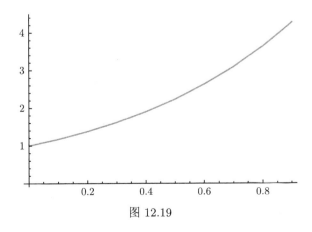

图 12.19

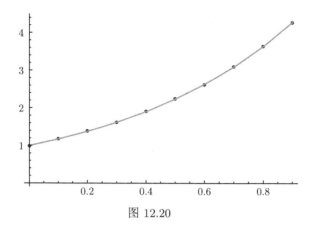

图 12.20

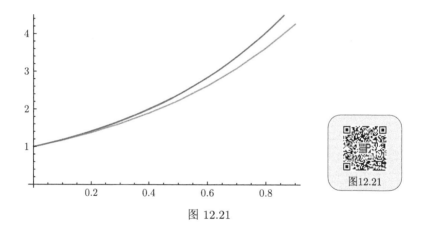

图 12.21

程序输出结果中只看到蓝色和红色曲线 (扫二维码查看原图), 这是因为取 $h = 0.001$ 和 $h = 0.00001$ 时的数值解大致相同, 图像重合在一起. 而取步长为 0.1 时, 所得数值解的偏差较大, 故可将 $h = 0.001$ 时得到的区间作为此方程的近似积分曲线.　　　　　　　　　　　　　　　　　　　　　　　　　　　　　　□

12.2.2　Picard 迭代法

Picard 迭代法的思想是从初值 y_0 出发, 构造迭代序列 $y_n(x)$, 其中

$$y_n(x) = y_0 + \int_{x_0}^{x} f(t, y_{n-1}(t)) \, \mathrm{d}t.$$

下面我们将第 3 章 Picard 迭代法所给例题用 Mathematica 进行数值求解.

例题 12.2.2 用 Picard 迭代法求微分方程初值问题

$$\begin{cases} \dfrac{\mathrm{d}y}{\mathrm{d}x} = \sqrt{x^2 + y^2}, \\ y(1) = 1 \end{cases}$$

的数值解.

解 在 Mathematica 中利用 For 循环对此方程进行 Picard 迭代:

```
x0 = 1;  y0 = 1; n = 4;
f[x_, y_] := x ^2 + y ^2; g[x_] := y0;
For[i = 1, i < n, i++, yn[x_] = y0+Integrate[f[t, g[t]], t, 0,
x]; Print[yn [x]];
g[x_] = yn[x];  fig[i] = Print[Plot[yn[x], x, 1, 5]]]
```

运行结果包括迭代函数 $y_n(x)$, $n = 1, 2, 3$ 的表达式及其图像 (图 12.22—图 12.24).

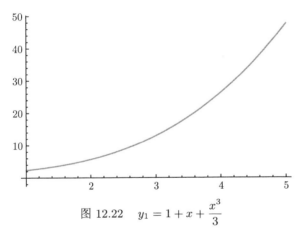

图 12.22　$y_1 = 1 + x + \dfrac{x^3}{3}$

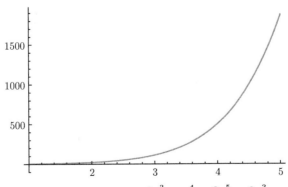

图 12.23　$y_2 = 1 + x + x^2 + \dfrac{2x^3}{3} + \dfrac{x^4}{6} + \dfrac{2x^5}{15} + \dfrac{2x^3}{3} + \dfrac{x^7}{63}$

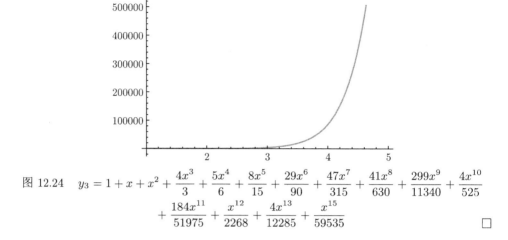

图 12.24　$y_3 = 1 + x + x^2 + \dfrac{4x^3}{3} + \dfrac{5x^4}{6} + \dfrac{8x^5}{15} + \dfrac{29x^6}{90} + \dfrac{47x^7}{315} + \dfrac{41x^8}{630} + \dfrac{299x^9}{11340} + \dfrac{4x^{10}}{525}$
$$+ \dfrac{184x^{11}}{51975} + \dfrac{x^{12}}{2268} + \dfrac{4x^{13}}{12285} + \dfrac{x^{15}}{59535}$$

作业 12.2.1　分别用 Euler 迭代法和 Picard 迭代法求解微分方程初值问题

$$\begin{cases} \dfrac{\mathrm{d}y}{\mathrm{d}x} = 2y - 2x, & x \in [0, 1], \\ y(0) = 1, \end{cases}$$

绘制解的图像, 并与解析解的结果进行比较.

12.3　Mathematica 其他数学命令汇总

本节介绍其他的一些常用数学命令的使用方法.

1. 函数求极限运算

Mathematica 中求极限命令的基本格式为

Limit[f[x], x− > x*]: 计算 $f(x)$ 在 x^* 处的极限值;

Limit[f[x], x− > x*, Direction->"FromAbove"]: 计算 $f(x)$ 在 x^* 处的右极限;

Limit[f[x], x− > x*, Direction->"FromBelow"]: 计算 $f(x)$ 在 x^* 处的左极限;

Limit[f[x₁, x₂, ⋯, xₙ], {x₁− > x₁*, x₂− > x₂*, ⋯, xₙ− > xₙ*}]:

计算累次积分 $\displaystyle\lim_{x_1 \to x_1^*} \lim_{x_2 \to x_2^*} \cdots \lim_{x_n \to x_n^*} f(x_1, x_2, \cdots, x_n)$;

Limit[f[x₁, x₂, ⋯, xₙ], {x₁, x₂, ⋯, xₙ}->{x₁*, x₂*, ⋯, xₙ*}]:

计算重积分 $\displaystyle\lim_{(x_1, x_2, \cdots, x_n) \to (x_1^*, x_2^*, \cdots, x_n^*)} f(x_1, x_2, \cdots, x_n)$.

例题 12.3.1　用 Mathematica 计算下列极限.

(1) $\displaystyle\lim_{x \to 0} \dfrac{1 - \mathrm{e}^{\frac{1}{x^2}}}{1 + \mathrm{e}^{\frac{1}{x^2}}}$ 和 $\displaystyle\lim_{x \to +\infty} \dfrac{1 - \mathrm{e}^{\frac{1}{x^2}}}{1 + \mathrm{e}^{\frac{1}{x^2}}}$;

(2) $\displaystyle\lim_{(x,y) \to (0,0)} \dfrac{x^2}{x^2 + y^2}$.

解 (1) 首先定义函数: f[x_] := (1 − Exp[1/x^2])(1 + Exp[1/x^2]);

接下来分别计算两个极限:

```
Limit[f[x], x->0]
Limit[f[x], x->+Infinity]
```

运行后的结果分别为 $-\infty$ 和 0.

(2) 输入命令

```
f[x_, y_]:=x^2/(x^2+y^2);
Limit[f[x, y], {x, y}->{0, 0}]
```

输出结果为 "Indeterminate", 表示此二重极限不存在. □

2. 函数求积分运算

Mathematica 可以计算不定积分以及定积分, 命令均为 Integrate, 基本格式为

Integrate[f, x]: 计算 $\int f\,\mathrm{d}x$;

Integrate[f, {x, a, b}]: 计算 $\int_a^b f\,\mathrm{d}x$;

Integrate[f, {x$_1$, a$_1$, b$_1$}, {x$_2$, a$_2$, b$_2$}, $\cdots$, {x$_n$, a$_n$, b$_n$}]:

计算 $\int_{a_1}^{b_1}\mathrm{d}x_1\int_{a_2}^{b_2}\mathrm{d}x_2\cdots\int_{a_n}^{b_n}f\,\mathrm{d}x_n$;

Integrate[f, {x, y, $\cdots$} $\in$ D]: 计算 f 在区域 D 上的积分.

例题 12.3.2 用 Mathematica 计算下列积分.

(1) $\int x^2\sqrt{\dfrac{a-x}{a+x}}\,\mathrm{d}x$;

(2) $\int_0^{+\infty}\dfrac{1}{x^4+x^2+1}\,\mathrm{d}x$;

(3) $\displaystyle\iint_\Omega x^2y^2\,\mathrm{d}x\mathrm{d}y\mathrm{d}z$, 其中 Ω 是由 $xy=1$, $xy=2$, $y=2x$ 及 $y=\dfrac{x}{2}$ 所围成的闭区域.

解 (1) 输入: Integrate[x^2*Sqrt[(a - x)/(a + x)], x]

输出结果为

$$\frac{\sqrt{\dfrac{a-x}{a+x}}\left[6a^{7/2}\sqrt{\dfrac{a+x}{a}}\sqrt{a-x}\sin^{-1}\left(\dfrac{\sqrt{a-x}}{\sqrt{2}\sqrt{a}}\right)-4a^4+3a^3x+2a^2x^2-3ax^3+2x^4\right]}{6(x-a)}.$$

上述结果还可以进一步化简, 我们输入: TraditionalForm[%]. 其中 "%" 代表将命令作用于上一命令的结果.

其运行结果为

$$\sqrt{\frac{a-x}{a+x}}\frac{\left[6a^{7/2}\sqrt{\frac{a+x}{a}}\sqrt{a-x}\sin^{-1}\left(\frac{\sqrt{a-x}}{\sqrt{2}\sqrt{a}}\right)-4a^4+3a^3x+2a^2x^2-3ax^3+2x^4\right]}{6(x-a)}.$$

(2) 这是一个无穷积分, 输入: Integrate[1/(x^4 + x^2 + 1), {x, 0, Infinity}] 得到其结果为 $\dfrac{\pi}{2\sqrt{3}}$.

(3) 首先对积分区域进行定义:

reg = ImplicitRegion[x/2 <= y <= 2 x && 1 <= x y <= 2, {x, y}];

我们可以通过命令 RegionPlot 绘制出积分区域 (图 12.25): RegionPlot[reg]

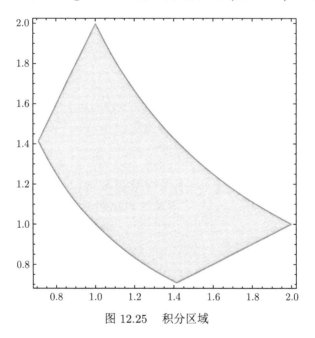

图 12.25   积分区域

然后进行积分计算: Integrate[x^2y^2, x, y ∈ reg], 解得其值为 $\ln 2 + \dfrac{\ln 16}{3}$.   □

3. 级数展开和级数求和

Mathematica 可以很方便地对函数进行 Taylor 展开以及 Fourier 级数展开.

Series[f, {x, x_0, n}]: 将函数 f 在 $x = x_0$ 处进行 n 阶 Taylor 公式展开;

Series[f, {x, x_0, x_n}, {y, y_0, y_n}, $\cdots$]: 将函数 f 在 $(x_0,\ y_0,\ \cdots)$ 处进行 Taylor 公式展开;

FourierSeries[f, {x, n}]: 将函数 f 进行 n 阶 Fourier 展开.

例题 12.3.3   按要求用 Mathematica 对下列函数作级数展开.

(1) 求 $e^x \sin x$ 的十阶带 Peano 余项的 Maclaurin 公式;

(2) 求 $f(x,y) = x^y$ 在点 $(1,4)$ 的二阶带 Peano 余项的 Taylor 公式;

(3) 求 $f(x) = x$ 的五阶 Fourier 级数展开式.

解 (1) 相应命令为: `Series[Exp[x] Sin[x], {x, 0, 10}]`

输出结果为十阶带 Peano 余项的 Maclaurin 公式:

$$x + x^2 + \frac{x^3}{3} - \frac{x^5}{30} - \frac{x^6}{90} - \frac{x^7}{630} + \frac{x^9}{22680} + \frac{x^{10}}{113400} + o(x^{11}).$$

(2) 输入: `Series[x^y, {x, 1, 2}, {y, 4, 2}]`

输出:

$$1 + (x-1)\left[4 + (y-4) + o((y-4)^3)\right]$$
$$+ (x-1)^2 \left[6 + \frac{7(y-4)}{2} + \frac{1}{2}(y-4)^2 + o((y-4)^3)\right] + o((x-1)^3).$$

将上述结果整理可得到 Taylor 展开表达式为

$$1 + 4(x-1) + 6(x-1)^2 + (x-1)(y-4) + o((x-1)^2 + (y-4)^2).$$

(3) 输入: `FourierSeries[x, x, 5]`

输出为

$$\mathrm{i}e^{-\mathrm{i}x} - \mathrm{i}e^{\mathrm{i}x} - \frac{1}{2}\mathrm{i}e^{-2\mathrm{i}x} + \frac{1}{2}\mathrm{i}e^{2\mathrm{i}x} + \frac{1}{3}\mathrm{i}e^{-3\mathrm{i}x} - \frac{1}{3}\mathrm{i}e^{3\mathrm{i}x} - \frac{1}{4}\mathrm{i}e^{-4\mathrm{i}x} + \frac{1}{4}\mathrm{i}e^{4\mathrm{i}x} + \frac{1}{5}\mathrm{i}e^{-5\mathrm{i}x} - \frac{1}{5}\mathrm{i}e^{5\mathrm{i}x}.$$

但上述结果不是我们常见的 Fourier 级数展开形式, 可通过命令 FullSimplify[%] 变换成常用的三角级数形式:

$$2\sin(x) - \sin(2x) + \frac{2}{3}\sin(3x) - \frac{1}{2}\sin(4x) + \frac{2}{5}\sin(5x). \qquad \Box$$

Mathematica 还可以通过 Sum 命令进行数项级数和函数项级数求和, 其基本格式为

Sum[f, { i, i_1, i_2 }]: 计算 $\sum\limits_{i=i_1}^{i_2} f$.

例题 12.3.4 用 Mathematica 对下列级数求和.

(1) 计算 $\displaystyle\sum_{n=2}^{\infty} \frac{1}{2^n(n^2-1)}$;

(2) 计算 $\displaystyle\sum_{n=1}^{\infty} n^3 x^n$.

解　(1) 求和命令为: Sum[1/(2^n (n^2 - 1)), {n, 2, +Infinity}]

其结果为 $\dfrac{1}{8}(5 - 6\ln 2)$.

(2) 求和命令为: Sum[n^3*x^n, {n, 1, +Infinity}]

其结果为 $\dfrac{x(x^2 + 4x + 1)}{(x - 1)^4}$.　　　　　　　　　　　　　　　□

4. 方程求根命令

类似于微分方程求根命令, Mathematica 对方程 $f(x) = 0$ 也有相应的解析求解和数值求解命令. 下面列举出常用的方程求根命令:

Solve[方程或方程组, 未知量]: 对方程或方程组求其解析解;

NSolve[方程或方程组, 未知量]: 对方程或方程组求其数值解, 此命令只用于多项式求根;

FindRoot[f, {x, x_0}]: 求函数 f 在 $x = x_0$ 附近的零点的数值解;

FindRoot[f == g, {x, x_0}]: 求方程 $f = g$ 在 $x = x_0$ 附近的零点的数值解;

FindRoot[{f_1, f_2, $\cdots$}, {{x, x_0}, {y, y_0}, $\cdots$}]: 求函数组 f_1, f_2, $\cdots$ 在 $(x_0, y_0, \cdots)$ 附近的零点的数值解.

例题 12.3.5　用 Mathematica 求下列方程或方程组的根.

(1) 求 $x^2 + ax + 1 = 0$ 的根;

(2) 求 $x^3 + x + 1 = 0$ 的根;

(3) 求方程组

$$\begin{cases} e^{x-2} = y, \\ y^2 = x \end{cases}$$

的根.

解　(1) 这是一个多项式求根, 故可用 Solve 命令: Solve[x^2 + a * x + 1 == 0, x] 得到方程的两个根: $\dfrac{1}{2}(-a \pm \sqrt{a^2 - 4})$.

(2) 这也是一个三阶多项式, 若用 Solve 命令, Mathematica 无法给出其解析解形式, 只能给出近似解, 运行结果如图 12.26 所示.

$$\{\{x \to \boxed{-0.682...}\}, \{x \to \boxed{0.341...-1.16...i}\}, \{x \to \boxed{0.341...+1.16...i}\}\}$$

图 12.26　Solve 命令求解多项式结果

将 Solve 命令改为 NSolve, 则程序给出此多项式的三个数值解:

$$x = -0.682328, \quad x = 0.341164 \pm 1.16154i.$$

(3) 此方程组中第一个方程不是多项式, 故可用 FindRoot 命令求出其数值解. 由于此命令需要指定迭代初值, 我们可以先通过绘图的方式来估计方程组中两函数的交点, 即解的大概位置. 输入:

```
Plot[{Exp[x - 2], Sqrt[x], -Sqrt[x]}, {x, 0, 6}]
```

输出如图 12.27 所示.

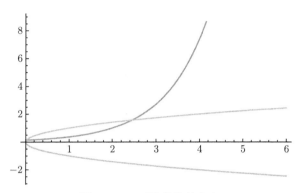

图 12.27   两条曲线的交点

从图像可以看出, 此方程组有两组实数解, 分别在原点和点 $(2.5, 2)$ 附近, 相应的 Mathematica 命令为

```
FindRoot[{Exp[x-2]==y, y^2==x}, {x, 0}, {y, 0}}]
FindRoot[{Exp[x-2]==y, y^2==x}, {x, 2.5}, {y, 2}}]
```

解得 $x = 0.019026$, $y = 0.137935$ 和 $x = 2.44754$, $y = 1.56446$.   □

12.4   拓展习题与课外阅读

12.4.1   拓展习题

习题 12.4.1   设 $x(t)$, $y(t)$ 分别表示被捕食者和捕食者在时刻 t 的数量, 则可利用如下的微分方程组建立捕食–被捕食模型:

$$\begin{cases} \dfrac{\mathrm{d}x}{\mathrm{d}t} = rx\left(1 - \dfrac{x}{K}\right) - \dfrac{bxy}{a + x}, \\ \dfrac{\mathrm{d}y}{\mathrm{d}t} = \dfrac{cxy}{a + x} - \mu y. \end{cases}$$

若参数 $a = 10$, $b = c = r = 1$, $k = 30$, $x(0) = y(0) = 5$. 当 μ 分别取 0.8, 0.6, 0.4 时, 研究模型中两种群数量随时间 t 的变化趋势.

习题 12.4.2   模拟将弹球从 5 米高的地方放手后的运动轨迹, 假设弹球每次弹起后速度变为原来的 95%.

习题 12.4.3　求解偏微分方程

$$\begin{cases} a\dfrac{\partial y}{\partial x} + b\dfrac{\partial y}{\partial t} = c\sin x, \\ y(0, t) = a\cos t, \end{cases}$$

并讨论参数值变化时解的变化.

习题 12.4.4 (Mackey–Glass 时滞模型)　以白细胞繁殖为例, 常用的一个描述系统如下:

$$\begin{cases} \dfrac{\mathrm{d}x}{\mathrm{d}t} = \dfrac{ax(t-\tau)}{1 + x^{10}(t-\tau)} - bx, & t \in (0, 100), \\ x(t) = \dfrac{1}{2}, & t \leqslant 0, \end{cases}$$

其中 $x(t)$ 指代循环白细胞的浓度, a, b, τ 是给定参数. 研究当 a, $b \in [0, 1]$, $\tau \in [0, 20]$ 时随参数变化时白细胞浓度的变化趋势的不同.

12.4.2　课外阅读

本章对 Mathematica 的常用数学命令进行了简单介绍, 有兴趣的读者可参考下列文献或在线课程了解此软件更多更详细的应用:

[1]　斯蒂芬·沃尔夫勒姆. Wolfram 语言基础入门. WOLFRAM 传媒汉化小组, 译. 北京: 科学出版社, 2016.

[2]　克里夫·黑斯廷斯, 开尔文·米斯裘, 迈克尔·莫里森. WOLFRAM MATHEMATICA 实用编程指南. WOLFRAM 传媒汉化小组, 译. 北京: 科学出版社, 2018.

[3]　张韵华, 王新茂. Mathematica 7 实用教程. 2 版. 合肥: 中国科学技术大学出版社, 2019.

[4]　爱课程网 MOOC 课程: 符号计算语言–Mathematica, http://www.icourse 163.org/course/USTC-1002987001?tid=1206163208&_trace_c_p_k2_= bb0553c809b5475987a7dfa23c7d7805♮/info.

第12章作业答案

附录　微积分学的若干知识

为读者查阅方便, 现叙述微积分或数学分析中的若干重要结论及其推广形式.

(一) 散度定理

Newton-Leibniz 公式. 若 $a < b$, $u \in C^1[a,b]$, 则

$$\int_a^b u'(x)\,\mathrm{d}x = u(b) - u(a).$$

Green 公式. 若 Ω 是 $\mathbb{R}^2$ 中的分片 C^1 的有界区域, $\boldsymbol{\nu}$ 是 $\partial\Omega$ 的单位外法向量, $u, v \in C^1(\overline{\Omega})$, 则

$$\iint_\Omega \left(\frac{\partial u}{\partial x} + \frac{\partial v}{\partial y}\right)\mathrm{d}x\,\mathrm{d}y = \int_{\partial\Omega} (\,u\cos(\boldsymbol{\nu}, x) + v\cos(\boldsymbol{\nu}, y)\,)\,\mathrm{d}S.$$

Gauss 公式. 若 Ω 是 $\mathbb{R}^3$ 中的分片 C^1 的有界区域, $\boldsymbol{\nu}$ 是 $\partial\Omega$ 的单位外法向量, $u, v, w \in C^1(\overline{\Omega})$, 则

$$\iiint_\Omega \left(\frac{\partial u}{\partial x} + \frac{\partial v}{\partial y} + \frac{\partial w}{\partial z}\right)\mathrm{d}x\,\mathrm{d}y\,\mathrm{d}z = \iint_{\partial\Omega} (\,u\cos(\boldsymbol{\nu}, x) + v\cos(\boldsymbol{\nu}, y) + w\cos(\boldsymbol{\nu}, z)\,)\,\mathrm{d}S.$$

其实, 上述公式都是散度定理的特例. 下面给出散度定理的一般形式.

命题 F.1 (散度定理)　若 Ω 是 $\mathbb{R}^n$ 中的分片 C^1 的有界区域, $\boldsymbol{\nu}$ 是 $\partial\Omega$ 的单位外法向量, $\mathbf{F} \in C^1(\overline{\Omega}; \mathbb{R}^n)$, 则

$$\int_\Omega \operatorname{div}\mathbf{F}(x)\,\mathrm{d}x = \int_{\partial\Omega} \mathbf{F}(x) \cdot \boldsymbol{\nu}(x)\,\mathrm{d}S,$$

其中对 $\mathbf{F} = (\,F_1(x), F_2(x), \cdots, F_n(x)\,)$, 散度算子定义为

$$\operatorname{div}\mathbf{F}(x) = \frac{\partial F_1}{\partial x_1}(x) + \frac{\partial F_2}{\partial x_2}(x) + \cdots + \frac{\partial F_n}{\partial x_n}(x).$$

对 $\mathbf{F} = (0, \cdots, 0, uv, 0, \cdots, 0)$ 或 $uDv - vDu$ 分别应用散度定理, 可得如下推论.

命题 F.2 (分部积分公式)　若 $u, v \in C^1(\overline{\Omega})$, 则

$$\int_\Omega \frac{\partial u}{\partial x_i} v\,\mathrm{d}x = \int_{\partial\Omega} uv\nu_i\,\mathrm{d}S - \int_\Omega u\frac{\partial v}{\partial x_i}\,\mathrm{d}x, \quad i = 1,\, 2,\, \cdots,\, n.$$

特别地, 当 $v \equiv 1$ 时,

$$\int_{\Omega} \frac{\partial u}{\partial x_i} \,\mathrm{d}x = \int_{\partial\Omega} u\nu_i \,\mathrm{d}S, \quad i = 1, 2, \cdots, n.$$

命题 F.3 (Green 公式)　若 $u, v \in C^2(\overline{\Omega})$, 则

$$\int_{\Omega} (v\Delta u - u\Delta v) \,\mathrm{d}x = \int_{\partial\Omega} \left(v\frac{\partial u}{\partial \nu} - u\frac{\partial v}{\partial \nu} \right) \,\mathrm{d}S.$$

(二) 积分中值定理

定积分的中值定理　若 $a < b, u \in C^0[a, b]$, 则存在 $\xi \in (a, b)$, 使得

$$\int_a^b u(x) \,\mathrm{d}x = u(\xi)(b - a).$$

这个结果可推广到多重积分和曲面积分.

命题 F.4 (多重积分的中值定理)　设 Ω 是 $\mathbb{R}^n$ 中的有界区域. 若 $u \in C^0(\overline{\Omega})$, 则存在 $\xi \in \Omega$, 使得

$$\int_{\Omega} u(x) \,\mathrm{d}x = u(\xi) |\,\Omega\,|.$$

这里 $|\,\Omega\,|$ 表示 Ω 的体积.

命题 F.5 (曲面积分的中值定理)　设 Ω 是 $\mathbb{R}^n$ 中的有界区域. 若 $u \in C^0(\partial\Omega)$, 则存在 $\eta \in \partial\Omega$, 使得

$$\int_{\partial\Omega} u(x) \,\mathrm{d}S = u(\eta) |\,\partial\Omega\,|.$$

这里 $|\,\partial\Omega\,|$ 表示 $\partial\Omega$ 的面积.

(三) 含参变量常义积分的分析性质

设 $u \in C^0([a, b] \times [c, d])$,

$$I(x) = \int_c^d u(x, y) \,\mathrm{d}y, \quad x \in [a, b],$$

则

(1) 连续性: $I \in C^0[a, b]$;

(2) 可微性: 如果 $\dfrac{\partial u}{\partial x} \in C^0([a, b] \times [c, d])$, 那么 $I \in C^1([a, b])$, 并且

$$\frac{\mathrm{d}I}{\mathrm{d}x}(x) = \int_c^d \frac{\partial u}{\partial x}(x, y) \,\mathrm{d}y;$$

(3) 可积性:

$$\int_c^d \mathrm{d}y \int_a^b u(x,y)\,\mathrm{d}x = \int_a^b \mathrm{d}x \int_c^d u(x,y)\,\mathrm{d}y.$$

可以将 $[a,b]$ 推广到区域 $\overline{D}$, 将 $[c,d]$ 推广到 $\overline{\Omega}$ 或 $\partial\Omega$, 得到以下命题.

命题 F.6 (含参变量常义体积分的分析性质)　设 D,Ω 是 $\mathbb{R}^n$ 中的有界区域, $u \in C^0(\overline{D \times \Omega})$,

$$I(x) = \int_\Omega u(x,y)\,\mathrm{d}y, \quad x \in D,$$

则

(1) 连续性: $I \in C^0(\overline{D})$;

(2) 可微性: 如果 $D_x u \in C^0(\overline{D \times \Omega})$, 那么 $I \in C^1(\overline{D})$, 并且

$$\frac{\partial I}{\partial x_i}(x) = \int_\Omega \frac{\partial u}{\partial x_i}(x,y)\,\mathrm{d}y, \quad i = 1,\ 2,\ \cdots,\ n;$$

(3) 可积性:

$$\int_\Omega \mathrm{d}y \int_D u(x,y)\,\mathrm{d}x = \int_D \mathrm{d}x \int_\Omega u(x,y)\,\mathrm{d}y.$$

命题 F.7 (含参变量常义曲面积分的分析性质)　设 D,Ω 是 $\mathbb{R}^n$ 中的有界区域, $u \in C^0(\overline{D} \times \partial\Omega)$,

$$I(x) = \int_{\partial\Omega} u(x,y)\,\mathrm{d}S, \quad x \in D,$$

则

(1) 连续性: $I \in C^0(\overline{D})$;

(2) 可微性: 如果 $D_x u \in C^0(\overline{D} \times \partial\Omega)$, 那么 $I \in C^1(\overline{D})$, 并且

$$\frac{\partial I}{\partial x_i}(x) = \int_{\partial\Omega} \frac{\partial u}{\partial x_i}(x,y)\,\mathrm{d}S, \quad i = 1,\ 2,\ \cdots,\ n;$$

(3) 可积性:

$$\int_{\partial\Omega} \mathrm{d}S \int_D u(x,y)\,\mathrm{d}x = \int_D \mathrm{d}x \int_{\partial\Omega} u(x,y)\,\mathrm{d}S.$$

(四) 含参变量积分的求导公式

给定如下积分:

$$F(x, a(x), b(x)) = \int_{a(x)}^{b(x)} f(x,t)\,\mathrm{d}t.$$

如果 $f(x,t)$ 与 $\dfrac{\partial f}{\partial x}(x,t)$ 在 $\{(x,t): a(x) \leqslant t \leqslant b(x),\ x_0 \leqslant x \leqslant x_1\}$ 上连续, 且 $a(x)$ 与 $b(x)$ 及其导数在 $[x_0, x_1]$ 上连续, 那么

$$\frac{\mathrm{d}}{\mathrm{d}x} F(x, a(x), b(x)) = f(x, b(x))\, b'(x) - f(x, a(x))\, a'(x) + \int_{a(x)}^{b(x)} \frac{\partial f}{\partial x}(x, t)\, \mathrm{d}t.$$

(五) 一致收敛函数列的分析性质

设 $\{I_\varepsilon(x)\} \subset C^0[a,b]$, 且当 $\varepsilon \to 0$ 时在 $[a,b]$ 上一致收敛于 $I(x)$, 则

(1) 连续性: $I \in C^0[a,b]$;

(2) 可微性: 如果 $\{I_\varepsilon\} \subset C^1[a,b]$, $\{I'_\varepsilon(x)\}$ 在 $[a,b]$ 上一致收敛于 $J(x)$, 那么 $I \in C^1[a,b]$, 并且 $I'(x) = J(x)$;

(3) 可积性:

$$\int_a^b I(x)\, \mathrm{d}x = \lim_{\varepsilon \to 0} \int_a^b I_\varepsilon(x)\, \mathrm{d}x.$$

可将 $[a,b]$ 推广到 $\overline{D}$.

命题 F.8 (一致收敛函数列的分析性质) 设 D 是 $\mathbb{R}^n$ 中的一个区域, $I_\varepsilon \in C^0(\overline{D})$, 且 $\{I_\varepsilon(x)\}$ 在 $\overline{D}$ 上一致收敛于 $I(x)$, 则

(1) 连续性: $I \in C^0(\overline{D})$;

(2) 可微性: 如果 $\{I_\varepsilon\} \subset C^1(\overline{D})$, $\{DI_\varepsilon(x)\}$ 在 $\overline{D}$ 上一致收敛于 $J(x)$, 那么 $I \in C^1(\overline{D})$, 并且 $DI(x) = J(x)$;

(3) 可积性:

$$\int_D I(x)\, \mathrm{d}x = \lim_{\varepsilon \to 0} \int_D I_\varepsilon(x)\, \mathrm{d}x.$$

(六) 广义积分

一元函数广义积分 $\displaystyle\int_0^1 \frac{\mathrm{d}x}{x^p}$ 和 $\displaystyle\int_1^{+\infty} \frac{\mathrm{d}x}{x^p}$ 敛散性的高维情形是以下命题.

命题 F.9 设 $B_1 = \{\, \boldsymbol{x} \in \mathbb{R}^n \ \big|\ |\boldsymbol{x}| < 1\,\}$, 则

(1) $\displaystyle\int_{B_1} \frac{\mathrm{d}\boldsymbol{x}}{|\boldsymbol{x}|^p}$ 当 $p < n$ 时收敛, $p \geqslant n$ 时发散;

(2) $\displaystyle\int_{\mathbb{R}^n \setminus B_1} \frac{\mathrm{d}\boldsymbol{x}}{|\boldsymbol{x}|^p}$ 当 $p > n$ 时收敛, $p \leqslant n$ 时发散.

证明 注意到球面 $|\boldsymbol{x}| = r$ 的面积是 $\omega_n r^{n-1}$.

(1) 由球坐标变换, 得

$$\int_{B_1} \frac{\mathrm{d}\boldsymbol{x}}{|\boldsymbol{x}|^p} = \int_0^1 \mathrm{d}r \int_{|\boldsymbol{x}|=r} \frac{\mathrm{d}S}{r^p} = \int_0^1 \frac{\omega_n}{r^{p+1-n}}\, \mathrm{d}r.$$

所以, 当 $p + 1 - n < 1$, 即 $p < n$ 时收敛; 当 $p + 1 - n \geqslant 1$, 即 $p \geqslant n$ 时发散.

(2) 同样,

$$\int_{\mathbb{R}^n \setminus B_1} \frac{\mathrm{d}\boldsymbol{x}}{|\boldsymbol{x}|^p} = \int_1^\infty \mathrm{d}r \int_{|\boldsymbol{x}|=r} \frac{\mathrm{d}S}{r^p} = \int_1^\infty \frac{\omega_n}{r^{p+1-n}} \mathrm{d}r.$$

所以, 当 $p+1-n > 1$, 即 $p > n$ 时收敛; 当 $p+1-n \leqslant 1$, 即 $p \leqslant n$ 时发散. □

(七) Fourier 级数

对 $k = 0, 1, 2, \cdots$ 和 $f(x)$, 记

$$a_k = \frac{2}{l} \int_0^l f(\xi) \cos \frac{k\pi}{l} \xi \, \mathrm{d}\xi, \quad b_k = \frac{2}{l} \int_0^l f(\xi) \sin \frac{k\pi}{l} \xi \, \mathrm{d}\xi.$$

引理 F.10 (Parseval 等式)　若 $f \in L^2(0, l)$, 则

$$\frac{1}{2}a_0^2 + \sum_{k=1}^\infty a_k^2 = \sum_{k=1}^\infty b_k^2 = \frac{2}{l} \int_0^l f^2(x) \, \mathrm{d}x.$$

引理 F.11 (Fourier 级数收敛定理)　若 $f \in C^1[0, l]$, $f(0) = f(l) = 0$, 则

$$\frac{1}{2}a_0 + \sum_{k=1}^\infty a_k \cos \frac{k\pi}{l} x = \sum_{k=1}^\infty b_k \sin \frac{k\pi}{l} x = f(x)$$

在 $[0, l]$ 上一致收敛.

命题 F.12 (Riemann 引理)　若 g 在 $[a, b]$ 上可积, 则

$$\lim_{m \to \infty} \int_a^b g(y) \sin my \, \mathrm{d}y = 0.$$

(八) 多重指标及其应用

多重指标　对多重指标 $\boldsymbol{\alpha} = (\alpha_1, \alpha_2, \cdots, \alpha_n) \in \mathbb{N}^n$ 和点 $\boldsymbol{x} = (x_1, x_2, \cdots, x_n) \in \mathbb{R}^n$, 定义

$$\boldsymbol{\alpha}! = \alpha_1! \alpha_2! \cdots \alpha_n!, \quad \boldsymbol{x}^{\boldsymbol{\alpha}} = x_1^{\alpha_1} x_2^{\alpha_2} \cdots x_n^{\alpha_n}.$$

二项式定理　设 $\boldsymbol{a} = (a_1, a_2) \in \mathbb{R}^2$, $k \in \mathbb{N}$, 则

$$(a_1 + a_2)^k = \sum_{\beta_1=0}^k \frac{k!}{\beta_1!(k-\beta_1)!} a_1^{\beta_1} a_2^{k-\beta_1}$$

$$= \sum_{\beta_1+\beta_2=k} \frac{k!}{\beta_1!\beta_2!} a_1^{\beta_1} a_2^{\beta_2} = \sum_{\boldsymbol{\beta} \in \mathbb{N}^2, \, |\boldsymbol{\beta}|=k} \frac{k!}{\boldsymbol{\beta}!} \boldsymbol{a}^{\boldsymbol{\beta}}.$$

多项式定理　设 $\boldsymbol{a} = (a_1, a_2, \cdots, a_m) \in \mathbb{R}^m$, $k \in \mathbb{N}$, 则

$$\left(\sum_{i=1}^{n} a_i \right)^k = \sum_{\beta_1 + \beta_2 + \cdots + \beta_n = k} \frac{k!}{\beta_1! \beta_2! \cdots \beta_n!} a_1^{\beta_1} a_2^{\beta_2} \cdots a_n^{\beta_n} = \sum_{\boldsymbol{\beta} \in \mathbb{N}^n, \, |\boldsymbol{\beta}| = k} \frac{k!}{\boldsymbol{\beta}!} \boldsymbol{a}^{\boldsymbol{\beta}}.$$

一元函数的 Taylor 级数　设 f 在 $x = 0 \in \mathbb{R}$ 解析, 则

$$f(x) = \sum_{\alpha = 0}^{\infty} \frac{1}{\alpha!} f^{(\alpha)}(0) x^{\alpha} = \sum_{\alpha \in \mathbb{N}} a_{\alpha} x^{\alpha},$$

其中 $a_{\alpha} = \dfrac{1}{\alpha!} f^{(\alpha)}(0)$.

多元函数的 Taylor 级数　设 f 在 $\boldsymbol{x} = \boldsymbol{0} \in \mathbb{R}^n$ 解析, 则

$$f(\boldsymbol{x}) = \sum_{\alpha_1, \, \alpha_2, \, \cdots, \, \alpha_n = 0}^{\infty} \frac{1}{\alpha_1! \alpha_2! \cdots \alpha_n!} \frac{\partial^{\alpha_1 + \alpha_2 + \cdots + \alpha_n} f}{\partial x_1^{\alpha_1} \partial x_2^{\alpha_2} \cdots \partial x_n^{\alpha_n}} (\boldsymbol{0}) \, x_1^{\alpha_1} x_2^{\alpha_2} \cdots x_n^{\alpha_n}$$

$$= \sum_{\boldsymbol{\alpha} \in \mathbb{N}^n} \boldsymbol{a}_{\boldsymbol{\alpha}} \boldsymbol{x}^{\boldsymbol{\alpha}},$$

其中

$$\boldsymbol{a}_{\boldsymbol{\alpha}} = \frac{1}{\boldsymbol{\alpha}!} \frac{\partial^{|\boldsymbol{\alpha}|} f}{\partial \boldsymbol{x}^{\boldsymbol{\alpha}}} (\boldsymbol{0}) = \frac{1}{\alpha_1! \alpha_2! \cdots \alpha_n!} \frac{\partial^{\alpha_1 + \alpha_2 + \cdots + \alpha_n} f}{\partial x_1^{\alpha_1} \partial x_2^{\alpha_2} \cdots \partial x_n^{\alpha_n}} (\boldsymbol{0}) \, x_1^{\alpha_1} x_2^{\alpha_2} \cdots x_n^{\alpha_n}.$$

多元函数偏导数的乘法法则　设 $f(\boldsymbol{x})$, $g(\boldsymbol{x})$ 是 $\mathbb{R}^n$ 上的 k 次连续可微函数, $\boldsymbol{\alpha} \in \mathbb{N}^n$, $|\boldsymbol{\alpha}| \leqslant k$, 则

$$\frac{\partial^{|\boldsymbol{\alpha}|}}{\partial \boldsymbol{x}^{\boldsymbol{\alpha}}} (fg) = \sum_{\boldsymbol{\beta} + \boldsymbol{\gamma} = \boldsymbol{\alpha}} \frac{\boldsymbol{\alpha}!}{\boldsymbol{\beta}! \boldsymbol{\gamma}!} \frac{\partial^{|\boldsymbol{\beta}|} f}{\partial \boldsymbol{x}^{\boldsymbol{\beta}}} \cdot \frac{\partial^{|\boldsymbol{\gamma}|} g}{\partial \boldsymbol{x}^{\boldsymbol{\gamma}}}.$$